JN098841

時空図による特殊相対性理論

Special Relativity with Spacetime Diagrams

齋田 浩見 著

森北出版

はじめに ─────────────

◯ 相対性理論の背景

17 世紀に，ニュートンは，「極めて多様な自然現象を少数の数学的法則で表す」という物理学の基本思想を確立した．具体的には，当時は別物と考えられていた地上の物体の運動と天空の星々の運動が，同じ数学的法則（ニュートン力学）で説明できること突き止めた．その際，地上の物体や天空の星などあらゆる物体の間にはたらく重力の向きと強さも，数学的に表した（ニュートン重力）．しかし 20 世紀には，物体の速度が光速（光が伝わる速さ）に近い場合や物体にはたらく重力が極めて強い場合には，ニュートンの理論体系では自然現象を精密には説明できないことがわかってきた．ニュートンの理論体系よりも精密に自然現象を予測する理論の最有力候補は，アインシュタインが作り上げた**相対性理論**である．相対性理論は，物体の運動や重力だけでなく，時間と空間（あわせて「時空」）の性質も数学的法則で記述する（なお，車や飛行機，建築物など，さまざまな工業製品の設計はニュートン力学に基づいており，現代文明はニュートンの理論体系なしでは成立し得ない）．

相対性理論（「相対論」ともいう）には，重力がない場合の時空の物理を記述する特殊相対性理論と，重力がある場合の時空の物理を記述する一般相対性理論がある．一般相対論を正確に理解するには，微分幾何学という数学が必要である．微分幾何学は曲がった空間を扱う数学の一つであり，数学を専攻するくらいの気持ちで取り組まないと使えるようになるのが難しいかもしれない．一方，特殊相対論の理解には，最低限，**直線と双曲線**が使えればよい．これは日本の高校 2 年生程度の数学レベルではないだろうか．もちろん，数学の個別の知識とは別に，ある程度注意深い論理的な思考力が必要である．

◯ 本書の内容と特徴

本書の大部分は，直線と双曲線に基づいた特殊相対論の丁寧な解説である．まず，相対性原理と光速不変の原理という二つの基本原理に基づき，ミンコフスキー時空という考え方の必要性を示す．ミンコフスキー時空を理解するために「**時空図**」を描いていくが，その際，直線と双曲線が極めて重要である．そして，直線と双曲線を駆使して時空図を描きながら，さまざまな特殊相対論的な現象（時間の遅れ，ローレンツ収縮，ローレンツ変換，速度合成則，質量エネルギー，ドップラー効果，ビーミング効果）を理解していく．これらの内容を，多くの既刊書に見られるように最初にほぼ天下り的にロー

レンツ変換を導入するのではなく，基本原理から丁寧に積み上げて説明していく．

　一般相対論については，微分幾何の数学的な詳細は本格的な解説書に譲り，本書では，「曲がった時空」という考え方の必要性を，等価原理という重力に関する実験事実に基づいて丁寧に解説する．そして，特殊相対論と一般相対論のコンセプトがどのように繋がるかを時空図を描きながら明確にしていく．このようなコンセプトの明確化と，等価原理から曲がった時空というアイデアに至る思考の道筋は，多くの既刊書ではあまり詳しく述べられていないのではないだろうか．この点の丁寧なまとめも，本書の特徴である．

　さらに，本書の特徴として，可能な限り初等的な数学レベル（高校数学でも微分積分やベクトルは多用しないレベル）で説明している点も挙げられる．このために，意欲ある高校生にも理解できるくらいの丁寧さを心がけて執筆したつもりである．そして，微分積分を使ったり論理展開が込み入っていると思われる発展的な内容を扱う場合，その節や項目の表題に 発展 と記した．初学者はそれらの節を読み飛ばして構わない．

　以上の特徴をもつ本書の狙いは，相対論の基本原理（相対性原理，光速不変の原理，等価原理）に基づいて，時間と空間の概念がどう形成され，それが物体の測定量（運動時間，距離，速度など）にどう関わるか，ということを可能な限り初等的な数学レベルで明らかにすることである．

◎ 本書の想定読者と読み方

　本書は，おもに，以下のような方々に読んでいただくことを想定している．

(a) 相対論に興味がある，高校生を含めた学生・大人の方（相対論のファン）や，相対論に苦手意識をもつ学生・研究者

(b) 天文系で相対論を扱う機会がなかった学生・研究者

(c) 宇宙や重力，素粒子の物理で相対論を専門的に扱う学生・研究者

　(a) の読者の方々には，相対論をより身近に感じてもらえたり，理解しにくいという誤解を解いていただけたら，とても嬉しい．さらに，趣味で（しかしある程度の計算もできるレベルに）特殊相対論を勉強してみたい，という場合にもお役に立てれば，なお嬉しく思う．

　(b) の読者の方々には，本書が少なくとも特殊相対論へのハードルを下げることに役立てば，とても喜ばしく思う．同時に，一般相対論の基本的な考え方もある程度つかんでもらえたら，なお喜ばしい．近年の天文観測技術の進歩によって，相対論的現象の直接観測の可能性が従来よりも一層高まっていることを踏まえると，本書が (b) の方々に役立てば幸いに思う．

　(c) の読者の方々には，すでにご存知の相対論をあらためて整理し直すことに役立てば，同様な専門分野の研究者として，とても嬉しく思う．ただし，本書では，物体の相対論的な運動を決める原理（運動方程式や変分原理）は扱わず，相対論の本格的な取り扱いで不可欠な物質のエネルギー運動量テンソルの解説は省いた（本書ではテンソル概念自体を扱わない）．それでも，特殊相対論の本質は理解できるし，重力を扱う際の曲がった時空という考え方の必要性も理解できるはずである．

　以上のように，相対論が専門かどうかにかかわらず，読者の方々それぞれの立場で楽しんでいただければ嬉しく思う．

　本書は 2014 年に執筆を始めました．ちょうどその年から，共同研究者の西山氏らと共に，すばる望遠鏡を使って我々の銀河系中心の巨大ブラックホールを周回する星の運動を測定し，そのデータに基づいて一般相対論の検証（正確にはブラックホール時空の検証）に迫る研究を始めました．すばるでの観測作業に赴く出張期間は，大学の業務から一時離れて，純粋に研究に取り組むことができ，また，本書の構成も練られる貴重な楽しい時間でした．大学では研究時間がまったくない日も多いので，そのような出張は掛け替えのない大切な時間です．また，本書がまとまるのに 7 年の歳月を費やしてしまいましたが，その間に重力波が世界初検出されるという物理学の重要な出来事もあり，第 14 章に少し取り込みました．

　最後に，森北出版株式会社で本書を編集して下さった村瀬健太さんには，校正の際に，私が気付かなかった書籍としての注意点を教えていただけて，たいへん助かりました．ありがとうございました．そして，本書の企画をご担当をしてくださった上村紗帆さんには，執筆が遅れに遅れたことで，さまざまなご苦労とご心配をおかけしたことと思います．7 年にも渡った遅々とした本書の執筆に辛抱強くお付き合いくださった上村さんには，心からお礼申し上げます．大変ありがとうございました．

　2020 年 7 月

齋田　浩見

目　次

第 1 章

導入：相対性理論の輪郭

◎ 1.1　時間と空間と重力

◎ 宇宙の姿を決める主たる力は何か？

　我々は空間の中に存在し，時間の流れに乗っている．この宇宙[*1]のあらゆる物体が時間の流れに乗りつつ，空間の中を運動することで，我々を取り巻く物理的な世界が形作られているように見える．ニュートンが明らかにした重要な実験事実の一つ，運動方程式によれば，物体の運動（位置と速度）はその物体に作用する力で決まる（第2章参照）．したがって，我々に見える現在の宇宙の姿（銀河や星々，星間ガスなどの分布や運動）は，星々に作用する力によって決まるはずである．では，広大な宇宙空間に散らばる星などさまざまな物体の運動を支配する力は何だろうか？　この問いへの答えの候補として，十分遠方まで作用する重力と電磁気力に注目しよう．いまの議論に必要なこれらの力の特徴は，つぎのものである．

▶ **重力**：重力とは，質量をもつあらゆる物体同士に必ず作用する引力である．物体と物体の間の距離がどんなに離れていても，それらの物体には重力が作用する．なぜ重力が存在するのかという理由はわからないが，現在の実験事実から，とにかく**「重力は，あらゆる物体の間に（質量が存在すれば）必ず引力として作用する」**と考えられている[*2]．

▶ **電磁気力**：電気力とは，電荷をもつあらゆる物体同士（電子など）に作用する引力または斥力（反発力）である．磁気力とは，磁化したあらゆる物体同士（磁石など）に作用する引力または斥力である．電荷をもつ（または磁化した）物体と物体の間の距離がどんなに離れていても，それらの物体には電気力（または磁気力）が作用する．このような電気力と磁気力をひとまとめに電磁気力という．なぜ電磁気力が存在するのかという理由はわからないが，現在の実験事実として，とにかく**「電磁気力は，物体が電荷をもったり磁化している場合だけ（電荷や磁化の符号に応じて）引力または斥力として作用する」**と考えられている．

[*1]　ここで，宇宙とは，時間と空間，物質，さまざまな物質の間にはたらく力など，あらゆる存在をすべてひとまとめにした考察対象を意味する．

[*2]　第9章で，質量がエネルギーに置き換わることがわかる．これを踏まえると，重力とは，エネルギーをもつ存在（物質，電磁場などなど）の間に作用する引力である．

　つぎに，この二つの候補のどちらが宇宙全体の姿に強い影響を与えるかを，表 1.1 も参照しながら考えてみよう．宇宙のすべての物質の電荷や磁化はプラスとマイナスがほぼ同量ずつ存在し，合計でほぼゼロだと考えられる．したがって，宇宙全体で電磁気力を平均すると，引力と斥力で打ち消し合ってしまうだろう．よって，実質的に電磁気力は宇宙全体の姿を決める主要因ではないと考えられる．一方，重力は引力だけであり，宇宙全体で重力が打ち消し合うことはない[*1]．したがって，**宇宙全体の姿を決める主要因は，広大な宇宙空間で平均しても消えずに残る「重力」**だと考えられる．

表 1.1　重力と電磁気力の特徴

力	作用する対象	作用する距離	向き	宇宙全体に対する特徴
重力	質量をもつ物体	∞	引力のみ	宇宙全体で平均しても，打ち消されない
電磁気力	電荷をもつ物体，磁化した物体	∞	引力と斥力	宇宙全体で平均すると，引力と斥力で打ち消し合ってしまう

◎ 相対性理論で何がわかるか？

　重力を正確に記述する理論の最有力候補は，アインシュタインが作り上げた**一般相対性理論**（一般相対論）である[*2]．そして，一般相対論が重力を記述するということは（重力が宇宙全体の姿を決める主要因なので），一般相対論は宇宙全体をも記述できることを意味する．この一般相対論が記述する宇宙全体には，重力によって決まる星々の分布や運動だけでなく，時間と空間そのものの性質も含まれることがわかっている．一般相対論は，「重力だけでなく，時間と空間そのものの性質をも記述する理論」なのである[*3]．

　ところで，たとえ重力がない場合（または重力が非常に弱くて無視できる場合）でも，時間と空間は存在する．したがって，一般相対論で重力がない場合を考えると，「時間と空間の基本的性質を抽出した理論」になる．それが，**特殊相対性理論**（特殊相対論）である．

[*1]　一般相対論の知識がある読者は，斥力的な重力の可能性を指摘するかもしれない．しかし，ここでは斥力的な重力の存在は実験的に確証を得ていないということで，考慮しない．

[*2]　弱い重力に対して一般相対論が十分精度よく成立することは，すでに実験的に検証されている．しかし，本書の執筆段階では，**ブラックホール近傍のような強い重力や宇宙全体を包含する巨大スケールにおいて，一般相対論が成立するかどうかの検証実験・観測は不十分**である．そのため，一般相対論は正確な重力理論の「最有力候補」としておく（第 14 章参照）．

[*3]　一般相対論が記述できることは，(i) あらゆる物体が引き起こす重力が時間や空間に及ぼす影響と，(ii) 逆に時間と空間が重力を介して物体の運動に与える影響である．また，一般相対論では，重力・時間・空間の他のすべてを一まとめに「物質」として扱う．さまざまな物質と電磁気力（電磁場）は，広い意味での「物質」とみなして一般相対論の枠組みの中に取り込まれている．以上の説明は漠然としており，何をいっているのか具体的にはわからないだろう．もう少し具体的な解説は，第 13 章と第 14 章で行う．

1.2 本書の構成と必要な前提知識

本書の構成

一般相対論の定量的な理解[*1]には，数学の微分幾何学がある程度使える必要がある[*2]．しかし，特殊相対論の定量的な理解には，最低限，**直線と双曲線**がわかっていればよい．これは，日本の高校 2 年生程度の数学レベルではないだろうか．もちろん，数学の個別の知識とは別に，ある程度注意深い論理的な思考力も必要である．

本書の構成は以下のとおりである．また，各章のつながりは図 1.1 のようになっている．

つぎの第 2 章では，ニュートンが構築した物理学の大きな枠組みの中における特殊相対論の位置付けをまとめる．この位置付けを踏まえて，第 3 章から第 12 章で，直線と双曲線を使って，特殊相対論を解説する．双曲線の定義や基本性質も必要に応じて復習する．本書において重視することは，「実験事実である基本原理（特殊相対性原理と光速不変の原理）を注意深く考察しながら直線と双曲線を描いて，視覚的・グラフ的に特殊相対論を解説すること」である．そして，基本原理から必然的に，時間と空間を完全には区別できない**時空**という考え方の必要性が発生し，ミンコフスキー時空が導入され，ローレンツ変換，速度合成則，光速を超えられないこと，質量エネルギー，質量ゼロの粒子は必ず光速で運動すること，ドップラー効果，ビーミング効果などが，つぎつぎと視覚的に理解・証明される．

さらに，第 13，14 章で，微分幾何学に深入りせず，一般相対論の基礎事項の定性的

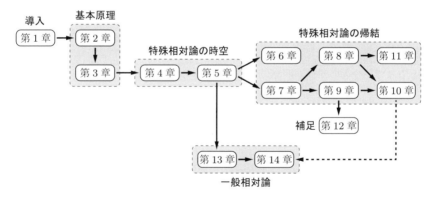

図 1.1　各章のつながり．第 14 章は，ブラックホールの解説部分の一部で，第 10 章の光円錐が必要になる．

[*1]　「定量的な理解」は「数値化して比較できる程度に正確な理解」であり，「定性的な理解」は「数値化まではせず，物事の傾向など質性的な理解」である．これらの区別に注意されたい．

[*2]　微分幾何学は，曲がった空間を記述する数学の一つである．微分幾何学を一から習得するには，腰を据えてじっくり取り組む必要があるだろう．

な解説を試みる．まず，重力に関する実験事実である**等価原理**に基づいて，「曲がった時空」という考え方の導入を丁寧にまとめる．つぎに，アインシュタイン方程式，ブラックホール時空，膨張宇宙の時空そして重力波を定性的にまとめる．この一般相対論の概要部分は，すでに数多く出版されている一般相対論の「本格的なテキストへの橋渡し」になると期待する．一般相対論をこれから学ぼうという人には，本書を読んでもらうと，特殊相対論から一般相対論へ割とスムーズに入れるかもしれない[*1]．

◎ 本書に必要な前提知識

本書は，おもな読者層として時空や重力，宇宙，天体，天文などに興味をもつ大学生以上を想定するものの，意欲的な高校生でも読めるくらいの丁寧さを心掛ける．そこで，**本書の前提知識は高校で扱う物理と数学の一部**である．物理は，高校教科書の力学と波動にある程度馴染みがあるとよい．数学は，直線と双曲線の方程式とグラフにある程度馴染みがあり，ベクトルにも少々馴染みがあるとよい．本書ではこれらの知識を必要に応じて簡単に復習する．なお，発展的内容の表題に 発展 と記したが，そこでは高校数学レベルの微分積分とベクトル，大学教養レベルの行列を使用する場合もある．これら発展内容は読み飛ばしても特殊相対論の核心部分と一般相対論の根底を成す考え方は理解できるように本書を構成したつもりである．

単位を記すときは国際単位系 (SI) を使う．角度はラジアン (rad) で測る．また，通常の等号 ＝ と定義記号 $A := B$（A を B で定義する），恒等記号 $A \equiv B$（A と B は常に等しい）も使い分ける．

以上の前提知識に基づいた構成だと，物理学の進んだ知識をすでにもっている読者には少々まどろっこしく感じる場合もあるだろう．しかし，あえて前提知識のハードルを下げることで，つぎの二つが明確になると期待する．

- 特殊相対論を理解するうえで必要最小限の知識が割と少数であること．
- 一般相対論の基本的な考え方の把握には，必ずしも高度な数学や物理理論は必要ないこと．

[*1] ブラックホール時空の理解に特化した入門書（あるいは一般向け解説書）として，文献[6] が面白そうである．アインシュタインの原論文を集めたものは，文献[7] である．文献[8–15] は少々古い本だが，筆者が学部生から大学院生の間に特殊相対論と一般相対論，そして微分幾何学を学んだ参考書（の一部）であり，とくに一般相対論の本格的な扱いの参考文献として挙げておく．本書は，特殊相対論については，上記の参考文献よりも丁寧に詳しく，かつ幅広く解説する．

特殊相対論はニュートン力学の何を引き継ぎ，何を修正するか？

この章の目的··
● 特殊相対論が従う，物理学の大きな枠組みを整理すること．
···

　物理学全体の中での特殊相対論の位置付けを理解するために必要なことは，「特殊相対論はニュートン力学のすべてを書き換えるのではなく，一部を修正する」という事実の認識である．ニュートン力学の三つの基本原理（慣性の法則，運動の法則，作用・反作用の法則）をまとめたうえで，特殊相対論が慣性の法則を修正することを解説する．

2.1　ニュートン力学の基本原理と絶対時間，絶対空間

ニュートン力学の基本原理

　「力学」とは，「物体がどんな条件でどんな運動をするのか？」を知ることが目的の理論だといえる（章末コラム参照）．ニュートンは，ガリレイやケプラーなどの研究結果を踏まえ，さまざまな実験と数学を利用した考察を重ねた末に，物体の運動を決める原理はつぎの三つの法則にまとめられることを発見した（文献[1, 3]）．なぜその3法則が成立するかという理由はわからないが，とにかくその3法則を認めれば物体の運動がわかる，というのがニュートン力学である（理論展開の詳細は文献[1, 2]など参照）．

▶ **慣性の法則**：ニュートン力学では，あらゆる物体の速度（距離 ÷ 時間）を測る絶対的な基準となる空間（絶対空間）と時間（絶対時間）が存在し，その絶対空間と絶対時間はどんな観測者とも無関係に定まっている，と仮定する．絶対空間と絶対時間で測る速度が一定の観測者（**絶対慣性観測者**[*1]）から見て，物体にはたらく力の和（合力）がゼロのとき，その物体は必ず慣性運動（静止あるいは等速直線運動）をする．

[*1]　絶対慣性観測者という用語は，ニュートン力学の考え方と相対性理論の考え方の対比を説明するために，便宜的に本書で考案した用語である．

▶ **運動の法則**：絶対慣性観測者から見て，任意の絶対時刻 t における物体の加速度を $\vec{a}(t)$，その物体にはたらく合力を $\vec{F}(t)$ とすると[*1]，

$$\text{運動方程式:}\quad \vec{F}(t) = m\,\vec{a}(t) \tag{2.1}$$

が成立する[*2]．ただし，m は物体の質量である．なお，ニュートン力学では，質量 m は物体に固有な量（観測者とは無関係に定まる物理量）であり，どんな観測者が測定しても同じ値になると仮定する．

▶ **作用・反作用の法則**：任意の物体 A が別の任意の物体 B に力 $\vec{F}$ を作用させると，必ず物体 B は物体 A に同じ強さで逆向きの力 $-\vec{F}$ を作用させる．かつ，力 $\vec{F}$ の作用線と力 $-\vec{F}$ の作用線は一致する．なお，この性質は，任意の（必ずしも絶対慣性観測者でない）観測者から見て成立する．

以上の三つが，ニュートン力学の基本原理である．

◎ 絶対時間と絶対空間の役割

慣性の法則で絶対時間と絶対空間の存在を仮定している点は重要である．絶対時間と絶対空間という考え方は，「任意の二つの時刻の時間間隔」と「任意の 2 点間の空間距離」の値は観測者の運動状態にはまったく影響を受けず先験的に定まっているという考え方（仮定）である．これが，ニュートン力学の根底にある時間と空間に対する認識の基本思想である．

この絶対時間と絶対空間を踏まえて，運動方程式 (2.1) に登場する物体の加速度 $\vec{a}(t)$ は，速度 $\vec{v}(t)$ と位置 $\vec{r}(t)$ を使って，つぎのような微分で定義できる[*3]．

$$\vec{a}(t) := \frac{\mathrm{d}\vec{v}(t)}{\mathrm{d}t}, \quad \vec{v}(t) := \frac{\mathrm{d}\vec{r}(t)}{\mathrm{d}t} \tag{2.2a}$$

xyz 直交座標による成分で書けば，

$$\big(\,a_x(t)\,,\,a_y(t)\,,\,a_z(t)\,\big) := \left(\frac{\mathrm{d}v_x(t)}{\mathrm{d}t}\,,\,\frac{\mathrm{d}v_y(t)}{\mathrm{d}t}\,,\,\frac{\mathrm{d}v_z(t)}{\mathrm{d}t}\right)$$

$$\big(\,v_x(t)\,,\,v_y(t)\,,\,v_z(t)\,\big) := \left(\frac{\mathrm{d}x(t)}{\mathrm{d}t}\,,\,\frac{\mathrm{d}y(t)}{\mathrm{d}t}\,,\,\frac{\mathrm{d}z(t)}{\mathrm{d}t}\right)$$

[*1]　ニュートン力学におけるベクトルの復習事項は，付録 B の B.1 節にまとめた．

[*2]　運動方程式によってはじめて，力の単位が $\mathrm{kg\cdot m/s^2}$ だとわかる．この単位を略して N（ニュートン）という．

[*3]　高校数学の教科書では，関数 $f(x)$ の微分は $f'(x)$ と書き表すことが多いと思う．しかし，微分の表記法として，$f'(x)$ と同じ意味で $\mathrm{d}f(x)/\mathrm{d}x$ という表記法もある．そして，式 (2.2a) の $\mathrm{d}\vec{v}(t)/\mathrm{d}t$ は，ベクトル $\vec{v}(t)$ の x，y，z 成分を時間 t で微分するという意味である（付録 B，B.1 節参照）．また，式 (2.2b) の積分 $\int \vec{v}(t)\,\mathrm{d}t$ は，ベクトル $\vec{v}(t)$ の x，y，z 成分を時間 t で積分するという意味である．

である．また，これらとまったく同じ内容を積分を使って表すと，

$$\vec{v}(t) = \int \vec{a}(t)\,dt, \quad \vec{r}(t) = \int \vec{v}(t)\,dt \tag{2.2b}$$

であり，xyz 直交座標による成分で書けば，

$$\left(\, v_x(t)\,,\, v_y(t)\,,\, v_z(t)\,\right) = \left(\int a_x(t)\,dt\,,\, \int a_y(t)\,dt\,,\, \int a_z(t)\,dt\right)$$

$$\left(\, x(t)\,,\, y(t)\,,\, z(t)\,\right) = \left(\int v_x(t)\,dt\,,\, \int v_y(t)\,dt\,,\, \int v_z(t)\,dt\right)$$

である．この基本的な関係式 (2.2) において，時間 t は絶対時間であり，位置ベクトルで測られる距離

$$\left|\vec{r}(t)\right| = \sqrt{x(t)^2 + y(t)^2 + z(t)^2} \tag{2.3}$$

は絶対空間の中で測る距離である[*1]．

　ニュートン力学の基本原理の意義を「物体の運動を知る」という観点からまとめると，慣性の法則は「物体にはたらく合力がゼロの場合の運動を決める原理」，運動の法則は「物体にはたらく合力がゼロでない場合の運動を決める原理」，作用・反作用の法則は「あらゆる種類の力に共通する『力の普遍的な性質』を表す原理」である．とくに，合力がゼロでない場合で，物体の運動を知るという力学の目的を達成する基本パターンは，つぎの 3 ステップにまとめられる．

- ▶ **ステップ 1**：合力 $\vec{F}(t)$ と質量 m を先に（実際の測定や力の理論によって）知ってから，運動方程式 (2.1) に代入して，加速度 $\vec{a}(t)$ を求める．
- ▶ **ステップ 2**：加速度 $\vec{a}(t)$ を式 (2.2b) の第 1 式に代入し，速度 $\vec{v}(t)$ を求める．
- ▶ **ステップ 3**：速度 $\vec{v}(t)$ を式 (2.2b) の第 2 式に代入し，物体の位置 $\vec{r}(t)$ を求める．これで物体の位置 $\vec{r}(t)$ が時間の関数として得られるので，時々刻々と物体が動く様子（つまり物体の運動）がわかる．力学の目的が達成される．

　ところで，ステップ 1 で「先に合力 $\vec{F}(t)$ を知ってから」という条件があるので，実際にこの基本パターンを実行するためには，合力 $\vec{F}(t)$ そのものを把握するための理論も必要である．時間の関数としての合力 $\vec{F}(t)$ は，合力を構成する個々の力の種類（電磁気力，重力，圧力，摩擦力などなど）ごとに個別に把握しなければならない．この点に関してニュートンの洞察の鋭いところは，あらゆる種類の力に共通する「力の普遍的な性質」としての作用・反作用の法則を見抜いたことである．

[*1] 数学では，距離が式 (2.3)（三平方の定理と同等）で与えられる空間を**ユークリッド空間**という（4.1 節参照）．ニュートン力学では，絶対空間として 3 次元ユークリッド空間を仮定している．

2.2 アインシュタインによるニュートン力学の継承点と修正点

特殊相対論によるニュートン力学の修正点は，時間と空間に対する認識である．第3章で詳しく述べるように，アインシュタインは絶対時間と絶対空間という考え方を否定し，**時間間隔と空間距離の測定値は観測者の運動状態に応じて変化する**と結論付けた．そして，その変化の詳細は，3.2節にまとめる特殊相対論の基本原理（特殊相対性原理と光速不変の原理）によって決まる．本書の内容は，時間間隔と空間距離の測定値が観測者の運動状態に応じて変化する様子の解説だといえる．

このように，相対論では，時間間隔と空間距離の測定値を決める原理がニュートン力学とは決定的に異なる．しかし，物体の運動を決める基本原理である運動方程式 (2.1)（合力 = 質量 × 加速度）と，力の普遍的性質である作用・反作用の法則は，相対論でも堅持される．

> ── ニュートン力学から相対論へのバージョンアップ ──
>
> 相対論は，ニュートン力学を完全に否定するのではなく，ニュートン力学の重要なコンセプトである運動方程式と作用・反作用の法則は継承しつつ，加速度や力，質量などの物理量を測る基準となる時間や空間の認識を修正する（それに応じて慣性の法則を修正する）．

2.3 ガリレイ変換：相対論とニュートン力学の相違点

ガリレイ変換とは？

相対論とニュートン力学の重要な違いは，「物理量を測る基準となる時間や空間の認識の仕方の違い」である．そこで，ニュートン力学における時間や空間の認識の仕方を把握することが，相対論の理解の助けになる．

そこで，その把握のための例として，異なる二人の絶対慣性観測者 A と B が同一の物体 P を観測する場合を考える．時刻 t におけるつぎの三つの測定量に注目する．

$$\text{観測者 A が測る観測者 B の位置：} \quad \vec{q}(t)$$
$$\text{観測者 A が測る物体 P の位置：} \quad \vec{r}_{\text{A}}(t)$$
$$\text{観測者 B が測る物体 P の位置：} \quad \vec{r}_{\text{B}}(t)$$

図2.1に，これら三つの位置ベクトルの相互関係を示す．この図からもわかるように，つぎのガリレイ変換が成立する．

$$\text{ガリレイ変換：} \quad \vec{r}_{\text{B}}(t) = \vec{r}_{\text{A}}(t) - \vec{q}(t) \tag{2.4}$$

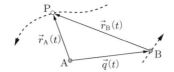

図 2.1　絶対慣性観測者 A と B，物体 P の位置ベクトルの相互関係.

この右辺は観測者 A が測定する位置ベクトルだけで構成されており，左辺は観測者 B が測定する位置ベクトルである．このガリレイ変換は，ニュートン力学において，二人の観測者 A と B が測る物理量の関係を決める基礎となる．

　ここで，ニュートン力学で仮定する絶対時間は，観測者 A が計る時刻 t_A と観測者 B が計る時刻 t_B が常に同一の値 t にできることを意味する．

$$\text{ニュートン力学の絶対時間：}\quad t_A = t_B \,(= t) \tag{2.5}$$

ニュートン力学では，どの観測者が計る時刻も同一にできるので，ガリレイ変換 (2.4) では左辺（観測者 B が測る量）と右辺（観測者 A が測る量）に共通の時間 t を考えてよい．しかし，絶対時間と絶対空間を否定する特殊相対論では，式 (2.4) と (2.5) が成立せず，ローレンツ変換という別の関係式 (7.7) が導かれることを第 7 章で示す．

　なお，ガリレイ変換 (2.4) の両辺を微分することで，

$$\text{速度のガリレイ変換：}\quad \vec{v}_B(t) = \vec{v}_A(t) - \vec{u} \tag{2.6}$$

を得る．ただし，$\vec{u}$ は観測者 A が測る観測者 B の速度，$\vec{v}_A$ と $\vec{v}_B$ はそれぞれ観測者 A と B が測る物体 P の速度である．観測者 A と B は絶対慣性観測者なので，速度 $\vec{u}$ は一定ベクトルである．

◎ 運動方程式のガリレイ変換に対する不変性　発展

　ニュートン力学において，ガリレイ変換 (2.4) から得られる帰結として，つぎのガリレイ的な相対性原理がある[*1]．

▸ **ガリレイ的な相対性原理**：図 2.1 の設定で，絶対慣性観測者 A が測る物体 P の運動方程式と，絶対観測者 B が測る P の運動方程式は，数学的に同じ式 $\vec{F}(t) = m\vec{a}(t)$ である（m は物体 P の質量）．これを「運動方程式 (2.1) はガリレイ変換に対して

[*1]　これが何故「ガリレイ的」といわれるのか，その理由を筆者は知らない．きっと，ニュートン力学が確立する前にガリレイがさまざまな実験から得た何らかの洞察と関係が深いのだろう．しかし，ニュートン力学が確立したあとでは，ガリレイ的な相対性原理は「原理」（他の事柄から証明できず，正しい事実として受け入れるべき事柄）といわれるものの，ニュートン力学の基本原理を使って導かれる「帰結（定理）」である．

不変である」という.

これはつぎのように証明できる. 観測者 A，B が測定する量にそれぞれ添え字 ₐ，ʙ を付ける. 個々の絶対慣性観測者ごとに運動方程式 (2.1) が成立すると考えられるので，$\vec{F}_A(t) = m\vec{a}_A(t)$ と $\vec{F}_B(t) = m\vec{a}_B(t)$ が成立する. 一方，速度のガリレイ変換 (2.6) の両辺を微分すれば，$\vec{u}$ が一定ベクトルなので $d\vec{u}/dt = \vec{0}$，つまり $\vec{a}_B(t) = \vec{a}_A(t)$ となる. したがって，観測者 A と B それぞれの運動方程式から，$\vec{F}_A(t) = \vec{F}_B(t)$ であることがわかる. よって，$\vec{F} = \vec{F}_A (= \vec{F}_B)$ かつ $\vec{a} = \vec{a}_A (= \vec{a}_B)$ として $\vec{F}(t) = m\vec{a}(t)$ が得られる. 証明終わり.

第3章で説明するように，特殊相対論の枠組みでは，絶対空間と絶対時間の概念を捨てて，ニュートン力学の慣性の法則とガリレイ的な相対性原理を修正・統合し，「特殊相対性原理」として整備し直す.

Column 力学とニュートン

力学という名称

力学の英名は Mechanics（メカニクス）あるいは Dynamics（ダイナミクス）であり，Force（力）という単語は使われていない. Mechanics という命名は，物体の運動が運動方程式 (2.1) によって自動的・機械的に決まることを端的に表し，Dynamics という命名は，物体が運動する躍動感を思い起こさせる. この Mechanics あるいは Dynamics という用語を「力学」と訳すことが適切かどうかはわからないが，「力学」と訳した理由は，この理論で最も重要な運動方程式 (2.1) において力が重要な役割を果たしていることに注目したからだろう.

ニュートンの凄い業績

ガリレイやケプラーは，実験的な裏付けを取りながら自然界の法則を探るという手法を駆使した. ガリレイは地上での物体の運動を探り，ケプラーは星々の運動を探った. そして，ニュートンは，ガリレイやケプラーの研究成果も踏まえて，**「実験的な裏付けに加えて，数学的な整合性をも裏付けに取って，自然界の法則を探る」**という現代物理学の方法論を確立し，地上の運動と星々の運動が共通の原理で決まることを突き止めて，2.1 節の力学を作り上げた. さらに，任意の二つの物体（質量 m と M）の間にはたらく重力の法則も，つぎのように定式化した.

重力の強さ: $\quad F = G\dfrac{mM}{r^2}$

重力の向き: 二つの物体の重心を結ぶ線分を作用線とする引力

(2.7)

ここで，r は二つの物体の重心間の距離，$G = 6.673 \times 10^{-11}$ m³/(s²kg)（ニュートン

定数あるいは重力定数，万有引力定数といわれる定数）である（一般相対論は，重力が十分弱い場合にニュートン重力 (2.7) を再現する）．さらに，ニュートンは数学の微分積分を最初に考案した人（ライプニッツもニュートンとは独立に微分積分を考案したが）であり，物体の位置や速度，加速度の関係を式 (2.2) のように微分積分を使って正確に計算できる形で整備した．ニュートンは実験と数学の両方の能力をもっていたことが，現代物理学の方法論を確立し，多数の偉大な研究を成し遂げられた理由の一つだろう．とにかく天才だといえるだろう（文献[1] の第 3 章と文献[3] の第 1 章は，ニュートンにまつわる話が面白く，文献[2] は，ニュートン力学からさらに他の物理的科学へ広がって面白い）．

特殊相対論の基本原理と同時刻の概念

この章の目的 ・・・
- 特殊相対論の基本原理を理解すること.
- 特殊相対論的な現象の根本的な原因となる「同時刻」を理解すること.
・・

ニュートンは,さまざまな実験的検証と理論的考察を重ねて,1687年に物体の運動を把握するための理論(ニュートン力学,2.1節参照)をまとめた.現在,少なくとも理工系学問において,相対論や量子論(原子サイズの現象をよく記述する理論)を専門的に学ぶ必要がない分野は,すべてニュートン力学の枠組みの中にある.ニュートン力学が現代学問に現在も与え続けている影響は計り知れない.

一方,アインシュタインは1905年に,当時最先端の実験事実を基に考察を重ねて,ニュートン力学で仮定されている慣性の法則を修正しなければならないことに気づき[4]*1,特殊相対性理論を作り上げた(2.2節参照)*2.特殊相対論の効果が顕著になる状況は,観測対象の物体にはたらく重力が無視できるほど弱く,かつ物体の速度が光速(光が伝わる速さ)に近い場合である.現在,電子などの素粒子を光速近くで運動させる実験などを通して,厳密には物体の運動はニュートン力学では説明できず,特殊相対論(による修正を施した特殊相対論的力学)によって説明できることが十分に実証済みである.つまり,特殊相対論の正しさは実験的に裏付けられている*3.

この章ではまず,相対論の基本的な用語と特殊相対論の基本原理(特殊相対性原理と光速不変の原理)をまとめる.これらの原理は,アインシュタインが1900年前後の実験事実から鋭く見抜いたものであり,慣性の法則に修正を迫った.つぎに,慣性の法則を修正することで得られる「同時刻」の概念をまとめる.この「同時刻」の性質が,本書で展開するすべての特殊相対論的な現象の根本的な原因となる*4.

---

*1 1900年代初頭の,アインシュタインとボーアを中心とした現代物理学の建設の様子が,文献[4]に描かれていて面白い.天才的な人々の苦悩と成功の繰り返しを知ることも,現代物理学を学ぶうえで役立つかもしれない.

*2 一般相対論は,その10年後の1915年にアインシュタインによって作られた.歴史的には特殊相対論の後に一般相対論が作られたが,特殊相対論と一般相対論の相互関係は,重力がある一般的な場合(一般相対論)と重力がない特殊な場合(特殊相対論)という,一般相対論の中に特殊相対論が含まれる関係である(1.1節参照).

*3 日常生活の範囲内でのさまざまな物体の運動や,ロケットや人工衛星の軌道などは,ニュートン力学によって高精度に予測できる.つまり,ニュートン力学は,厳密には正しくないとしても,我々人類にとって疑いなく実質的な有用性を備えている.

*4 筆者は,文献[8, 10]からこの章の内容の多くを学んだ.

3.1 相対論の基本用語など

　特殊相対論の説明を始めるために，最低限必要な基本用語をまとめる．本書を読み進めていくと，これらの基本用語の理解が深まりつつ，特殊相対論が理解されていく．

▶ **時空図**：図 3.1（右側）のような時間 t と空間 x のグラフを時空図という．空間 1 次元と時間を考えるとき，時空図は平面上に描ける．**相対論の慣例で，縦軸を時間軸，横軸を空間軸とする**[*1]．

本書では，時間軸も空間軸も目盛りを等間隔に付ける．相対論の発展的な取り扱いでは目盛りの間隔を場所ごとに変更する場合もあるが，そのような取り扱いは本書では考えない．

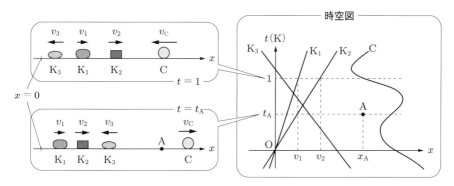

図 3.1　時空図の例．空間 1 次元と時間を描くと，右側のグラフのように平面的な時空図となる．t 軸は慣性観測者 K の世界線であり，記号 $t(\mathrm{K})$ は観測者 K の時計で計る時刻，x は観測者 K の定規で測る空間距離を表す．また，直線の世界線は等速直線運動，曲線の世界線は加速運動を表す．なお，左側には，時刻 $t = t_\mathrm{A}$ と $t = 1$ の瞬間における物体（あるいは観測者）$\mathrm{K_1}$，$\mathrm{K_2}$，$\mathrm{K_3}$，C の配置と速度の向きを図示している．このように，右側の時空図で x 軸に平行な直線（任意の時刻）ごとに物体の配置や速度を読み取ることで，物体の運動を世界線として把握できる．

　空間 2 次元と時間の時空図は立体図になり，空間 3 次元と時間の時空図は 4 次元的な図形を想像しなければならない．しかし，いきなり 4 次元の想像は大変なので，本書では可能な限り図 3.1 のような平面的な時空図（空間 1 次元と時間）を描いて，特殊相対論を解説する．必要に応じて立体的な時空図も描くが，本書では立体的あるいは 4 次元的な時空図を扱う際には，空間座標軸は互いに直交する座標系（デカルト座標系）とす

[*1] 小中学校や高校の教育課程，大学でも相対論以外の分野では，横軸が時間で，縦軸が物体の位置を表す場合が多い．しかし，横軸を時間にする絶対的な理由はなく，単なる習慣である．相対論の時空図を見る際は，縦軸と横軸に注意してほしい．

る．また，いくつかの平面的あるいは立体的な時空図を組み合わせて 4 次元時空図を想像することに若干触れる場合もあるが，それは本書では発展的内容であり，読み飛ばしてもかまわない．

以下は，時空図を使って特殊相対論を理解するための基本用語である．

▶ **事象（時空点）**：時空図上の 1 点を事象（あるいは時空点）という．事象の座標は，相対論の慣例で，つぎの順序に並べて書く．

$$(\text{時間}, \text{空間座標}) \tag{3.1}$$

図 3.1 の事象 A の座標は $(t_{\mathrm{A}}, x_{\mathrm{A}})$ である．一つの事象は「ある場所のある瞬間」を表すので，図 3.1 の左側に描いた時刻 $t = t_{\mathrm{A}}$ の瞬間にだけ事象 A が現れ，他の時刻の瞬間には事象 A は現れない．

▶ **世界線**：時空図上に描かれた任意の直線や曲線を世界線という．世界線の中でもとくに，物体の位置と時間経過を表すものを，**物体の世界線**という．ここで注意すべきことは，時間の経過を考えると，あらゆる粒子は，時空図上の 1 点（事象）でなく，世界線として表されることである[*1]．たとえば，図 3.1 の時空図の直線 K$_1$ は，速度 v_1 の等速運動をしている物体の世界線である．この速度は，世界線が原点 O と事象 $(1, v_1)$ を通る（時間間隔 1 で距離 v_1 だけ進む）ことからわかる．**世界線の「空間軸からの傾き」は速度の逆数，「時間軸からの傾き」は速度である**[*2]．なお，図 3.1 の曲線 C は，速度（接線の傾き）が時間的に変化しているので，加速運動する物体の世界線である．図 3.1 の左側でも，異なる時刻で物体 C の速度が異なること（とくに逆向きになっていること）がわかる．

▶ **慣性運動と慣性観測者**：任意の観測者（あるいは物体）にはたらく力の和がゼロのとき，その観測者（あるいは物体）の運動を慣性運動という．慣性運動をしている観測者を慣性観測者という．3.2 節の特殊相対性原理より，慣性観測者から見る

[*1] 人間の目には，粒子あるいは十分小さな物体は，点状の存在に見える．そして，物体の「軌道」あるいは「軌跡」という用語は「xyz 空間内で物体が通る道筋」を意味し，その道筋上のどの位置をどの時刻に通過するかという時間経過の情報は含まない．一方，粒子という存在を時空図上に表すと，時間経過によって，1 本の世界線を描く．このように，物体の位置と時間経過をひとまとめに表す世界線は，軌道とか軌跡とはいわず，「物体の世界線」という．なお，誤解の恐れがなければ，「物体の世界線」を単に「世界線」という場合もある．

[*2] 「○○軸からの傾き」とは，「○○軸方向の変化量を分母にした傾き」である．たとえば，図 3.1 の直線 K$_1$ ではつぎのようになる．

$$\text{「空間軸からの傾き」} := \frac{[\text{縦軸の変化量（経過時間）}]}{[\text{横軸の移動量（移動距離）}]} = \frac{1}{v_1}$$

$$\text{「時間軸からの傾き」} := \frac{[\text{横軸の移動量（移動距離）}]}{[\text{縦軸の変化量（経過時間）}]} = v_1$$

任意の物体の慣性運動は，等速直線運動である[*1].

▶ **慣性系**：慣性観測者と，その観測者の時計で計る時間，その観測者の定規で測る空間座標，の三つをひとまとめにして慣性系という．慣性系と慣性観測者という言葉は厳密に区別せず，誤解の恐れがなければ混同して使う．

以上の基本用語を使うと，図 3.1 は**慣性観測者 K が見る状況を表す時空図**である．そして，慣性系 K で測る慣性観測者 K 自身の速度はゼロなので，**時間軸は観測者 K の世界線に一致させられる**[*2]．時間軸の記号 $t(\mathrm{K})$ は「K が持つ時計で計る時刻 t」という意味である．そして，時空図 3.1 の直線 K_1 と K_2 は，K から見てそれぞれ速度 v_1 と v_2 で等速直線運動する（かつ時刻 $t = 0$ で位置 $x = 0$ を通過する）慣性観測者または物体の世界線である．また，世界線 K_3 は x 軸の負方向に運動する（ただし，時刻 $t = 0$ での位置が $x \neq 0$ である）慣性観測者の世界線である．

◎ 3.2　特殊相対論の基本原理

物理学の完成された理論は，さまざまな実験事実に基づいた仮説を基本原理として採用する．その基本原理が正しい理由は誰も知らず，実験事実として受け入れるしかない．そして，特殊相対論にはそのような基本原理が二つある．

◎ 特殊相対性原理

一つ目の基本原理は，物体の速度の測定から得られる，つぎの原理である．

> **特殊相対性原理**
>
> 　重力がない場合，任意の観測者から見て，任意の二つの物体の間の相対速度を測ることは可能だが，個々の物体の絶対速度（絶対空間に対する速度）を測ることは不可能である．また，二人の慣性観測者の間の相対速度は一定である．

図 3.2 に，この原理が表す様子を描いた．この原理を理解するうえで，第 1 文と第 2 文をそれぞれよく吟味することが大切である．

第 1 文の前半，相対速度に関する部分は「任意」の二つの物体を考えるので，それらがどんなに離れていても，どれだけ長い時間間隔を考えてもよい．これは，重力がない

[*1] ニュートン力学では絶対時間と絶対空間を仮定するので，慣性観測者を「絶対空間に対して速度一定の観測者」といえる．しかし，相対論では絶対時間と絶対空間を前提にしないので，速度一定といういい方が不適切になる．そこで本書では，合力に注目して慣性観測者を定義した．

[*2] 自分の位置を常に空間の原点（距離ゼロ）とする空間座標を測る場合である．観測者は常に自分の定規の目盛りゼロの位置を握っていると思えばよい．

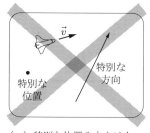

（ａ）特別な位置や方向はない　　　（ｂ）相対速度のみ測れる

図 3.2　特殊相対性原理．重力がない場合，絶対速度（絶対空間に対する速度）を測る基
　　　準となる特別な位置や方向が存在せず，相対速度しか測れない．これは，重力が
　　　ない場合，あらゆる時刻で全空間に一律に適用される．

場合は「あらゆる時刻かつ空間全体」において相対速度は測れることを意味する．また，
第 1 文の後半は，絶対速度（絶対空間に対する速度）を否定するので，ニュートン力学
で仮定された絶対空間と絶対時間という概念を捨てている．これは，重力がない場合は，
絶対速度を測る基準となる特別な位置や方向が「あらゆる時刻かつ空間全体」のどこに
も存在しないことを意味する．以上をまとめて，第 1 文は，**重力がない場合の「あらゆ
る時刻かつ空間全体」は（物体や観測者が収まる『入れ物』ではあるものの）時間間隔
や空間距離を測る絶対的な基準にはならない**，と主張している[*1]．

　第 2 文は，**相対速度が一定になる状況設定は，観測者と観測対象のどちらにも何の力
もはたらかない（複数の力がはたらく場合は合力がゼロの）場合である**，と主張する．こ
のように，相対速度が一定になるという特別な状況設定に合致する観測者が，3.1 節でま
とめた慣性観測者である．なお，慣性観測者を想定すると（加速運動する観測者を想定
するよりも）特殊相対論的な現象が理解しやすいので，本書ではおもに**慣性観測者**を想
定して特殊相対論を解説していく．

◎ 特殊相対性原理の突っ込んだ理解 発展

　別の見方で特殊相対性原理の意味を考えることも，相対論の理解に有益である．もし
空間に特別な位置（または特別な方向）があれば，その位置に静止した（またはその方
向に運動する）観測者は他のあらゆる観測者と区別される特別な観測者になる．しかし，
特殊相対性原理はそのような特別な観測者は存在しないと仮定する．自然を観測するう
えで絶対的な基準はなく，すべての測定は相対的だという仮定である[*2]．

[*1]　重力がある場合，特殊相対性原理は，等価原理という重力に関する実験事実に基づいて，「十分短い時間間隔で十分狭
　　い空間領域において相対速度しか測れない」と制限される．第 13 章参照．
[*2]　この点を重視して「相対性理論 (Theory of Relativity)」という名前が付いたのだろう．その命名をしたのは，こ
　　の理論の発見者アインシュタインではなく，相対論を強く支持したプランクらしい．これに関して，文献[4] が面白い．

ここで，「（相対速度しか測れないから）特別な慣性系が存在しない」という点を少し突っ込んで考えてみる．特別な慣性系がないので，物理法則はあらゆる慣性系で同じ形（の方程式）で表されると考えられる．この推論は「物理法則は慣性系の設定（慣性観測者の速度の設定）によらず不変である」と表現できる．この「慣性系の設定に対する物理法則の不変性」は，ニュートン力学のガリレイ的な相対性原理 (→ p.9) と混同しやすい．しかし，特殊相対論で「慣性系の設定に対する物理法則の不変性」を得る根拠は「相対速度しか測れない」という仮定であり，ガリレイ的な相対性原理を導く際に必要だった絶対時間と絶対空間（で測る絶対速度）はまったく仮定していない．本書では，このような混同を避けるため，特殊相対性原理には「慣性系の設定に対する物理法則の不変性」ではなく「相対速度しか測れない」という表現を採用した．また，「相対速度しか測れない」という表現を採用すれば，慣性観測者に限らず任意の運動をする観測者を想定して特殊相対性原理（の第 1 文）を述べられる[*1]．

◎ 光速不変の原理

二つ目の基本原理は，真空中で光が伝わる速さの測定から得られる，以下の原理である．なお，この原理は 9.4 節で，光の伝わる速さからゼロ質量の粒子の速さに一般化される．したがって，本書で光といえば，任意のゼロ質量粒子を意味すると考えてよい．

光速不変の原理

重力がない場合，任意の運動をする光源から放出された光の真空中での運動は，どんな慣性観測者が測定しても，必ず同じ速さ $c = 2.99792458 \times 10^8 \, \mathrm{m/s}$ の等速直線運動である．

この原理は，真空中での光の運動に注目している．本書では，真空中での光の運動を考えて，物質中の光の運動は考えない．そして，光速不変の原理を理解するうえで，光源の運動と観測者の運動を分けて吟味することが大切である．それぞれの運動が顕著になる状況を図 3.3 と図 3.4 に描いた．

図 3.3 では，星がガス雲に突っ込む現象をある観測者が見る．ガス雲は観測者に向かって速さ v_{gas} で進み，星はガス雲の速度に垂直な方向に進む．図 3.3(a) は，仮に光の運動に対してニュートン力学の帰結「速度の合成は単純な足し算（式 (2.6)参照）」が適用できるとした場合に，この現象が観測者にどう見えるかを示す．この場合，ガス雲が発した光（速さ $c + v_{\mathrm{gas}}$）が，星が発した光（速さ c）より先に観測者に到達する．した

---

*1　現在，多くの相対論の既刊書では，特殊相対性原理を「慣性系の設定に対する物理法則の不変性」として説明している．しかし，たとえば，少々古いが文献[8] では，特殊相対性原理を「相対速度しか測れない」として説明している．

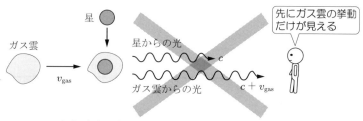

（a）速度の合成は単純な足し算ではない

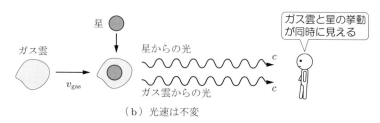

（b）光速は不変

図 3.3 光速不変の原理のうち，光源の運動が任意であることの意味．光で観測する限り，生じた現象をそのまま観測者が見ることになる．

がって，観測者に見える現象は「何故かガス雲にポッカリと穴が開き，つぎにその穴にぴったりサイズが合う星が侵入する」という現象になってしまい，「星がガス雲に突っ込む」という実際の現象は見えない．しかし，光速不変の原理は，図 3.3(b) が実際の自然現象だと主張する．光速不変の原理によってガス雲と星が発する光は同じ速さ c で伝わるので，光で観測する限り，観測者には「星がガス雲に突っ込む」という実際の現象がそのまま見える．

つぎに，図 3.4 は，同一の光の速度を異なる慣性観測者 K と K′ が測る状況である．図 3.4(a) は，仮に光の運動に対してニュートン力学の帰結「速度の合成は単純な足し算」が適用できるとした場合である．この場合，K が測る光の速さ c と K′ が測る光の速さ $c+v$ は，K と K′ の相対速度 v だけ異なる．しかし，光速不変の原理は図 3.4(b) が実験事実だと主張する．観測者が慣性観測者である限り（その等速直線運動の速度がいくらであっても），その観測者が測る光の伝わる速さは常に c である．

以上の例からわかるように，光速不変の原理という実験事実は，少なくとも光の運動に対してニュートン力学の帰結「速度の合成は単純な足し算（式 (2.6)）」が適用できないことを示している．特殊相対論の醍醐味は，この原理がどのように時間と空間の性質に関わるかを明らかにすることである．本書では，特殊相対性原理と光速不変の原理に基づいて，さまざまな特殊相対論的な現象を説明していく．ニュートン力学の帰結は，光速が無限大の極限 $(c \to \infty)$ を想定すると得られることも明らかになる．

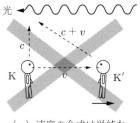
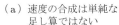
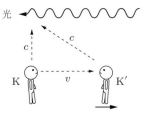

（ａ）速度の合成は単純な
　　　足し算ではない

（ｂ）光速は不変

図 3.4　光速不変の原理のうち，観測者が任意の慣性系であることの意味．ニュートン力
学の帰結（速度の合成は単なる足し算）と異なることが顕著である．

3.3　光速不変の原理から得られる同時刻の性質

　ニュートン力学と相対論の間には，「同時刻」の性質に決定的な違いがある．相対論的
な同時刻の性質が，次章以降の特殊相対論的な現象の根源になる．この同時刻の性質を
知るために，同時刻の定義を詳しく考えることから始める．

　空間のあらゆる位置，あらゆる物体は，時間の経過を経験し続けている．任意の物体
（あるいは空間的な位置）が経験するさまざまな「瞬間」のうちの一つと，別の物体（あ
るいは空間的な位置）が経験するさまざまな「瞬間」の一つを，同じ時刻（同じ時間座
標の値）だとみなせる[*1]．そこで同時刻をつぎのように定義する．

> **同時刻の定義**
> 　慣性系 K から見て同時刻な空間とは，慣性系 K で計る時間座標が同じ値になる
> 事象の集合である．

　図 3.5 に示すように，空間 1 次元と時間の時空図（「2 次元」時空図）では，同時刻な
空間は 1 本の世界線で表される[*2]．この定義は時間座標を使っていることが重要である．
ニュートン力学では絶対時間を仮定するので，式 (2.5)のように，すべての観測者に対
して時間座標（時刻）は共通であった．しかし相対論では，以下で示すように，光速不
変の原理によって，物体や空間的な位置が経験するさまざまな「瞬間」の時刻が観測者
によって異なる．そこで，特殊相対論の 2 次元時空図（空間 1 次元と時間の時空図）を

[*1]　細かいことをいうと，前提条件として，任意の物体が経験する複数の「瞬間」が同じ時刻になることはない，という仮
定も置く．これは，時間が経過するといつの間にか過去のある時点に戻ってしまうことがない，という仮定である．
通常の感覚や特殊相対論の範囲では当たり前のような仮定だが，一般相対論に進んで「曲がった時空」を扱うと，こ
の仮定を正しく扱う必要性が生じる．本書では，その必要性が生じるほど詳細には一般相対論を扱わない．

[*2]　空間 2 次元と時間の時空図（「3 次元」時空図）では，同時刻な空間は平面（あるいは曲面）で表される．空間 3 次
元と時間の時空図（「4 次元」時空図）では，同時刻な空間は 3 次元空間として表される．さぁ，4 次元の中の 3 次
元空間をどうイメージするか？　この話は本書の範囲を超えるので，文献[5] を挙げる．その本は，初等的かつ定性的
に 4 次元の把握の仕方を解説している．

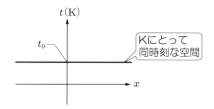

図 3.5 慣性系 K にとって時刻 t_0 で同時刻な空間. 空間 1 次元と時間で描く「2 次元」時空図では, K の同時刻な空間は, K の空間座標軸 (x 軸) と平行な世界線で表される.

使って, 慣性系 K の同時刻な空間を表す世界線と, 別の慣性系 K′ の同時刻な空間を表す世界線を導く. それらの世界線が一致しないことが, 特殊相対論的な現象を把握するうえで本質的に重要になる.

◎ 状況設定

空間 1 次元の運動を考えて (空間 1 次元と時間の) 2 次元時空図を描こう. 慣性観測者 K が持つ時計で計る時刻 t と定規で測る空間距離 x を, 慣性系 K の時空図の座標 (t, x) とする. この慣性観測者 K と座標 (t, x) をまとめて, つぎのように表記する.

$$\text{慣性系 K} : (t, x) \tag{3.2}$$

さらに, 図 3.6 に示すように, 別の慣性系 K′:(t', x') が, K から見て x 軸方向に速度 v で運動しているとする. 特殊相対性原理により, この速度 v は, K と K′ に力がはたらかない限り一定である. また, t' は K′ が持つ時計で計る時刻, x' は K′ が持つ定規で測る距離である. そして, とくに注意する点は, ニュートン力学では絶対時間 (式 (2.5)) を仮定したが, 相対論では絶対時間を仮定せず, 以下の議論では $t = t'$ という前提がないことである (第 7 章で t と t' の関係式を導く). なお, x 軸方向に運動する光も, 以下の議論で考える.

慣性観測者 K がいる位置を K′ が通過する瞬間を, どちらの時計でも時刻ゼロ ($t = 0$, $t' = 0$) にする. これは, K′ が K の位置を通過する事象 O をどちらの時空図でも原点

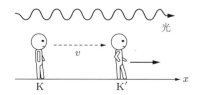

図 3.6 状況設定. 慣性観測者 K, K′ と光. 光を扱う実験を工夫することで, 特殊相対論における同時刻の性質が明らかになる.

とする設定（時空図を単純化するための設定）である．この設定のもとで，図 3.7 に，慣性系 K が描く時空図と慣性系 K′ が描く時空図を並べた．この図には，図 3.6 に対応して，慣性系 K，K′ と光の世界線を描いてある．K′ から見た K の速度は −v であることに注意されたい．また，x 軸と x′ 軸の正方向は，光の進行方向と同じ向きにとってある（光も原点の事象 O を通るとして世界線を描いた）．光速不変の原理から，どちらの時空図の座標 (t,x)，(t',x') で測っても，光の世界線の（空間軸からの）傾きは同じ値 $1/c$ である．

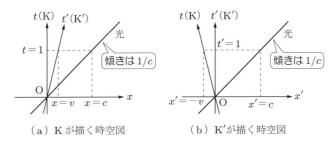

図 3.7 二つの慣性系 K と K′ が描く時空図．光速不変の原理より，どちらの時空図でも光の世界線の傾きは $1/c$ である．

慣性系 K:(t,x) の時空図（図 3.7(a)）に描いた世界線の方程式は，変数 t，x で表されて，つぎのようになる．

$$\text{K の世界線}\ (t\ \text{軸}): \quad x = 0 \tag{3.3a}$$

$$\text{K′ の世界線}\ (t'\ \text{軸}): \quad t = \frac{1}{v}x \quad (\Longleftrightarrow vt = x) \tag{3.3b}$$

$$\text{光の世界線}: \quad t = \frac{1}{c}x \quad (\Longleftrightarrow ct = x) \tag{3.3c}$$

特殊相対性原理から慣性系 K′ の速度 v は一定値なので，K′ の世界線は直線である．そして，**K′ の世界線は K の時空図の中に描いた** t' **軸になる**．この事実は，特殊相対論的な現象を時空図を使って理解していくうえで重要である．

慣性系 K′:(t',x') の時空図（図 3.7(b)）に描いた世界線の方程式は，変数 t'，x' で表されて，つぎのようになる．

$$\text{K の世界線}\ (t\ \text{軸}): \quad t' = -\frac{1}{v}x' \quad (\Longleftrightarrow -vt' = x') \tag{3.4a}$$

$$\text{K′ の世界線}\ (t'\ \text{軸}): \quad t' = 0 \tag{3.4b}$$

$$\text{光の世界線}: \quad t' = \frac{1}{c}x' \quad (\Longleftrightarrow ct' = x') \tag{3.4c}$$

特殊相対性原理から慣性系 K の速度 −v は一定値なので，K の世界線は直線である．そ

して，K の世界線は K′ の時空図の中に描いた t 軸になる．これも，特殊相対論的な現象を時空図を使って理解していくうえで重要である．

以上の状況設定で，つぎの二つを表す方程式を導く．

- 慣性系 K から見て原点の事象 O と同時刻な空間（世界線）
- 慣性系 K′ から見て原点の事象 O と同時刻な空間（世界線）

以下，これらを慣性系 K の時空図の中に図示することが目標である．

◯ 同時刻な空間の作図に必要な特徴

慣性系 K:(t,x) から見て事象 O と同時刻な空間は x 軸である．なぜなら，x 軸上の事象はすべて，K の時計で計る時刻 $t=0$ の事象だからである．この同時刻な空間には時空図上でさまざまな特徴を見出すことができると思うが，いまの議論で必要な特徴はつぎのものである．

慣性観測者 K が光を放射し，その光が「K に対して静止している鏡」で反射されて K に戻ってくる，という実験を考える．ただし，観測者 K が光を放出した事象を A，鏡が光を反射する事象を P，反射光が K に戻る事象を B とする．また，事象 P が原点 O と同時刻になる（事象 P の時刻がゼロとなる）ように時間座標をとる．この実験の様子を表す時空図が図 3.8 である．光速不変の原理から，反射前の光の世界線の傾きは $1/c$，反射後の光の世界線の傾きは $-1/c$ である．したがって，事象 B の時間座標 t_{B} を使うと，事象 A の時間座標 t_{A} は $t_{\mathrm{A}} = -t_{\mathrm{B}}$ である．

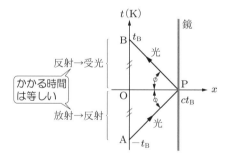

図 3.8 同時刻な空間の特徴．光の反射実験を考えると，OA＝OB である．

同時刻な空間の特徴の一つ

上記の光の反射実験で，「放射から反射までの時間」と「反射から受光までの時間」が等しい（$t_{\mathrm{A}} = -t_{\mathrm{B}}$）．

この同時刻の特徴から，時空図 3.8 の作図上の注意点は，**線分 OA と線分 OB の長さ
を等しくすること**（OA = OB）だとわかる．

◎ 光の反射実験からわかる同時刻の性質

図 3.8 のような光の反射実験を慣性系 K′ が実施する場合を考える．さらに，K′ が反
射実験を行っている実験室全体が，K:(t, x) から見て x 軸方向に一定速度 v で運動して
いるとする．この場合も，慣性系 K′:(t', x') の時空図には図 3.8 と同様な図が描ける．
図 3.9 の左側は K:(t, x) から見た状況で，右側は K′:(t', x') が見る実験状況の時空図で
ある．「光を反射する鏡は K′ に対して静止している」ことに注意して，鏡の世界線も描
いてある．また，K′ が放射してから鏡で反射されるまでの「行き」の光を ①，反射さ
れて戻ってくる「帰り」の光を ② とする．以下，K′:(t', x') から見た時空図を K:(t, x)
から見た時空図の中に描き込んでいく．そして，K の同時刻の空間（を表す世界線）と
K′ の同時刻の空間（を表す世界線）が異なることを示す．

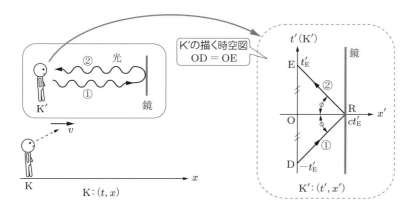

図 3.9 K′ が実施する光の反射実験のなり行きを K が観測する．t'_{E} は，K′ の時計で計る
事象 E の時間座標．

この実験では，光が鏡で反射される事象 R が「K′ から見て原点の事象 O と同時刻」
になるように，光の放射時刻が調整されている．K′ が光 ① を放射する事象 D と光 ②
を受け取る事象 E は，同時刻の特徴から，時空図上で OE = OD の関係を満たす．この
関係は，K と K′ のどちらの時空図で見ても成立する．なぜなら，どの慣性観測者が測
定しても，その慣性観測者が計る「光 ① の飛行時間」と「光 ② の飛行時間」は等しい
からである[*1]．また，事象 E は直線 (3.3b) 上にあるので，慣性系 K:(t, x) で測る事象

[*1] ただし，「光の飛行時間」が具体的に何秒かという値は，観測者によって異なっても構わない．この飛行時間の違いの
具体的な計算式は，第 7 章で導くローレンツ変換である．

E の空間座標は vt_{E} である．ただし，t_{E} は K:(t, x) で計る事象 E の時間座標である．よって，事象 E の座標はつぎのようになる．

$$\text{K:}(t, x)\text{ が測る事象 E の座標：}\quad \left(t_{\mathrm{E}}, vt_{\mathrm{E}}\right) \tag{3.5}$$

したがって，OE ＝ OD から，図 3.10(a) に示すように，事象 D の座標がわかる．

$$\text{K:}(t, x)\text{ が測る事象 D の座標：}\quad \left(-t_{\mathrm{E}}, -vt_{\mathrm{E}}\right) \tag{3.6}$$

ここで，図 3.7 で確認した「光速不変の原理によって，あらゆる慣性系の時空図上で光の世界線の傾きは $1/c$（x 軸の正方向に進む光）あるいは $-1/c$（x 軸の負方向に進む

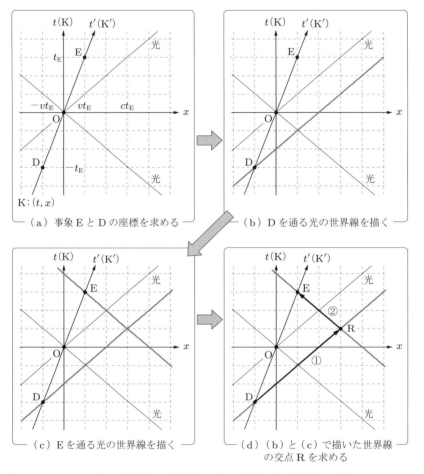

（a）事象 E と D の座標を求める

（b）D を通る光の世界線を描く

（c）E を通る光の世界線を描く

（d）（b）と（c）で描いた世界線の交点 R を求める

図 3.10 K$'$ による光の反射実験の時空図を，K の時空図の中に描き込む手順．$v = c/3$ の場合の作図．なお，作図の際の参照用に，原点を通る光の世界線も描いてある．

光）になる」ことを思い出すと，図 3.9 の右側に示す K′:(t', x') の時空図の中でも，図 3.10 に示す K:(t, x) の時空図の中でも，光 ① と ② の世界線の傾きはそれぞれ $1/c$ と $-1/c$ である．したがって，光 ① の世界線は，図 3.10(b) に示すように，事象 D を通って傾き $1/c$ の直線である．K:(t, x) の時空図の中でこの直線の方程式は，

$$t = \frac{1}{c}x + \left(\frac{v}{c} - 1\right)t_{\mathrm{E}} \tag{3.7}$$

である．また，光 ② の世界線は，図 3.10(c) に示すように，事象 E を通る傾き $-1/c$ の直線である．K:(t, x) の時空図の中でこの直線の方程式は，

$$t = -\frac{1}{c}x + \left(\frac{v}{c} + 1\right)t_{\mathrm{E}} \tag{3.8}$$

である．この 2 直線の交点が，鏡で光が反射される事象 R であり，式 (3.7) と (3.8) から

$$\text{K:}(t, x) \text{ が測る事象 R の座標：} \quad (\,t_{\mathrm{R}}\,,\,x_{\mathrm{R}}\,) = \left(\frac{v}{c}t_{\mathrm{E}}\,,\,ct_{\mathrm{E}}\right) \tag{3.9}$$

となる．反射実験で実際に光 ①，② が描く世界線を図 3.10(d) に示す．

　さらに，図 3.9 の右側に示すように，事象 O と R を通る世界線が慣性系 K′:(t', x') の x' 軸と一致する．これは，K:(t, x) の時空図上に x' 軸を描くと，事象 O と R を通る世界線になることを意味する．したがって，K′ による光の反射実験の状況を K の時空図上にまとめて描くと，図 3.11 が得られる．この K:(t, x) の時空図上に描いた x' 軸を表す世界線の方程式は，事象 R の座標 (3.9) から，傾きが $t_{\mathrm{R}}/x_{\mathrm{R}} = v/c^2$ の直線だとわかる．

$$\text{K の時空図上の } x' \text{ 軸：} \quad t = \frac{v}{c^2}x \tag{3.10}$$

　以上の作図から，事象 R が x 軸上にないこと（x 軸と x' 軸が異なること）がわかる．光の反射実験の設定から，事象 R は（x' 軸上にあるので）慣性系 K′:(t', x') から見て原点の事象 O と同時刻である．一方，慣性系 K:(t, x) から見て事象 O と同時刻な事象は，必ず x 軸上になければならない．つまり，鏡の世界線上のさまざまな事象（鏡が経験するさまざまな瞬間）のうち，K から見て事象 O と同時刻な事象は図 3.11 の事象 P である．したがって，「上記の光の反射実験で使用した鏡が経験していくさまざまな瞬間のうち，どの瞬間を同時刻だと認識するか」という問いの答えは観測者の速度によって異なり，観測者 K は事象 P が時刻ゼロと同時刻だと認識し，観測者 K′ は事象 R が時刻ゼロと同時刻だと認識する．この帰結は，上記の鏡が経験するさまざまな瞬間に限らず，あらゆる物体や空間的な位置が経験するさまざまな瞬間に対して成立する．このようにして，光速不変の原理（どの慣性系で見ても光の世界線の傾きは同じ値 $\pm 1/c$）から，**時空図上のどの二つの事象を同時刻と認識するかは観測者によって異なるという結**

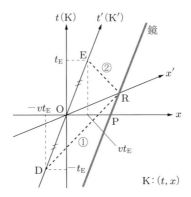

図 3.11 K′ による光の反射実験（図 3.9）を K の時空図上に描いたもの．鏡の世界線も
描いてある．ニュートン力学（第 2 章参照）では x' 軸と x 軸が一致することを
仮定していたが，特殊相対論では光速不変の原理によって x' 軸と x 軸が一致し
ないという結論を得る．これは，特殊相対論では同時刻の空間は観測者によって
異なることを意味する．

論が得られる．

　ニュートン力学で仮定する絶対時間と絶対空間は，（光速でなく）時間と空間がどの観
測者にとっても同一だという仮定であり，同時刻の空間はあらゆる観測者に対して同一
だった．しかし，式 (3.10) までに導いたように，光速不変の原理を採用すると，同時刻
な空間は観測者によって異なるという結論を得る．以上のことは，次章以降において極
めて重要なので，以下にまとめておく．

光速不変の原理から得られる同時刻の性質

　慣性系 K:(t, x) から見て，原点の事象 O と同時刻な空間は x 軸である．一方，K
に対して x 軸方向に速度 v で運動する慣性系 K′:(t', x') から見ると，事象 O と同
時刻な空間は x' 軸である．x' 軸を K の時空図の中に描くと式 (3.10) であり，明ら
かに x 軸（$t = 0$）とは異なる（図 3.10, 3.11 参照）．同時刻な空間を表す世界線
は，慣性観測者の速度によって異なるのである．この事実は，特殊相対論では時間
と空間を観測者の運動状態と無関係に区別することが不可能なことを意味する．

◎ x' 軸の物理的な意味の補足

　慣性系 K:(ct, x) の時空図の中に描かれた x' 軸（式 (3.10) の直線）の物理的な意味を，
少し詳しく考えてみよう．まず，観測者 K′ に，K と K′ の相対速度と平行な方向に向け
た定規を持たせる．その定規の目盛りそれぞれがさまざまな瞬間を時々刻々と経験し続
けていく．そのさまざまな瞬間のうちの一つに，K′ が計る時刻ゼロと同時刻だと認識す

る瞬間がある．そこで，定規上のある目盛り w について，つぎのような座標で決まる事象を考えよう．

$$\begin{cases} \text{時間座標} = \text{「K}' \text{ から見て時刻ゼロと同時刻の（w が経験する）瞬間」} \\ \text{空間座標} = \text{「定規上の目盛り w の位置」} \end{cases}$$

定規のすべての目盛りについて同様に決まる事象が存在するが，時空図上でそれらの事象をつないで得られる世界線が x' 軸である．これを K の時空図の中に描くと，図 3.11 に示すように x' 軸と x 軸が異なるのである．

第 4 章

特殊相対論の時空１：
距離という概念の重要性

この章の目的 ···
- 相対論の時間と空間は互いに別々のものではなく，時空という概念で一つにまとめられることを理解すること．
- 時空上の二つの事象の間の距離（時空距離）は，三平方の定理では計算不可能であると証明すること．
··

　ニュートン力学で仮定する絶対空間と絶対時間では，時空図の中に描いた同時刻の空間が観測者によって異なることはあり得なかった．一方，相対論における時間間隔と空間距離は，それらを測定する観測者の運動状態に依存して決まる（→ p.26）．相対論では時間と空間を観測者とは無関係に独立に扱うことは不可能で，**時間と空間をまとめて扱う「時空」という考え方が必要不可欠になる**．この章では，「時空」という考え方を把握するうえで必要な「二つの事象の間の距離（時空距離）」の基礎事項をまとめる．ニュートン力学でも相対論でも，「距離」の値は観測者の設定によらず決まるように定義する．そのように定義された距離を使って，座標軸に目盛りが付けられる．その座標軸の目盛りはさまざまな物理量の値を読み取る基準となる．

　4.1 節で「距離」の基本性質をまとめ，4.2 節で相対論の「時空」という考え方を導入する．これらに基づき，4.3 節で「相対論の時空上の２事象間の距離は三平方の定理（ピタゴラス定理）で計算することが**不可能**」を証明する．この不可能性が相対論の「時空」を理解する鍵となる．「時空距離」の計算式は第５章で導く．

4.1　ニュートン力学から学ぶ「距離」の基本的性質と座標軸の目盛り ──

　ニュートン力学における「距離」と「座標軸の目盛り」を整理し，そこから相対論でも通用する「距離の基本性質」と「座標軸の目盛り付け方法」を抽出する．

「距離」を理解する鍵は何か？

　ニュートン力学では絶対空間と絶対時間を仮定するので，距離といえば絶対空間の中の２点間の距離である．２点を含む平面に注目して，２次元平面上の距離を考えよう．こ

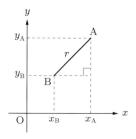
（a）ユークリッド平面の xy 座標

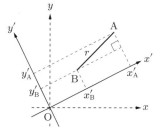
（b）ユークリッド平面の $x'y'$ 座標

図 4.1　ニュートン力学の空間距離は三平方の定理で測る．ユークリッド平面上で2点 A，
　　　　B の位置が変わらなければ，AB 間の距離 r はどんな座標軸の設定で測っても必
　　　　ず同じ値である．なお，任意の点の座標成分は，座標軸に平行な補助線を引いて
　　　　読み取る．

の平面上に，図 4.1(a) に示すような直交座標系 (x, y) を設定し，平面上の2点 A，B
の座標をそれぞれ (x_A, y_A)，(x_B, y_B) とする．ニュートン力学では，A と B の間の距
離 r は，つぎのように三平方の定理で与えられる．

$$r^2 = (x_A - x_B)^2 + (y_A - y_B)^2 \tag{4.1}$$

この式が表す直角三角形は図 4.1(a) を見ればわかる．このように三平方の定理で距離が
測れる空間（平面）を，数学では**ユークリッド空間（平面）**という．ニュートン力学の
同時刻な空間はユークリッド空間である（章末コラム参照）．

　ところで，平らな紙の上に引いた1本の線分（図 4.1 の線分 AB など）の長さは，座
標系 (x, y) とは無関係に定規を線分 AB に当てれば測れる．これは，2点間の距離は x
軸と y 軸をどの向きに描くかとは無関係に決まっていることを意味する．このことは，
距離という概念の極めて重要な基本性質である．

> ── 距離の基本的性質 ─────────────────────────
>
> 　あらゆる2点間の距離は，座標軸の設定の仕方によらず（どんな座標軸の設定で
> 測っても）必ず同じ値である．

　この性質を具体例で図示しているのが，図 4.1(b) である．直交座標系 (x, y) と異な
る座標系の例として，xy 座標軸を回転させて得られる別の直交座標系 (x', y') を描いて
ある．それぞれの座標系で測った2点 A，B の座標は，図 4.1 に示すように，**座標軸に
平行な補助線を描いて読み取って**[1]，

---

[1]　xy 座標成分を読み取るときは x 軸あるいは y 軸に平行な補助線を使い，$x'y'$ 座標成分を読み取るときは x' 軸あ
　　るいは y' 軸に平行な補助線を使う．こんな補足はわざわざいらないと思う読者もいるだろう．しかし，この補足を
　　明確に認識することは，相対論の時空図を扱ううえで非常に大切である．これは p.34 あるいは図 4.4 でわかる．

$$\text{点 A の座標} = \begin{cases} (x_A, y_A) & : xy \text{ 座標成分} \\ (x'_A, y'_A) & : x'y' \text{ 座標成分} \end{cases} \tag{4.2a}$$

$$\text{点 B の座標} = \begin{cases} (x_B, y_B) & : xy \text{ 座標成分} \\ (x'_B, y'_B) & : x'y' \text{ 座標成分} \end{cases} \tag{4.2b}$$

と表せる．そして，距離の基本性質からつぎの関係式が成立する．

$$r^2 = (x_A - x_B)^2 + (y_A - y_B)^2 = (x'_A - x'_B)^2 + (y'_A - y'_B)^2 \tag{4.3}$$

第 2 辺は xy 座標で計算した距離であり，第 3 辺は $x'y'$ 座標で計算した距離であり，これらが等しいことを式 (4.3) は表している．

◎ 座標軸の目盛り付け

　座標軸には目盛りが必要である．目盛りを付けることでさまざまな量（距離，速度，時間などなど）を測ることができる．2 次元ユークリッド空間（平面）を例にして，座標軸への目盛り付け方法をまとめる．

　たとえば，直交座標系 (x, y) で原点を中心とする半径 r の円を考えると，その円と x 軸の交点が $x = r$ と $x = -r$ の目盛りになり，円と y 軸の交点が $y = r$ と $y = -r$ の目盛りになる．この様子を図 4.2 に示す．

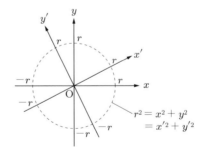

図 4.2　ユークリッド空間での座標軸の目盛り付け．向きだけ異なる二つの直交座標系では，原点を中心とする円（原点からの距離が一定の曲線）と座標軸の交点を考えることで座標軸に目盛りを付けられる．

　さらに，xy 座標の座標軸を回転して得られる別の直交座標系 (x', y') を考える．式 (4.3) の距離の不変性（座標の設定の仕方によらず値が決まっていること）から，x' 軸と y' 軸上の目盛り（$x' = \pm r$ と $y' = \pm r$）も，原点を中心とする半径 r の円と座標軸の交点になる．この様子も図 4.2 を見るとわかる．

円はユークリッド平面上で「中心からの距離が一定な曲線」であることに注意すると，座標軸の目盛り付け方法は以下のものが考えられる．

座標軸の目盛り付け方法

どんな座標軸の設定であっても，原点からの距離が一定の曲線と座標軸の交点によって，座標軸に目盛り付けできる．

この目盛り付け方法の中で，「距離一定の曲線」を「円」とはいっていないことが重要である．ユークリッド空間（平面）の場合は距離が式 (4.1) で与えられるので，「距離一定の曲線」は円になる．しかし，もし距離の計算式が式 (4.1) でなかったら，「距離一定の曲線」が円になるとは限らない．特殊相対論の時空図上では「距離一定の曲線」が双曲線になることが，第 5 章でわかる．

上記の方法の他にも座標軸に目盛りを付ける方法は考えられるだろうが，本書では，上記の目盛り付け方法を使いながら，特殊相対論的な現象を時空図上で理解していく．

4.2 時空という考え方の導入

この節では，相対論における「時空」という考え方を導入する．

時空という考え方と時空図

光速不変の原理から得られる同時刻の性質 (→ p.26) から，慣性観測者の速度が異なると同時刻な空間も異なる．これは，相対論では時間と空間を完全に分けて扱うことが不可能なことを意味する．そこで，つぎの時空という考え方を採用する．

時空という考え方の導入

同時刻の性質から時間と空間を混ぜて扱う考え方が必要になる．そこで，この世界（宇宙）は互いに平行にならない四つの座標軸（t 軸，x 軸，y 軸，z 軸）を設定できる **4 次元時空**だと考える（本書ではおもに，空間 1 次元と時間の「2 次元時空」で特殊相対論を説明していく）．

これまで描いてきた時空図は，時間経過と空間方向を考えるための便宜的な図のように思えたかもしれない．しかし，上記の考え方では，**時間軸で示される方向と空間軸で示される方向を兼ね備えた一つの実在**[*1] として「時空」を認識し，これまで描いてきた時空図は「実在する時空を紙面に投影した映像（影）」だと理解する．相対論は，我々の

[*1] 数学的には「多様体」という概念で厳密に定義する．

宇宙の存在形態は「時空」である，という考え方を採用するのである．

　時空という考え方では「平行にならない座標軸を設定できる」という点が重要である．多くの場合，図 4.1 のように，直交する座標軸を設定するかもしれない．しかし，座標軸は必ずしも直交しなくてよい．複数の座標軸が斜めに交わっていようが，座標軸の一つひとつが直線でなく曲線であろうが，とにかく互いに平行にならない座標軸を（2 次元なら 2 本，3 次元なら 3 本，4 次元なら 4 本）設定できればよい[*1]．

　さらに，実在する「時空」とその紙面へ投影した映像である時空図の関係に注意が必要である．とくに，投影の仕方によって，（紙面上に映った）時空図における座標軸の交わる角度が変わることに注意する．たとえば，図 4.3 のように，通常の 3 次元空間の中で立方体に光を当てて紙面に影を映すことを考えよう．立方体は 3 次元の中で見ると，頂点で接合する 3 辺がすべて 90° に交わっている．しかし，紙面に対する立方体の向きや，立方体に当てる（何本もの）光線の入射方向が平行なのか放射状なのかあるいはバラバラの方向なのか，などの条件によって，紙面に映る立方体の影の形はさまざまである．そして，立方体の一つの頂点で接合する 3 辺の影が交わる角度は 90° の場合もあれば，90° でない場合もある．これと同様に，たった一つの時空を考えてはいても，その時空の紙面への投影の仕方によって，見た目が異なる時空図が描ける．

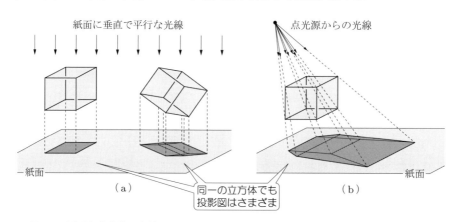

紙面に垂直で平行な光線　　　　　　　　　点光源からの光線

　紙面　　　　　　　　　　　　　　　　　　　　　　　　　紙面

（a）　　　　　　　　　　　　　　　　　（b）

同一の立方体でも
投影図はさまざま

図 4.3　透明な立方体に光線を当てて，12 本の辺が紙面上に投影される様子．(a) は，紙面に垂直で平行な光線による投影．紙面に対する立方体の向きが異なると，紙面上に移る影も異なる．(b) は，点光源からの光線による投影．いわゆる「遠近法」で描いたような形の影になる．

[*1] 数学の初心者には座標軸を直交させて図を描くほうがわかりやすいだろうから，初等的な数学では直交座標系を設定することが多い．しかし，たとえば，2 次元平面（紙面など）に互いに平行にならない 2 本の直線あるいは曲線を描いても，それらを 2 次元平面の座標軸とみなせる．また，自分のまわりの 3 次元空間に互いに平行にならない 3 本の直線あるいは曲線を描けば，それらを 3 次元空間の座標軸とみなせる．4 次元も同様である．場合によっては，直交座標系よりも，斜めに交わる直線や曲線の座標軸のほうが適切で考えやすい場合もある．

相対論では，一つの時空に対して見た目の異なる（紙面への投影の仕方が異なる）時空図が描けることをうまく利用して，考えやすい時空図を描く．たとえば，3.3 節の図 3.11 を見よう．慣性系 K:(t,x) の t 軸と x 軸が直交するように時空図を描くと，慣性系 K′:(x',y') の t' 軸と x' 軸は（K の時空図上では）直交せず斜めに交わるように描かれる．一方，3.3 節の図 3.9(b) のように，慣性系 K′ から見た状況を描く時空図では，t' 軸と x' 軸が直交するように描いている（この K′ の時空図上では，K の座標軸が斜めに交わるように描かれる）．しかし，図 3.11 と図 3.9(b) は異なる時空を表すのではなく，同一の時空を別の投影方法で紙面に映しただけである．このように，相対論では，どの観測者から見た状況の時空図を描くかに応じて，その観測者の座標軸が直交するように見える時空図を描くことが多い．時空図を扱う際は常に，どの観測者から見た図なのかに注意しなければならない[*1]．

◎ 時空図を描くうえでの工夫

相対論では時空を扱うので，時刻も空間的な位置も異なる二つの事象 P と Q の間の「時空距離」を考えなければならない．しかし，その際に問題がある．たとえば，図 3.11 の時間軸は t 軸である．図 3.11 では，t の単位（たとえば s）と x の単位（たとえば m）が異なるので，事象 E と R の間の時空距離の単位が何なのか読み取れないことが問題である．そこで，この問題を解決するために，つぎの工夫をする．

> ── **時間軸の扱い方の工夫** ──
>
> 異なる事象の間の**時空距離**を長さの単位（m など）で測ることにし，時間座標軸も長さの単位で目盛りを付ける．そこで，ct（c は光速）が長さの単位をもつことを利用し，時間座標軸には ct の値で目盛りを付ける．つまり，時空図の時間方向には ct 軸を描く．この様子を図 4.4 に示す．

この時間軸の工夫は，光速不変の原理を積極的に利用している．何らかの「速さ」と時刻 t の掛け算は長さの単位をもつことは明らかなので，その「速さ」として，すべての慣性系で同一の値で測定される光速 c を採用したのである．

この時間軸の扱い方によってすべての座標軸が長さの単位で目盛り付けされるので，時空距離も長さの単位で測ることが明確になる．今後，時間方向には ct 軸を描くので，慣性系の表示 (3.2) も，つぎのように時間座標を ct と書くこととする．

[*1] 第 5 章を先取りすると，特殊相対論で考える時空は 5.1 節で導入されるミンコフスキー時空である．本書の特殊相対論の解説部分は，数学的にはミンコフスキー時空の解説にすぎないが，物理的には我々の宇宙が（重力がない場合は）ミンコフスキー時空として理解できることの解説である．なお，一般相対論で考える時空は，重力の状況に応じてミンコフスキー時空とは異なるさまざまな時空になる．また，時空の違いを把握する鍵は，時空上の任意の 2 事象間の距離の計算式である．

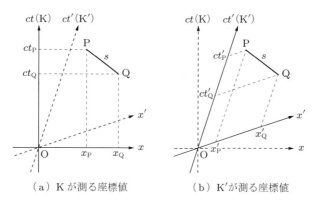

（a）K が測る座標値 （b）K′ が測る座標値

図 4.4 座標の設定と時空距離．注意点はつぎの四つ： ① すべての座標軸の単位を距離
で表すために，時間方向には ct 軸を描く．② 慣性系 K:(ct, x) の時空図上に描い
た慣性系 K′:(ct', x') の座標軸は斜めに交わる（3.3 節参照）．③ この時空図から
「K′ が測る事象 P の座標 $(ct'_\mathrm{P}, x'_\mathrm{P})$」を読み取るには，「K′ の座標軸と平行な直
線」を補助線として使わなければならない．④ 観測者 K から見ても，観測者 K′
から見ても，事象 PQ 間の時空距離は同じ値 s である．

$$慣性系 \mathrm{K} : (ct, x) \tag{4.4}$$

　3.3 節でわかったように，慣性系 K:(ct, x) から見た時空図上に別の慣性系 K′:(ct', x')
の座標軸（ct' 軸と x' 軸）を描くと，それらは斜めに交わる．この様子を図 4.4(b) に示
す．ある事象 P の座標 $(ct'_\mathrm{P}, x'_\mathrm{P})$ を斜めに交わる座標軸に沿って測るには，4.1 節で説
明したように，座標軸と平行な直線を使って ct' 軸と x' 軸の目盛りを読まなければなら
ない．異なる観測者を考える際は，常に，どの観測者から見た座標を読み取るのかに注
意しなければならない．

◎ 異なる慣性系の座標軸の間の関係

　時空図の時間方向を ct 軸で描くので，時空図上の直線や曲線を表す方程式を扱う際，
時間を表す変数の扱い方に注意が必要である．慣性系 K:(ct, x) の時空図では，時間軸
の目盛りは ct，空間軸の目盛りは x なので，「x 軸からの傾きが a，ct 軸切片の値が b
の直線」は，

$$慣性系 \mathrm{K}:(ct, x) から見た直線： ct = ax + b \tag{4.5}$$

と表し，「ある関数 $f(x)$ で表される曲線」は，

$$慣性系 \mathrm{K}:(ct, x) から見た曲線： ct = f(x) \tag{4.6}$$

と表す．このように，**慣性系 K から見た直線や曲線は ct と x を変数とする方程式で表**

す．計算上は，ct をあたかも一つの変数のように思って計算すればよい．

以上を踏まえ，慣性系 K:(ct, x) の時空図上に描いた慣性系 K′:(ct', x') の座標軸（ct' 軸，x' 軸）を表す直線の方程式がわかる．すでに 3.3 節で，変数 t と x を使って表した光の世界線が式 (3.3c)，観測者 K′ の世界線（ct' 軸）が式 (3.3b)，x' 軸（K′ から見て時刻 $ct' = 0$ で同時刻な空間）が式 (3.10)で与えられた．これらの両辺を c 倍すれば，変数 ct と x を使って表した方程式が得られ，以下のようにまとめられる．

慣性系 K:(ct, x) と K′:(ct', x') の座標軸，光の世界線

慣性系 K:(ct, x) から見て x 軸方向に伝わる光の世界線は，式 (3.3c)の両辺を c 倍して得られる．

$$\text{K から見た光の世界線：} \quad ct = \pm x \quad \begin{cases} + : x \text{ 軸の正方向に伝わる} \\ - : x \text{ 軸の負方向に伝わる} \end{cases} \tag{4.7}$$

ただし，この光は時刻 $ct = 0$ で原点 $x = 0$ を通過するとした．さらに，慣性系 K:(ct, x) から見て x 軸方向に速度 v で運動する別の慣性系 K′:(ct', x') の座標軸（ct' 軸，x' 軸）は，式 (3.3b)，(3.10)の両辺を c 倍して得られる．

$$ct' \text{ 軸（K′ の世界線）：} \quad ct = \frac{c}{v} x \tag{4.8a}$$

$$x' \text{ 軸（}ct' = 0 \text{ の同時刻）：} \quad ct = \frac{v}{c} x \tag{4.8b}$$

ただし，慣性系 K:(ct, x) と K′:(ct', x') の原点は共通であるとした．

以上の三つの直線の様子を図 4.5(a) に示す．直線 (4.8a)と (4.8b)の傾きは逆数の関係なので，ct' 軸と x' 軸は原点を通る光の世界線に関して対称である（光の世界線を介して折り返したら重なる）．

上のまとめとは逆に，慣性系 K′:(ct', x') から見た光の世界線と K の座標軸も考えられる．光速不変の原理から，光の伝わる速さは慣性系 K′ から見ても光速 c でなければならない．これは，時空図の原点の事象を通過する光を慣性系 K′ が見ると，時刻 $t' = 1/c$ で位置 $x' = 1$ を通過する（座標 $(ct', x') = (1, 1)$ の事象を通る世界線になる）ことを意味する．この様子を図 4.5(b) に示す．慣性系 K′:(ct', x') から見た，原点を通る光の世界線の方程式は，

$$\text{K′ から見た光の世界線：} \quad ct' = \pm x' \quad \begin{cases} + : x' \text{ 軸の正方向に伝わる} \\ - : x' \text{ 軸の負方向に伝わる} \end{cases} \tag{4.9}$$

となる．ここで，慣性系 K′:(ct', x') から見た直線（や曲線）は，変数 ct' と x' で表さな

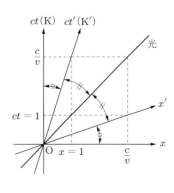

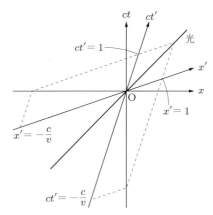

（a）K と K′の座標軸の関係 　　　（b）K′から見た光の世界線

図 4.5 慣性系 K:(ct, x) の時空図の中に描いた，慣性系 K′:(ct', x') の座標軸と光の世界
線．光の世界線は傾きが ±1 の直線で，ct' 軸と x' 軸は光の世界線に関して対称な
直線である．座標を読み取る補助線（破線）は座標軸と平行でなければならない．

ければならないことに注意しよう．また，慣性系 K′:(ct', x') から見た慣性観測者 K の
速度は $-v$ なので，K′ の時空図の中に描いた慣性系 K:(ct, x) の座標軸（ct 軸と x 軸）
を表す方程式は（式 (4.8a) と (4.8b) を参考にして），

$$ct \text{ 軸（K の世界線）：} \quad ct' = -\frac{c}{v}x' \tag{4.10}$$

$$x \text{ 軸（}ct = 0 \text{ の同時刻）：} \quad ct' = -\frac{v}{c}x' \tag{4.11}$$

となる．これらの直線の様子も図 4.5(b) に示す[*1]．

なお，図 4.5(b) のように斜めに交わる座標軸の図の中で，たとえば，光の世界線 (4.9) を
描くことに慣れていない場合もあるだろう．その場合，関数のグラフ作成の基本に立ち
返って，つぎの手順で，グラフが通る点をいくつか計算すればよい．

① 与えられた式 (4.9) から，この線が通る事象の座標をいくつか計算する．たとえば，
　$x' = 0$ のとき $ct' = 0$，$x' = 1$ のとき $ct' = \pm 1$ だから，事象 $(ct', x') = (0, 0)$
　と $(1, 1)$ あるいは $(-1, 1)$ を通ることがわかる．

② 手順 ① で計算した事象を結んで線を描く．たとえば，事象 $(ct', x') = (0, 0)$ と
　$(1, 1)$ を通る光の世界線が図 4.5(b) に描いてある．

[*1] ただし，ct 軸（x 軸）上の目盛りと ct' 軸（x' 軸）上の目盛りの対応（時空距離一定の曲線を使った目盛り付け）
　はつぎの第 5 章で解説する．この章では，図 4.5 の慣性系 K:(ct, x) と K′:(ct', x') の目盛りの相対的な位置関
　係は気にせず，とにかく各座標軸に目盛りが付くとだけ考えておけばよい．

◎ 時空距離の基本性質と座標軸の目盛り付け方法

4.1 節 (→ p.29, 31) で見出した距離の基本的性質と座標軸の目盛り付け方法は、ニュートン力学のユークリッド空間だけでなく、相対論の時空にも適用できる。大切なことなので、相対論の文脈でまとめ直しておく。

> ── **時空距離の基本的性質と座標軸の目盛り付け方法** ──────
>
> あらゆる 2 事象間の時空距離は、慣性観測者の選び方（速度の値）によらず、必ず同じ値である。また、どんな慣性観測者に対しても、座標軸の目盛りは、原点からの時空距離が一定の曲線と座標軸の交点で与えられる。

この性質から、図 4.4 の事象 PQ 間の時空距離 s は慣性系 K:(ct, x) で測っても、慣性系 K′:(ct', x') で測っても同じ値である。時空距離 s を事象 P と Q の座標から計算する具体的な式は、この基本性質を利用して第 5 章で導く。

◎ 4.3 相対論の時空距離は三平方の定理では測れない ───────

この節では、相対論の時空距離は三平方の定理（ピタゴラス定理）では計算できないことを、背理法を使って証明する[*1]。時空距離の具体的な計算式（三平方の定理とは異なる式）は第 5 章で導く。

◎ 背理法の準備：否定したい仮定

背理法を使うために、相対論の時空距離は三平方の定理で計算できると仮定する。これは、たとえば、図 4.4 の事象 PQ 間の時空距離 s の計算式が、式 (4.3) と同様に、次式で与えられるという仮定である。

$$s^2 = (ct_\mathrm{P} - ct_\mathrm{Q})^2 + (x_\mathrm{P} - x_\mathrm{Q})^2 = (ct'_\mathrm{P} - ct'_\mathrm{Q})^2 + (x'_\mathrm{P} - x'_\mathrm{Q})^2 \qquad (4.12)$$

この第 2 辺（慣性系 K で計算した距離）と第 3 辺（慣性系 K′ で計算した距離）が等しいことは、前節の最後にまとめた時空距離の基本的性質を表す。仮定 (4.12) は、慣性系 K:(ct, x) と K′:(ct', x') の座標軸の目盛りは半径 s の円との交点で与えられるという仮定に等しい。

一方、特殊相対論を考えるために、特殊相対性原理と光速不変の原理は正しいと考えなければならない。これは、慣性系 K:(ct, x) の時空図に描いた K′:(ct', x') の座標軸は式

[*1] 時空距離は三平方の定理で計算できると仮定すると、矛盾が生じることを示す。矛盾の原因は最初の仮定（時空距離は三平方の定理で計算できるという仮定）だから、結局その仮定が間違いであり、相対論の時空距離は三平方の定理では計算できないことがわかる。

(4.8a)，(4.8b)で与えられ，光の世界線は式 (4.7)，(4.9)で与えられることを意味する．以上の準備のもと，3階段の議論で証明を進めていく．

◎ 証明の第1段階：慣性系 K′ から見た状況

図 4.6 の状況に注目する．図 4.6(a) は慣性系 K′:(ct', x') から見た時空図である．事象 D は，原点 O を通る光の世界線 $ct' = -x'$ 上の事象である．また，事象 OD 間の時空距離を s として，半径 s の円 $(ct')^2 + (x')^2 = s^2$ による ct' 軸と x' 軸の目盛り付け（三平方の定理で時空距離が計算できるという仮定に従った目盛り付け）の様子も図 4.6(a) に示してある．この図 4.6(a) から，事象 D の x' 座標について，つぎの関係が得られる．

$$x'_{\mathrm{D}} < s \tag{4.13}$$

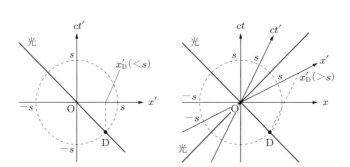

（a）K′から見た時空図　　（b）K から見た時空図

図 4.6　相対論の時空距離が三平方の定理で計算できると仮定した場合の，座標軸への目盛り付け．ある事象 D の座標に注目すると，慣性系 K′:(ct', x') から見た時空図で読み取る D の座標の値と，慣性系 K:(ct, x) から見た時空図で読み取る D の座標の値の間に矛盾が生じる．よって，最初の仮定が間違いで，時空距離は三平方の定理では計算できないことがわかる．

◎ 証明の第2段階：慣性系 K から見た状況

つぎに，慣性系 K′:(ct', x') から見た図 4.6(a) を，慣性系 K:(ct, x) から見た時空図上に表す．この様子を図 4.6(b) に示す．ただし，K が測る K′ の速度 v は（光速 c より遅いが）十分速いとしている．この図 4.6(b) はつぎの2点から得られる．

- 三平方の定理で時空距離が測れるという仮定のもとでは，時空距離の基本性質（→ p.37）より，慣性系 K′:(ct', x') と K:(ct, x) のどちらから見ても，座標軸の目盛り付けに使う円の半径は同じ値 s である．つまり，慣性系 K′:(ct', x') から見る円 $(ct')^2 + (x')^2 = s^2$ と慣性系 K:(ct, x) から見る円 $(ct)^2 + x^2 = s^2$ は

同一の円である.

- 光速不変の原理から,慣性系 K′:(ct', x') が見る光の世界線 $ct' = -x'$ と慣性系 K:(ct, x) が見る光の世界線 $ct = -x$ は,同一の光(原点 O を通る光)の世界線である.

したがって,K から見た円 $(ct)^2 + x^2 = s^2$ と光線 $ct = -x$ の交点 D は,K′ から見た円 $(ct')^2 + (x')^2 = s^2$ と光線 $ct' = -x'$ の交点と同一であり,図 4.6(b) が描ける.この図から事象 D の x' 座標を読み取ると,つぎの関係が得られる.

$$x'_\mathrm{D} > s \tag{4.14}$$

◎ 証明の第 3 段階:背理法の適用

以上の 2 段階の議論では,図 4.6 の (a) と (b) で同一の事象 D の x' 座標の値 x'_D を読み取った.この議論が無矛盾であれば,図 4.6 の (a) でも (b) でも x'_D は同じ値でなければならない.しかし,式 (4.13) と (4.14) は,図 4.6 の (a) と (b) で読み取る x'_D の値が等しくないことを示し,矛盾する[*1].したがって,時空距離は三平方の定理で計算できるという仮定から矛盾が示せたので,背理法の考え方によって,**時空距離は三平方の定理では計算できない**と証明された.

Column　　**3 次元と 4 次元のユークリッド空間**

4 次元ユークリッド空間の距離の計算式を導こう.はじめに 3 次元を考えて,つぎに 4 次元に拡張する.

3 次元ユークリッド空間

3 次元ユークリッド空間は,空間内にどんな 2 次元平面をとっても,その平面上の距離は三平方の定理 (4.1) で計算できるような空間である.この空間内に,互いに直交する xyz 座標軸をとり,点 P の座標を $(x_\mathrm{P}, y_\mathrm{P}, z_\mathrm{P})$ とする.また,点 P の xy 平面への射影(z 軸に平行で点 P を通る直線と xy 平面の交点)を点 A とすると,その座標は $(x_\mathrm{P}, y_\mathrm{P}, 0)$ である.この様子を図 4.7(左側)に示す.

xy 平面上で原点 O と点 A の間の距離 L_OA は,三平方の定理 (4.1) から,$L_\mathrm{OA}^2 = x_\mathrm{P}^2 + y_\mathrm{P}^2$ で与えられる.そして,3 次元ユークリッド空間内で原点 O と点 A,点 P の 3 点で張る

---

*1　図 4.6(b) は,K に対する K′ の速度 v が十分速いとして描いてある.もし速度 v が小さい場合で図 4.6 を描けば,慣性系 K′:(ct', x') で見ても慣性系 K:(ct, x) で見ても $x'_\mathrm{D} < s$ という関係になり,矛盾が生じなさそうに思えるかもしれない.しかし,背理法の議論で重要なことは,たった一つの例でも何か矛盾が示せれば,議論の出発点で置いた仮定が否定できることである.速度 v が十分大きい場合の図 4.6 は,そのような矛盾を示す一例である.

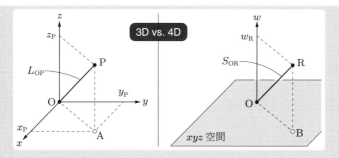

図 4.7 左側は 3 次元空間．右側は 4 次元空間をイメージする一つの方法．

平面（この 3 点を含む平面）を考える．この平面上で三平方の定理を適用すると，原点 O と点 P の間の距離 L_{OP} は

$$L_{\mathrm{OP}}^2 = x_{\mathrm{P}}^2 + y_{\mathrm{P}}^2 + z_{\mathrm{P}}^2 \tag{4.15}$$

で与えられる．これは，3 次元ユークリッド空間の距離の計算式である．

4 次元ユークリッド空間

4 次元ユークリッド空間は，4 次元空間内にどんな 2 次元平面をとっても，その平面上の距離は三平方の定理 (4.1) で計算できるという空間である[*1]．この 4 次元空間内に，互いに直交する $xyzw$ 座標軸をとり，点 R の座標を $(x_{\mathrm{R}}, y_{\mathrm{R}}, z_{\mathrm{R}}, w_{\mathrm{R}})$ とする．また，点 R の xyz 空間への射影（w 軸に平行で点 R を通る直線と xyz 空間の交点）を点 B とすると，その座標は $(x_{\mathrm{R}}, y_{\mathrm{R}}, z_{\mathrm{R}}, 0)$ である[*2]．この様子を図 4.7（右側）に示すが，xyz 空間を（便宜上）平面的に図示し[*3]，四つ目の座標軸である w 軸が見えるように視覚化している．このように，適当に次元を一つ（あるいは二つ）除いた立体図（平面図）を描くというテクニックは，4 次元空間を把握する方法の一つである．

4 次元空間内の一部分である xyz 空間は 3 次元ユークリッド空間とみなせるので，原点 O と点 B の間の距離 S_{OB} は式 (4.15) と同様に，$S_{\mathrm{OB}}^2 = x_{\mathrm{R}}^2 + y_{\mathrm{R}}^2 + z_{\mathrm{R}}^2$ で与えられる．そして，4 次元ユークリッド空間内で，原点 O と点 B，点 R の 3 点で張る平面を考える[*4]．この平面上で三平方の定理を適用すると，原点 O と点 R の間の距離 S_{OR} は

$$S_{\mathrm{OR}}^2 = w_{\mathrm{R}}^2 + x_{\mathrm{R}}^2 + y_{\mathrm{R}}^2 + z_{\mathrm{R}}^2 \tag{4.16}$$

で与えられる．これが 4 次元ユークリッド空間の距離の計算式である．

[*1] 4 次元空間内に 2 次元平面をとることは，「空間より次元が 2 次元低いものを考える」という意味で，3 次元空間内に直線をとることと似ている．

[*2] この 4 次元空間内で，w 座標軸と平行な直線は，xyz 空間とたった 1 点でしか交わらない．

[*3] xyz 空間内で点 B を含む平面を一つだけ取り出して図示したと思ってもよい．

[*4] 4 次元であろうと，もっと高次元の 5，6，7，$\cdots$ 次元であろうと，一般の n 次元ユークリッド空間内で一直線上に並ばない 3 点を決めれば，必ずその 3 点を含む 2 次元平面が一つ決まる．

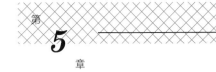

特殊相対論の時空2：
ミンコフスキー時空

この章の目的 ··
- 相対論の時空距離の計算式 (5.2) を理解すること.
- 2 次元ミンコフスキー時空の基本性質（5.2 節）を把握すること.
··

　前章で，相対論の時空距離は三平方の定理では測れないことを示した．この章では，まず 5.1 節で，証明は後回しにして，直観的に時空距離の計算式 (5.2) を導入する．つぎに 5.2 節と 5.3 節で，時空距離一定の曲線が双曲線になることと，特殊相対論の理解に有用な双曲線の基本性質をまとめる．最後に 5.4 節で，特殊相対性原理と光速不変の原理に基づいて，直観的に導入した時空距離の計算式 (5.2) が妥当であること（p.37 の時空距離の基本性質を備えること）を証明する．なお，本書では，特殊相対性原理は 5.4 節の証明よりあとではあまり登場しない．しかし，第 6 章以降で極めて重要になる，時空距離の計算式 (5.2) の根拠は特殊相対論の二つの基本原理である，ということを忘れないでほしい.

◎ 5.1　特殊相対論の時空距離：ミンコフスキー時空 ─────

◎ 光の世界線から推測できる特殊相対論の時空距離

　光の世界線と時空距離の基本性質 (→ p.37) から，特殊相対論の時空距離の計算式がどんな形になるかを推測していく．状況設定として，これまでと同様に，慣性系 K′:(ct', x') が慣性系 K:(ct, x) の x 軸方向に相対速度 v で等速直線運動している場合を考える．これは，第 3 章の図 3.6 のような設定である[*1]．そして，ある事象 A を通る光の世界線に注目し，この光の世界線上にある任意の事象と事象 A の間の時空距離を考えよう．この様子を図 5.1 に示す.

　この光の世界線は，式 (4.7) と (4.9) より，

[*1]　簡素化のため，慣性系 K と K′ の時空図の原点 O は同じ事象だとする．この状況設定の実現方法は，p.21 で図 3.6 に関連して解説した．しかし，原点が K と K′ で共通であることは，本質的に重要ではなく，単に時空図を少しでも簡素化する（計算を少しでも楽にする）ことが目的である.

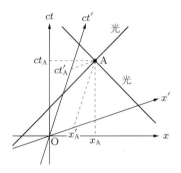

図 5.1　事象 A を通る光の世界線.

$$\text{K から見た光の世界線:}\quad ct - ct_{\mathrm{A}} = \pm(x - x_{\mathrm{A}})$$
$$\text{K' から見た光の世界線:}\quad ct' - ct'_{\mathrm{A}} = \pm(x' - x'_{\mathrm{A}}) \tag{5.1a}$$

と表せる．ただし，$(ct_{\mathrm{A}}, x_{\mathrm{A}})$ と $(ct'_{\mathrm{A}}, x'_{\mathrm{A}})$ はそれぞれ，K から見た事象 A の座標と K′ から見た事象 A の座標である．また，右辺の符号は，光が空間軸の正方向に進むのか負方向に進むのかで決まる．なお，K から見た世界線を表す方程式は変数 ct と x の関係式 (→ p.35)，K′ から見た世界線を表す方程式は変数 ct' と x' の関係式 (→ p.36) であることを思い出しておこう．

　ところで，時空距離の基本性質 (→ p.37) から，空間軸の向きを逆にした観測者（空間座標の値の符号を逆に測定する観測者）を想定しても，時空距離の値は不変でなければならない．そこで，式 (5.1a) の符号の違いに寄らない値を考えるために，両辺を 2 乗しよう．

$$\text{K から見た光の世界線:}\quad (ct - ct_{\mathrm{A}})^2 = (x - x_{\mathrm{A}})^2$$
$$\text{K' から見た光の世界線:}\quad (ct' - ct'_{\mathrm{A}})^2 = (x' - x'_{\mathrm{A}})^2 \tag{5.1b}$$

さらに，時空距離の基本性質から，光の世界線上の任意の事象に対して，「K から見た座標」を使って時空距離を計算しても「K′ から見た座標」を使って時空距離を計算しても，時空距離は同じ値でなければならない．そこで，式 (5.1b) をヒントに，次式の左辺で与えられる値を考えてみる．

$$\text{K から見た光の世界線:}\quad -(ct - ct_{\mathrm{A}})^2 + (x - x_{\mathrm{A}})^2 = 0$$
$$\text{K' から見た光の世界線:}\quad -(ct' - ct'_{\mathrm{A}})^2 + (x' - x'_{\mathrm{A}})^2 = 0 \tag{5.1c}$$

この左辺のような時間座標と空間座標の組み合わせは，少なくとも光の世界線上の事象については，異なる慣性系で計算しても同じ値（たまたま 0 という値）であることがわかる．つまり，少なくとも光の世界線上の事象に対しては，**式 (5.1c) の左辺の計算式が，時**

空距離の基本性質「時空距離の値はどんな慣性観測者が測っても同じ値である」(→ p.37) に合致することがわかる．そこで，つぎの予想が立てられる．

- 光の世界線上の事象だけでなく，特殊相対論の時空上の任意の二つの事象に対して，式 (5.1c) の左辺の計算式の値はどんな慣性観測者から見た座標で計算しても同じ値になるのではないか？
- そして，この計算式の値は，たまたま光の世界線上の二つの事象に対して 0 であるが，他の事象では 0 でない値になるのではないか？

実際，この予想が正しいことが 5.4 節で証明される．特殊相対論における時空距離の計算式は，つぎのように与えられることがわかっている．

特殊相対論の時空距離

時空上の任意の事象 P と Q に対して，

$$\text{慣性系 K:}(ct, x) \text{ から見た}\begin{cases}\text{事象 P の座標：} & (ct_P, x_P) \\ \text{事象 Q の座標：} & (ct_Q, x_Q)\end{cases}$$

$$\text{慣性系 K':}(ct', x') \text{ から見た}\begin{cases}\text{事象 P の座標：} & (ct'_P, x'_P) \\ \text{事象 Q の座標：} & (ct'_Q, x'_Q)\end{cases}$$

とすると，事象 P と Q の間の時空距離 s（の 2 乗 s^2）は次式で与えられる．

$$\begin{aligned}s^2 &= -(ct_P - ct_Q)^2 + (x_P - x_Q)^2 \\ &= -(ct'_P - ct'_Q)^2 + (x'_P - x'_Q)^2\end{aligned} \tag{5.2}$$

二つ目の等号は，時空距離の基本性質 (→ p.37) を意味する．この様子は 4.2 節の図 4.4 に示した（式 (5.2) の妥当性の証明は 5.4 節で行う）．

式 (5.2) で距離が計算できる時空を**ミンコフスキー時空**という（数学では双曲空間ということも多い）．ミンコフスキー時空における時空距離 (5.2) は，時間間隔の 2 乗の係数が負である点が三平方の定理とは異なる．この符号の違いの原因は特殊相対性原理と光速不変の原理であることが 5.4 節で説明される[*1]．

ここまでは 2 次元だったが，4 次元ミンコフスキー時空における時空距離の計算式も示しておく．任意の慣性系 K:(ct, x, y, z) から見た事象 P と Q の座標をそれぞれ

[*1] ミンコフスキー時空における時空距離として式 (5.2) の右辺全体の符号を逆にした $s^2 = +(ct_P - ct_Q)^2 - (x_P - x_Q)^2$ を考えても，本書のすべての議論は成立する（ただし適切な符号の変更が適宜必要）．式 (5.2) の符号を採用するのは単なる習慣である．重力（一般相対論など）の研究者のほとんどは式 (5.2) の符号を好んで使っている．

$(ct_{\mathrm{P}}, x_{\mathrm{P}}, y_{\mathrm{P}}, z_{\mathrm{P}})$，$(ct_{\mathrm{Q}}, x_{\mathrm{Q}}, y_{\mathrm{Q}}, z_{\mathrm{Q}})$ とすると，PQ 間の時空距離 s は，

$$s^2 = -(ct_{\mathrm{P}} - ct_{\mathrm{Q}})^2 + (x_{\mathrm{P}} - x_{\mathrm{Q}})^2 + (y_{\mathrm{P}} - y_{\mathrm{Q}})^2 + (z_{\mathrm{P}} - z_{\mathrm{Q}})^2 \tag{5.3}$$

で与えられる．この式はつぎのように理解できる．日常の経験事実では，K から見て同時刻な 3 次元空間に注目すると，3 次元ユークリッド空間と同じように見える．したがって，時空距離の 2 乗 s^2 の計算式 (5.3) の中で空間座標に依存する部分「$+(x_{\mathrm{P}} - x_{\mathrm{Q}})^2 + (y_{\mathrm{P}} - y_{\mathrm{Q}})^2 + (z_{\mathrm{P}} - z_{\mathrm{Q}})^2$」は，3 次元ユークリッド空間の距離 (4.15) と同じ形である．4 次元で考えると，三平方の定理との違いは，式 (5.3) の中で時間座標に依存する部分「$-(ct_{\mathrm{P}} - ct_{\mathrm{Q}})^2$」の符号が負であることである．

◎ 時空距離の 2 乗が負になる場合の注意点

式 (5.2) より，時間座標の間隔が空間座標の間隔より大きい場合には，時空距離の 2 乗が負になる．

$$|ct_{\mathrm{P}} - ct_{\mathrm{Q}}| > |x_{\mathrm{P}} - x_{\mathrm{Q}}| \quad \Longleftrightarrow \quad s^2 < 0 \tag{5.4}$$

この場合の時空距離 s は負の値の平方根，したがって虚数である．純粋な数学では虚数を考えることに何ら不都合はないが，物理学では物理的に妥当な前提条件として「あらゆる物理量の測定値は必ず実数値で表され，虚数や複素数ではない」と考えるため，測定値との関連を考える際に虚数や複素数の扱いに注意が必要である．その簡単な例として，空間的に一定の位置に留まって（$x_{\mathrm{P}} = x_{\mathrm{Q}}$）時間経過だけを計る場合を考える．この場合，時間経過を表す時空距離の 2 乗は負 $s^2 = -(ct_{\mathrm{P}} - ct_{\mathrm{Q}})^2 < 0$ である．時空距離 s が直接的に時間経過だと考えると，その時間経過は負の値 $s^2 < 0$ の平方根，虚数になってしまう．しかし，物理的な事実は，**我々が計る時間経過は時空距離 s ではなく，時間座標の差 $ct_{\mathrm{P}} - ct_{\mathrm{Q}}$ だ**ということである．時空距離ではなく，座標を考えることが重要である．

以上の例からもわかるが，実際に測定される値を考えるときには，時空距離だけではなく，さまざまな事象の座標も考える必要がある[*1]．相対論では，負の時空距離の 2 乗（虚数の時空距離）に対応する物理現象でも，**座標を利用することで測定値が実数で表されるように理論構成していく**．そうすると，さまざまな観測者の座標軸への目盛り付けが重要になる．この章では，座標軸の目盛り付け方法（→ p.37）に基づいて，さまざまな慣性観測者の座標軸への目盛り付け方法も丁寧に解説する．

[*1] 一般相対論では，「時空距離」や「座標」の他に，「テトラッド成分」や「ゲージ不変量」とよばれる量も測定値を考える際に重要になる．それらは本書の範囲を超えるので，一般相対論を本格的に学ぶ際のキーワードの一つと思ってほしい．

5.2 ミンコフスキー時空の基礎事項：2次元時空図でわかること ────

この節の四角囲みのまとめは，次章以降の随所で必要となる基礎事項である．次章以降を読む際には，必要に応じてこの節を辞書的に見返すとよい．

重要事項の復習：同時刻の概念，時空図，時空距離

第3章からここまで扱ってきた時空図の性質や特徴は，ミンコフスキー時空の性質や特徴の一部である．これまでに得た重要な性質や特徴は，つぎのようにまとめられる．

- 光速不変の原理から，「ミンコフスキー時空上のどの二つの事象を同時刻だと認識するかは，観測者によって異なる」ことがわかる．これは，3.3節で得た「同時刻の性質 (→ p.26)」としてまとめられる．
- 上記の同時刻の性質は，ミンコフスキー時空において時間と空間が完全には区別できないことを意味する．そして，時空距離（異なる事象の間の距離）は三平方の定理では計算できず，式 (5.2)で与えられることが相対性原理と光速不変の原理から理解できる（5.4節）．
- ある慣性系 K:(ct, x) から見て，別の慣性系 K′:(ct', x') の ct' 軸と x' 軸を表す世界線はそれぞれ式 (4.8a)と (4.8b)で与えられる．この時空図の作図上の特徴は 4.2節の図 4.5 に示されている．

以下，時空距離 (5.2)からわかるミンコフスキー時空の特徴をまとめていく．それらの特徴を基に，第6章以降でさまざまな特殊相対論的な現象を解説する．

さまざまな事象の相対的な位置関係の分類と特徴

ミンコフスキー時空上のさまざまな事象や世界線などの相対的な位置関係の基本事項をまとめる．この相対的な位置関係の把握は，さまざまな物理現象が生じる時間的な順番という意味での「過去と未来の順番」の把握につながる．

具体例として図 5.2 の時空図で，原点の事象 O とその他の事象 A, B, C の相対的な位置関係を考えよう．図 5.2 の (a) と (b) はどちらも慣性系 K:(ct, x) から見た図である．図 5.2(a) は K:(ct, x) で測る各事象の座標を示し，図 5.2(b) は別の慣性系 K′:(ct', x') で測る座標を慣性系 K の時空図の中に示した．

一方，図 5.3 は，図 5.2 の状況を観測者 K′ から見た時空図である．図 5.2 と図 5.3 は，ミンコフスキー時空上の同一の状況を描いているが，その状況を見る観測者が異な

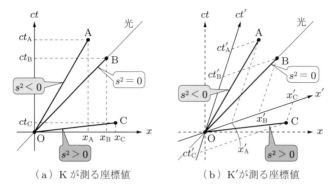

（a）K が測る座標値 （b）K′が測る座標値

図 5.2 二つの事象の相対的な位置関係と時空距離の 2 乗 s^2 の符号（観測者 K が描く時空図）．時間座標と空間座標の大小関係によって，$s^2 < 0$，$s^2 = 0$，$s^2 > 0$ の 3 通りがある．

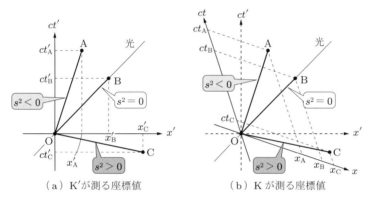

（a）K′が測る座標値 （b）K が測る座標値

図 5.3 二つの事象の相対的な位置関係と時空距離の 2 乗 s^2 の符号（観測者 K′ が描く時空図）．図 5.2 の解説とまったく同じ解説が適用される．

るので，直交させて描く座標軸が異なっている[*1]．ミンコフスキー時空上に存在するもの（観測者 K と K′，光の世界線，事象 O，A，B，C など）の相対的な位置関係[*2] は，図 5.2 の観測者 K が描く時空図でも，図 5.3 の K′ が描く時空図でも同じである．これは重要なのでまとめておく．

[*1] p.33 で説明したように，図 5.2 と図 5.3 は，同一のミンコフスキー時空を異なる投影方法で紙面に映した時空図だと理解できる．

[*2] つぎのような位置関係のことである：事象 A は光の世界線より未来の側に位置し，事象 O と B は光の世界線上に位置し，事象 C は光の世界線より過去の側に位置する．事象 A，B，C は観測者 K の世界線（ct 軸）よりも右側（$x > 0$ の領域）に位置する．他にも，時空図に描かれているあらゆる事象や世界線の相対的な位置関係である．

　異なる観測者が同一の状況設定を見ると，それぞれの観測者が描く時空図（の紙面上での見た目）は異なる図形になる．その理由は，どの座標軸を直交させて時空図を描くかが観測者によって異なるからである（→ p.33）．しかし，ミンコフスキー時空上のすべての事象や世界線などの相対的な位置関係は，どの観測者から見た時空図でも同じである．

　以上を踏まえ，時空距離 (5.2) がさまざまな事象の間の相対的な位置関係にどのように関わるかを考えていく．そこで，図 5.2 や 5.3 からわかる，つぎの関係に注目する．

$$\text{観測者 K が測る座標：} \quad ct_A > x_A, \quad ct_B = x_B, \quad ct_C < x_C$$
$$\text{観測者 K}' \text{ が測る座標：} \quad ct'_A > x'_A, \quad ct'_B = x'_B, \quad ct'_C < x'_C \tag{5.5}$$

さらに，事象 OA 間，OB 間，OC 間の時空距離をそれぞれ s_{OA}, s_{OB}, s_{OC} とすると，式 (5.2) から時空距離の 2 乗がつぎの符号をもつことがわかる．

$$s_{OA}^2 = -(ct_A)^2 + x_A^2 = -(ct'_A)^2 + x'^2_A < 0 \tag{5.6a}$$

$$s_{OB}^2 = -(ct_B)^2 + x_B^2 = -(ct'_B)^2 + x'^2_B = 0 \tag{5.6b}$$

$$s_{OC}^2 = -(ct_C)^2 + x_C^2 = -(ct'_C)^2 + x'^2_C > 0 \tag{5.6c}$$

この計算から，二つの事象の相対的な位置関係が，つぎのように時空距離の 2 乗の符号によって分類できることがわかる．

─ 事象の間の相対的な位置関係の分類 ─
　二つの事象を結ぶ線分と光の世界線の関係によって，二つの事象の相対的な位置関係をつぎの三つに分類する．

▶ **時間的に離れた事象**：図 5.2 の線分 OA のように，2 事象を結ぶ線分の傾きが光の世界線より時間軸側に傾いているとき，時空距離の 2 乗は負 $s^2 < 0$ である．このとき，二つの事象は時間的に離れているという．

▶ **空間的に離れた事象**：図 5.2 の線分 OC のように，2 事象を結ぶ線分の傾きが光の世界線より空間軸側に傾いているとき，時空距離の 2 乗は正 $s^2 > 0$ である．このとき，二つの事象は空間的に離れているという．

▶ **光の世界線で結ばれる事象**：図 5.2 の線分 OB のように，2 事象が 1 本の光の世界線で結ばれるとき，時空距離の 2 乗はゼロ $s^2 = 0$ である．このように異なる事象であっても時空距離はゼロになる場合がある（9.4 節参照）．

さらに，二つの事象のどちらが過去あるいは未来に位置するかという「過去と未来の順番」が，上記の相対的な位置関係の分類とどう関わるかを考えよう．そのために，図5.2 と図 5.3 から事象 O，A，B，C の時間座標について，つぎの関係が読み取れることに注意する．

$$観測者 K が測る時間座標： \quad ct_A > ct_B > ct_C > ct_O = 0$$
$$観測者 K' が測る時間座標： \quad ct'_A > ct'_B > ct'_O = 0 > ct'_C$$

$$(5.7)$$

この関係から，つぎのことがわかる．

- 事象 O と A の時間座標の関係は，$ct_A > ct_O = 0$ かつ $ct'_A > ct'_O = 0$ である．これは，時間的に離れた事象の「過去と未来の順番」はどの観測者から見ても不変であることを意味する．
- 事象 O と B の時間座標の関係は，$ct_B > ct_O = 0$ かつ $ct'_B > ct'_O = 0$ である．これは，光の世界線で結ばれる事象の「過去と未来の順番」はどの観測者から見ても不変であることを意味する．
- 事象 O と C の時間座標の関係は，$ct_C > ct_O = 0$ かつ $ct'_O = 0 > ct'_C$ である．これは，空間的に離れた事象の「過去と未来の順番」は観測者によって変わる場合があることを意味する．

このように「過去と未来の順番」は，時間的に離れた事象あるいは光の世界線で結ばれる事象については任意の観測者に対して同じである．ところで，時間的に離れた事象を結ぶ世界線の傾きは光の世界線より時間軸側に傾いているので，そのような世界線を描く物体の（観測者に対する）速度は光速以下である（この様子を図 5.4 に示す）．したがって，つぎのようにまとめられる．

過去と未来の順番の特徴

相対速度が光速以下であるような物体や観測者を考えると，どの観測者から見ても，任意の物体が経験するさまざまな事象の「過去と未来の順番」は変わらない．

一方，光速より速く運動する物体が存在すると，その物体が経験する事象と他の物体が経験する事象の「過去と未来の順番」は，観測者によって変わってしまう．しかし，第10 章で，質量をもつ物体は必ず光速より遅い速度で運動し，質量ゼロの粒子だけが光速で運動することがわかる．したがって，「過去と未来の順番」が入れ替わる現象は現実には起こらないことがわかる．

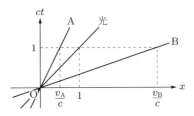

図 5.4 光の世界線と物体の世界線の相対関係．観測者が測る速度 v_A が光速以下（$|v_A| \leq c$）の物体 A の世界線は，光の世界線より時間軸側に傾いている．仮に速度 v_B が光速より速い（$|v_B| > c$）物体 B が存在すると，その世界線は光の世界線より空間軸側に傾く．しかし，あらゆる物体は光速以下の速度でしか運動できないことが第 10 章でわかる．

◎ 時空距離一定の曲線：双曲線

　時空距離が一定の曲線について考えよう．そのためには，双曲線についての理解が必要である．一般に，xw 平面上の双曲線とは，定数 a, b, k を使ってつぎの関係式で与えられる曲線である．

$$\text{双曲線の一般式：} \quad \left(\frac{x}{a}\right)^2 - \left(\frac{w}{b}\right)^2 = k \tag{5.8}$$

この一般的な双曲線の式で，変数 w を時間軸の座標 ct に置き換え，かつ $a = b = 1$ とすれば，式 (5.8) は「時空距離の 2 乗が $s^2 = k$ で一定な曲線」になることが式 (5.2) からわかる．これは任意の慣性系で成り立ち，ミンコフスキー時空上で時空距離が一定の曲線は，以下のようになる．

時空距離が一定の曲線

　ミンコフスキー時空上で，原点 O からの時空距離が $s^2 = k$ という一定値になる曲線を考える．その曲線を慣性系 K:(ct, x) と K′:(ct', x') から見ると，式 (5.2) より，それぞれ以下の式（曲線上にある任意の事象の座標が満たす関係式）で表される．

曲線 $s^2 = k$ を K:(ct, x) から見た場合： $-(ct)^2 + x^2 = k$ (5.9a)

曲線 $s^2 = k$ を K′:(ct', x') から見た場合： $-(ct')^2 + x'^2 = k$ (5.9b)

この関係式が時空距離一定の曲線を表し，つぎのように分類される．

- 定数 $k < 0$ の場合：原点 O と時間的に離れた事象で構成される双曲線．
- 定数 $k = 0$ の場合：$ct = \pm x$, $ct' = \pm x'$ で表される光の世界線．
- 定数 $k > 0$ の場合：原点 O と空間的に離れた事象で構成される双曲線．

なお，式 (5.9)には K から見た双曲線の式と K′ から見た双曲線の式が書いてあるが，どちらもミンコフスキー時空上の同一の曲線を表す．p.33 で説明したように，式 (5.9)の二つの式は，ミンコフスキー時空上の同一の曲線を異なる投影方法で時空図に映したものだと理解できる．

K から見た時空距離一定の双曲線の様子を図 5.5 に示す．式 (5.9)の二つの表式が同じ形なので，どんな慣性系から見ても図 5.5 と同様な図が描ける．

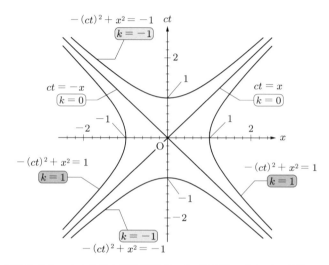

図 5.5　慣性系 K:(ct, x) から見た時空距離が一定の双曲線．式 (5.9)で定数 $k = \pm 1, 0$ とした 3 例を示す．任意の慣性系から見て同様の図が描けることに注意されたい．また，この双曲線を作図する際，p.50〜51 の三つの性質に注意が必要である．

$k \neq 0$ の場合の双曲線 (5.9)の性質で，今後の特殊相対論的な現象の理解に必要なものを三つ挙げよう．具体例として，慣性系 K:(ct, x) から見た式 (5.9a)を使ってまとめる．特殊相対論を理解する際に，これらの性質に注意して双曲線を作図すると，直観がはたらきやすいよい図が描けるだろう．

- 式 (5.9)より $ct = \pm\sqrt{x^2 - k}$ あるいは $x = \pm\sqrt{(ct)^2 + k}$ なので，双曲線のグラフは（二つの符号 $\pm$ に対応して）2 本の曲線で構成される．$k < 0$ のとき $ct > 0$ の領域と $ct < 0$ の領域に曲線が描かれて，$k > 0$ のとき $x > 0$ の領域と $x < 0$ の領域に曲線が描かれる．
- 座標の絶対値 $|x|$，$|ct|$ が大きくなるほど，$ct = \pm\sqrt{x^2 - k}$ の値は $\pm x$ の値に近づいていき，$x = \pm\sqrt{(ct)^2 + k}$ の値は $\pm ct$ の値に近づいていく．つまり，

$|x|$, $|ct|$ が大きくなると双曲線 (5.9) は光の世界線 $ct = \pm x$ に漸近する[*1].

- 双曲線 (5.9) の接線は以下にまとめる性質をもつ.

双曲線 (5.9) の接線

慣性系 K:(ct, x) の原点 O からの時空距離が一定な双曲線 (5.9) を考える．図 5.6 に示すように，この双曲線と原点 O を通る直線の交点を A，B とする．このとき，事象 A，B における双曲線の接線の傾きを α，線分 OA の傾きを β（= 線分 OB の傾き）とすると，それらは逆数の関係 $\alpha = 1/\beta$ となる（証明➡ p.52）．これは，K から見た別の慣性系 K':(ct', x') の ct' 軸と x' 軸の傾きの関係と同じであり（式 (4.8a), (4.8b) 参照），つぎのことがわかる.

▶ **定数 $k < 0$ の場合（図 5.6(a)）**：任意の慣性観測者の世界線（ct' 軸）と双曲線 (5.9) の交点（事象 A，B）において，その慣性観測者の空間軸（x'軸）と双曲線の接線は平行である.

▶ **定数 $k > 0$ の場合（図 5.6(b)）**：任意の慣性観測者の空間軸（x' 軸）と双曲線 (5.9) の交点（事象 A，B）において，その慣性観測者の世界線（ct'軸）と双曲線の接線は平行である.

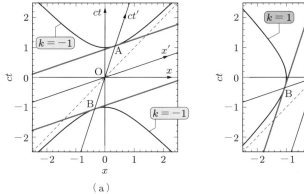

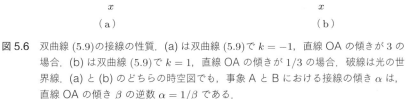

図 5.6　双曲線 (5.9) の接線の性質．(a) は双曲線 (5.9) で $k = -1$，直線 OA の傾きが 3 の場合．(b) は双曲線 (5.9) で $k = 1$，直線 OA の傾きが $1/3$ の場合．破線は光の世界線．(a) と (b) のどちらの時空図でも，事象 A と B における接線の傾き α は，直線 OA の傾き β の逆数 $\alpha = 1/\beta$ である.

[*1]　この「漸近する」とは，$|ct|$（あるいは $|x|$）が大きくなるほど，双曲線 (5.9) が直線 $ct = \pm x$ にどんどん近づいてく（しかし決して両者が交わることはない）という挙動である.

◎ 双曲線 (5.9) の接線の傾きの関係「$\alpha = 1/\beta$」の証明 発展

上の四角囲みで述べた，双曲線の接線の傾き α と線分 OA の傾き β の関係 $\alpha = 1/\beta$ を証明する．双曲線 (5.9) を

$$ct = \pm\sqrt{x^2 - k} = f(x) \tag{5.10a}$$

と表しておく．この $f(x)$ を使うと，式 (5.9) は $-f(x)^2 + x^2 = k$ と表せる．この両辺を x で微分して，

$$-2f(x)\frac{\mathrm{d}f(x)}{\mathrm{d}x} + 2x = 0 \quad\Longleftrightarrow\quad \frac{\mathrm{d}f(x)}{\mathrm{d}x} = \frac{x}{f(x)} \tag{5.10b}$$

を得る．ところで，双曲線と原点 O を通る直線の交点 A の x 座標を x_A とすると，事象 A の座標は (ct_A, x_A)，ただし $ct_A = f(x_A)$ である．よって，

$$
\begin{aligned}
\text{事象 A での接線の傾き：}\quad &\alpha = \left.\frac{\mathrm{d}f}{\mathrm{d}x}\right|_{x=x_A} = \frac{x_A}{f(x_A)}\\
\text{直線 OA の傾き：}\quad &\beta = \frac{ct_A}{x_A} = \frac{f(x_A)}{x_A}
\end{aligned}
\tag{5.10c}
$$

である．これは，$\alpha = 1/\beta$ であることを意味する．証明終わり．

◎ ミンコフスキー時空の座標軸の目盛り付けとひし形マス目

座標軸の目盛りは，さまざまな物理量の値を読み取る基準となる重要なものである（→ p.44）．その目盛りは，時空距離一定の双曲線 (5.9) と座標軸の交点である（→ p.37）．そこで，これまでに得てきた「慣性系 K:(ct, x) と K':(ct', x') の座標軸（ct 軸，x 軸，ct' 軸，x' 軸）と時空距離一定の双曲線の相互関係」を利用して，座標軸に目盛りを付けよう．その際，つぎの 2 点が重要である．

- 慣性系 K:(ct, x) から見て，$k < 0$ の場合の双曲線 (5.9a) と ct 軸の交点 $(ct, 0)$ において $ct = \pm\sqrt{|k|}$ である．また，$k > 0$ の場合の双曲線 (5.9a) と x 軸の交点 $(0, x)$ において $x = \pm\sqrt{k}$ である．
- 慣性系 K':(ct', x') から見て，$k < 0$ の場合の双曲線 (5.9b) と ct' 軸の交点 $(ct', 0)$ において $ct' = \pm\sqrt{|k|}$ である．また，$k > 0$ の場合の双曲線 (5.9b) と x' 軸の交点 $(0, x')$ において $x' = \pm\sqrt{k}$ である．

これより，慣性系 K と K' のどちらから見ても，（k の符号によらず）双曲線 (5.9) と座標軸の交点の座標の値は同じ $\pm\sqrt{|k|}$ で与えられることがわかる．つまり，双曲線 (5.9) と座標軸の交点によって，任意の慣性系の座標軸に同じ値 $\pm\sqrt{|k|}$ の目盛りが付けられる．

よって，座標軸の目盛り付け方法は，以下のようにまとめられる．

── ミンコフスキー時空の座標軸の目盛り付け方法 ──

時空距離 s が $s^2 = k$ で一定の双曲線 (5.9) を使って，**任意の慣性系 K:(ct, x)** の ct 軸と x 軸に，つぎのように目盛り付けができる．この目盛り付けの様子を図 5.7 に示す．

▶ **定数 $k < 0$ の場合：**双曲線 (5.9) と ct 軸の交点 $(ct, 0)$ において，$ct = \pm\sqrt{|k|}$ である．よって，この交点が，ct 軸上で $ct = \pm\sqrt{|k|}$ という値の目盛りになる（別の慣性系 K':(ct', x') なら，双曲線 (5.9) と ct' 軸の交点が，$ct' = \pm\sqrt{|k|}$ という目盛りになる）．

▶ **定数 $k > 0$ の場合：**双曲線 (5.9) と x 軸の交点 $(0, x)$ において，$x = \pm\sqrt{k}$ である．よって，この交点が，x 軸上で $x = \pm\sqrt{k}$ という値の目盛りになる（別の慣性系 K':(ct', x') なら，双曲線 (5.9) と x' 軸の交点が，$x' = \pm\sqrt{k}$ という目盛りになる）．

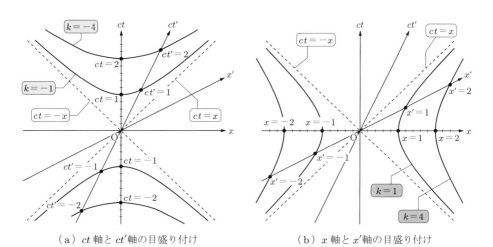

（a）ct 軸と ct' 軸の目盛り付け　　　　　（b）x 軸と x' 軸の目盛り付け

図 5.7　双曲線 (5.9) による ct 軸，x 軸，さらに ct' 軸と x' 軸への目盛り付け．この図では具体例として，式 (5.9) の定数 $k = \pm 1$，± 4 の双曲線による目盛り付けを示す．(a) は，$k = -1$ の双曲線によって $ct = \pm\sqrt{|-1|} = \pm 1$ と $ct' = \pm\sqrt{|-1|} = \pm 1$ の目盛りが決まり，$k = -4$ の双曲線によって $ct = \pm\sqrt{|-4|} = \pm 2$ と $ct' = \pm\sqrt{|-4|} = \pm 2$ の目盛りが決まることを示す．(b) は，$k = 1$ の双曲線によって $x = \pm\sqrt{1} = \pm 1$ と $x' = \pm\sqrt{1} = \pm 1$ の目盛りが決まり，$k = 4$ の双曲線によって $x = \pm\sqrt{4} = \pm 2$ と $x' = \pm\sqrt{4} = \pm 2$ の目盛りが決まることを示す．

これで座標軸の目盛り付け方法がわかったので，任意の慣性系が測る任意の事象の座標値を具体的に読み取れるようになった．たとえば，図 5.2(b) の座標 $(ct'_\text{A}, x'_\text{A})$，$(ct'_\text{B}, x'_\text{B})$，$(ct'_\text{C}, x'_\text{C})$ の値が読み取れる．ここで座標値を読み取るには座標軸と平行な補助線を使うことを思い出そう（→ p.34）．この「座標軸と平行な補助線」を使ってさまざまな物理量の値を読み取るので，座標軸に平行な直線を等間隔に並べて描く「マス目」の様子を把握することは極めて重要である．

図 5.8 は慣性系 K:(ct, x) から見た時空図であり，図 (a) は K の単位マス（K が測る一辺の長さが 1 のマス目），図 (b) は K の時空図の中に別の慣性系 K':(ct', x') の単位マス（K' が測る一辺の長さが 1 のマス目）を描いた．図 (a) の作図は自明だろう．図 (b) の作図はつぎの ①，② の手順で行う．そして，③，④ がわかる．

① 座標軸の目盛り付け方法（→ p.53）に従い，図 5.7（$k = \pm 1$ の双曲線）のように，K' の ct' 軸と x' 軸上に $ct' = 1$ と $x' = 1$ の目盛りを付ける．

② $ct' = 1$ の目盛りの事象から双曲線 $s^2 = -1$ の接線（図 5.8(b) の直線 l_x）を引き，$x' = 1$ の目盛りの事象から双曲線 $s^2 = 1$ の接線（図 5.8(b) の直線 l_t）を引く．

③ 手順 ② で引いた 2 本の接線は，双曲線の接線の性質（→ p.51）から，それぞれ x' 軸と ct' 軸に平行である．また，K の時空図の中に描いた ct' 軸と x' 軸の傾きが逆数の関係（式 (4.8) 参照）なので，2 本の接線の傾きも逆数の関係（光の世界線に関して対称）である．

④ したがって，ct' 軸，x' 軸，手順 ② で引いた 2 本の接線で囲まれる図形は，光の世界線を対角線とするひし形になる．

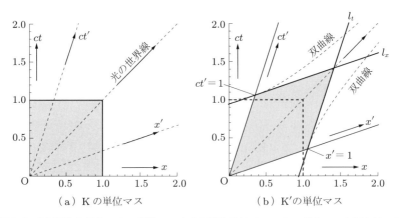

図 5.8 (a) 慣性系 K:(ct, x) の単位マスと (b) 慣性系 K':(ct', x') の単位マスを網かけで示す．(b) の図は，慣性系 K から見た K' の単位マスであり，**対角線が光の世界線で与えられるひし形**である．時空距離一定の双曲線は $s^2 = \pm 1$ で与えられる．

　このように描かれたひし形が，K の時空図の中に描いた K′ の単位マスである．この「K′ の単位マスひし形」の一辺の長さ（時空距離の式 (5.2)）は K が測っても K′ が測っても 1 であることは，双曲線 $s^2 = \pm 1$ 上のすべての事象は原点からの時空距離が 1 であることからわかる．同様に，「K の単位マス正方形」の一辺の長さも，K が測っても K′ が測っても 1 である[*1]．

　単位マスの形状がわかると，それを並べて時空図を格子状のマス目で覆える．その様子を図 5.9 に示す．この図 5.9 は，図 5.8 の単位マスをいくつも広範囲にくり返して並べて，かつ双曲線は省略した図である．図 5.9(a) は慣性系 K の時空図を「K の単位マス正方形」で埋めた図であり，図 5.9(b) は慣性系 K の時空図を「K′ の単位マスひし形」で埋めた図である．これらを見比べれば，慣性観測者の変更に伴う「単位マスによる格子状マス目」の変更の仕方がわかる．

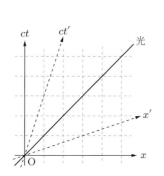 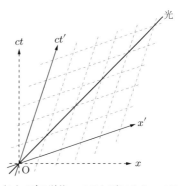

（a）K の単位マス正方形によるマス目　　（b）K′ の単位マスひし形によるマス目

図 5.9　慣性系 K:(ct, x) の時空図を，単位マスを並べて覆う．

　ところで，慣性系 K の単位マスを慣性系 K′ が見てもひし形に見える．そこで，慣性系 K の時空図を「（K から見た）K′ の単位マスひし形」で埋めたマス目と，逆に慣性系 K′ の時空図を「（K′ が見た）K の単位マスひし形」で埋めたマス目を見比べてみよう．その比較を図 5.10 に示す．双曲線 (5.9) の接線の性質 (➡ p.51) から，図 5.10 のひし形の辺をつないで得られる直線はすべて双曲線 (5.9) の接線であり，K あるいは K′ の座標軸に平行である．

　以上の単位マス目は極めて重要なので，まとめておく．

---

*1　「K が測る K′ の単位マスひし形の頂点の座標」は，第 6 章あるいは第 7 章を学ぶと計算できる．

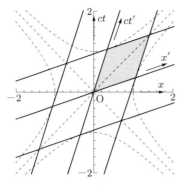
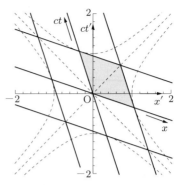

（a）K から見た K′ のひし形マス目　　（b）K′ から見た K のひし形マス目

図 5.10　(a) は，慣性系 K:(ct, x) から見た慣性系 K′:(ct', x') のひし形マス目（を四つだ
け図示）．(b) は，慣性系 K′ から見た K のひし形マス目（を四つだけ図示）．
図 5.8 のようにして描ける単位マスの一つを網かけで示し，光の世界線と時空
距離一定の双曲線 $s^2 = \pm 1$ を破線で示す．K から見た K′ の速度 $v > 0$ とすれ
ば，K′ から見た K の速度は $-v$ である．

時空図の単位マスと座標軸

　慣性系 K:(ct, x) の時空図に別の慣性系 K′:(ct', x') の単位マスを描くと，図 5.8(b)
に示す「対角線が光の世界線になるひし形」になる（K′ の単位マスを K′ 自身の時
空図に描くと，図 5.8(a) と同様に正方形になる）．また，K の時空図を K′ の単位
マスひし形で埋めて作るマス目は，K′ の座標軸に平行な直線を等間隔に並べて描
けるマス目である（図 5.8, 5.9, 5.10）．

　以上の正方形マス目，ひし形マス目，目盛り付け方法（→ p.53），双曲線の性質（→ p.50），
同時刻の性質（→ p.26）などを組み合わせて，第 6 章以降で特殊相対論的な現象を把握
していく．

5.3　ミンコフスキー時空の基礎事項：3 次元と 4 次元 発展

　前節で，ミンコフスキー時空の 2 次元時空図上に描かれる時空距離一定の双曲線と，
その双曲線から得られる単位マスひし形などを理解した．これらを 3 次元や 4 次元で考
える場合の注意点をいくつかまとめる．いきなり 4 次元のイメージはハードルが高いの
で，おもに時間 1 次元と空間 2 次元を考えて，立体的な 3 次元時空図を描く．

　3 次元ミンコフスキー時空で慣性系 K:(ct, x, y) と K′:(ct', x', y') を考えると，事象 P
と Q の間の時空距離は，式 (5.3) から z 成分の項を落として，

$$s^2 = -(ct_\mathrm{P} - ct_\mathrm{Q})^2 + (x_\mathrm{P} - x_\mathrm{Q})^2 + (y_\mathrm{P} - y_\mathrm{Q})^2$$
$$= -(ct'_\mathrm{P} - ct'_\mathrm{Q})^2 + (x'_\mathrm{P} - x'_\mathrm{Q})^2 + (y'_\mathrm{P} - y'_\mathrm{Q})^2 \tag{5.11}$$

である．二つ目の等号は，どんな慣性観測者から見ても事象 PQ 間の時空距離の値は同じだという時空距離の基本性質 (→ p.37) を表している．この二つ目の等号が成立することは 5.4 節で証明する．

◎ 光円錐

特殊相対論では，光速不変の原理があるので，光の世界線の把握が重要である．3次元ミンコフスキー時空における光の世界線を考えよう．図 5.11（上側）に示すように，慣性系 K:(ct, x, y) の原点の事象からあらゆる方向に光を放射する．観測者 K には xy 面上で円形に分布した光が，時間の経過とともに光速で広がっていくように見える．これを K から見た3次元時空図に描くと，図 5.11（下側）のように，すべての光の世界線で構成される面（**世界面**）が円錐になる．図 5.11（下側）には，光の世界線を過去にも延長して，過去の側にも円錐を描いてある．このように1点から放射される光で構成される世界面を**光円錐**という．

慣性系 K:(ct, x, y) の時空図の中で光円錐を表す方程式は，式 (5.11)（の一つ目の等

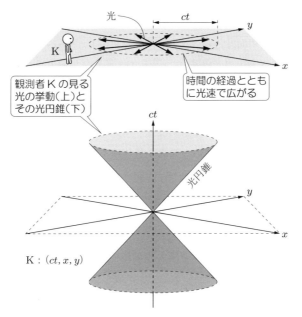

図 5.11 3次元の場合の光円錐．1点からあらゆる方向に放射される光の世界線で構成される世界面は，3次元時空図の円錐である．

号）で事象 Q を原点 $(0,0,0)$，事象 P を光円錐上の任意の事象 (ct,x,y) とすると，事象 Q と P は光の世界線で結ばれるため PQ 間の時空距離はゼロ（$s^2 = 0$）であることから，

$$\text{慣性系 K から見た光円錐：}\quad s^2 = 0 \iff (ct)^2 = x^2 + y^2 \qquad (5.12a)$$

である．これは，K から見て同時刻な空間（その時間座標を ct とする）において，（原点から放射された無数の）光が作る円の半径が ct であることを意味する．なお，この光円錐 (5.12a) を慣性系 K′:(ct',x',y') から見ても同様に円錐に見えて，その方程式は，式 (5.11)（の二つ目の等号）よりつぎのようになる．

$$\text{慣性系 K′ から見た光円錐：}\quad s^2 = 0 \iff (ct')^2 = x'^2 + y'^2 \qquad (5.12b)$$

2 次元の場合，慣性系 K:(ct,x) から見た光円錐は，単に x 軸の正と負の方向に進む二つの光を考えるだけになり，$ct = \pm x\,(\iff (ct)^2 = x^2)$ で表される二つの世界線になる．この 2 直線は，たとえば，図 5.5 に描かれており，図 5.11 の光円錐の $y = 0$（ctx 面）での断面でもある．

では，4 次元ミンコフスキー時空の中で光円錐はどうなるだろうか？　慣性系 K:(ct,x,y,z) が時刻 $ct = 0$ で原点からあらゆる方向に光を放射すると，K には光で構成される球面が光速で広がっていくように見える．光円錐は，各瞬間（K が経験するさまざまな時刻ごとの同時刻の 3 次元空間）において球面に見える．このような 4 次元ミンコフスキー時空の中の光円錐は，式 (5.3) より次式で表せる．

$$\text{慣性系 K から見た光円錐：}\quad s^2 = 0 \iff (ct)^2 = x^2 + y^2 + z^2 \qquad (5.13)$$

四つの座標成分 (ct,x,y,z) に一つの関係式が与えられるので，光円錐は 4 次元の中の 3 次元的な部分（**世界体積**）である．この世界体積を把握する思考方法の一つは，「図 5.11 の光円錐を xy 面に平行な面で切った断面（これは我々には半径 ct の円に見える）」を，実は「半径 ct の球面」であると思い込む，という方法である．このような 4 次元を把握する思考方法は，文献[5] でも丁寧に解説されている．

◎ 3 次元ミンコフスキー時空の時空図と座標軸

慣性系 K:(ct,x,y) の時空図の中に K′:(ct',x',y') の座標軸（ct' 軸，x' 軸，y' 軸）を描いていこう．

まず，簡単な場合として，図 5.12（上側）に示すように，慣性系 K から見た K′ の相対速度は大きさ v で x 軸方向に向く場合を考える．この場合，K′ は y 軸方向には運動

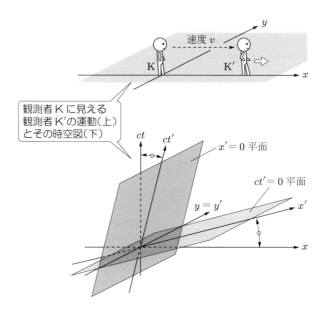

図5.12 上側は，2次元 xy 空間（慣性系 K から見たある同時刻な空間）における慣性系 K と K′ の状況設定．下側は，慣性系 K から見た3次元ミンコフスキー時空の時空図．慣性系 K′ から見て原点と同時刻な空間は，$ct' = 0$ で与えられる $x'y$ 面であり，y 軸を中心に xy 面を傾けた平面．

しないので，

$$\text{相対速度が } x \text{ 軸方向を向く場合：} \quad y' = y \tag{5.14}$$

である．よって，K から見た時空図は，図5.12（下側）のような立体図になる．これは，いままで描いてきた2次元ミンコフスキー時空の時空図（たとえば図4.5(a)）を y 軸方向（紙面に垂直な方向）に平行移動して立体化した図である．慣性系 K′ から見て原点と同時刻な空間は $ct' = 0$ で与えられる $x'y$ 面であり，y 軸を中心に xy 面を傾けた平面になる．また，この3次元時空図の中で ct' 軸と x' 軸を表す直線の方程式は，式(4.8)よりつぎのようになる．

$$
\begin{aligned}
ct' \text{ 軸：} & \quad ct = \frac{c}{v} x \quad \text{かつ} \quad y = 0 \\
x' \text{ 軸：} & \quad ct = \frac{v}{c} x \quad \text{かつ} \quad y = 0
\end{aligned}
\tag{5.15}
$$

これらの式より，図5.12（下側）の作図上の注意点は，「$ct'y$ 面と cty 面の間の傾き」＝「$x'y$ 面と xy 面の間の傾き」（➔ p.14 の脚注）とすることである．

つぎに，図5.13（上側）に示すように，慣性系 K から見た K′ の相対速度 $\vec{v}$ の向きが x 軸方向とは限らない場合を考える．K が測る K′ の速度の x 成分を v_x，y 成分を v_y

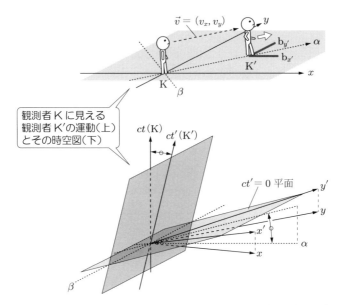

図5.13 図5.12の状況で，相対速度の向きを変えた場合．ct 軸は慣性観測者 K の世界
線，ct' 軸は慣性観測者 K′ の世界線．ct 軸と直線 α で作る平面上に ct' 軸が乗っ
ている立体図となる．直線 β は ct 軸と直線 α に直交し，$x'y'$ 面は xy 面を直線
β を中心にして傾けた平面．

とすると，$\vec{v} = (v_x, v_y)$ である．この場合，K から見た時空図は図5.13（下側）の立体
図になるが，この時空図はつぎの手順で描かれる．

① 図5.12（上側）のように，K が測る K′ の相対速度が x 軸方向を向く場合をはじ
めに考えて，xy 面上で相対速度の向きを任意の向きに回転させれば，図5.13（上
側）のように，相対速度 $\vec{v}$ が xy 面上で任意の向きの場合になる．なお，図5.13
の直線 α は xy 面上で相対速度 $\vec{v}$ と平行であり，直線 β は xy 面上で α に直交
する．

② しかし，特殊相対性原理からミンコフスキー時空には相対速度の絶対的な基準と
なる特別な位置や方向がないので，図5.12（上側）の状況において相対速度でな
く x 軸と y 軸を xy 平面上で回転させて向きを変えても，図5.13（上側）の状況
になる[*1]．

③ そこで，図5.13（下側）の立体的な時空図は，図5.12（下側）の立体的な時空図

---

*1 ミンコフスキー時空のこのような性質は，数学の微分幾何学の言葉使いで「時空が曲がってなく平坦である」と表現
することもある（微分幾何学については文献[14, 15]など参照）．そして，重力がある場合には，時空がミンコフス
キー時空ではなくなり（曲がった時空になり），相対速度の向きを変えることと座標軸の向きを変えることは必ずしも
同じではなくなる．

において x 軸と y 軸を xy 面上で（ct 軸を回転軸として）回転させたものである. この立体図の特徴として, つぎの三つが大切である.

- ct' 軸は, 直線 α と ct 軸を含む平面に乗る.
- x' 軸は, x 軸と ct 軸を含む平面に乗る.
- y' 軸は, y 軸と ct 軸を含む平面に乗る.

なお, xy 面と $x'y'$ 面は, ct 軸と直線 α に直交する直線 β で交わる.

④ さらに, 図 5.13（下側）では, x 軸と y 軸を xy 面上で回転させたことに伴って, x' 軸と y' 軸も $x'y'$ 面上で（ct' 軸を回転軸として）回転させて描いてある. この回転の結果として, x', y' 軸は**速度 $\vec{v} = (v_x, v_y)$ をゼロにすると**（直線 β を回転**軸として $x'y'$ 面を回転させて xy 面に重ねると**）, x' 軸と y' 軸がそれぞれ x 軸と y 軸に重なるように向きが調整されている.

図 5.13 において, 慣性系 K′ から見て原点と同時刻な空間は, $ct' = 0$ で与えられる $x'y'$ 面である. この3次元時空図の中で ct' 軸, x' 軸, y' 軸を表す直線の方程式は, 式 (4.8)を相対速度の x 成分, y 成分ごとに考えて,

$$
\begin{aligned}
&ct' \text{ 軸}: \quad ct = \frac{c}{v_x}x = \frac{c}{v_y}y \\
&x' \text{ 軸}: \quad ct = \frac{v_x}{c}x \quad \text{かつ} \quad y = 0 \\
&y' \text{ 軸}: \quad ct = \frac{v_y}{c}y \quad \text{かつ} \quad x = 0
\end{aligned}
\tag{5.16}
$$

となる. この ct' 軸を表す式は, ct' 軸が慣性観測者 K の世界線と一致することから理解できる. 式 (5.16)の x' 軸は, 図 5.13（上側）の状況設定で x 成分だけに注目して（y 成分を考えずに）, 図 5.12 で相対速度を v から v_x に置き換えれば理解できる. 式 (5.16)の y' 軸も同様に y 成分だけに注目して理解できる.

なお, 式 (5.16)で表される慣性系 K:(ct, x, y) と K′:(ct', x', y') の相対関係は, 観測者 K′ が（K′ から見て）x' 軸方向を向く棒 $b_{x'}$ と y' 軸方向を向く棒 $b_{y'}$ を持っている場合を考えると, わかりやすい. 式 (5.16)で与えられる設定では, 観測者 K′ が持つ棒を K が見ると, **棒 $b_{x'}$ は x 軸と平行なままで速度 $\vec{v}$ 方向に進んでいくように見えて, 棒 $b_{y'}$ は y 軸と平行なままで速度 $\vec{v}$ 方向に進んでいくように見える**. この様子は, 図 5.13（上側）に描いてある.

◎ 3次元の場合の時空距離一定の世界面と座標軸の目盛り付け

2次元ミンコフスキー時空では, 原点からの時空距離が一定の事象をつなぐと, 式

(5.9)の双曲線になった．同様に，3 次元ミンコフスキー時空で原点からの時空距離が $s^2 = k$ という一定値になる事象をつなぐと，以下の式で与えられる**双曲面**になる．式 (5.11)で事象 Q を原点とし，事象 P を双曲面上の任意の事象とすると（慣性系 K で測る座標を (ct, x, y)，慣性系 K′ で測る座標を (ct', x', y') として），

$$\text{双曲面 } s^2 = k \text{ を K から見た場合：} \quad -(ct)^2 + x^2 + y^2 = k$$
$$\text{双曲面 } s^2 = k \text{ を K′ から見た場合：} \quad -(ct')^2 + x'^2 + y'^2 = k \tag{5.17}$$

である．この双曲面で $k = 0$ とすると，光円錐 (5.12)になる．

双曲面 (5.17)は，式 (5.9)の双曲線を ct 軸のまわりに回転させて描かれる曲面になる．図 5.14 には式 (5.17)で $k = -1$ の場合の双曲面を示し，図 5.15 には式 (5.17)で $k = +1$ の場合の双曲面を示す．これらの例から，$k < 0$ の双曲面は二つの（互いに交わらない）お椀形の曲面であり，$k > 0$ の双曲面は過去と未来に向かって広がっていく筒状の曲面だとわかる．定数 k が正負どちらの場合でも，慣性系 K から見て双曲面を $ct =$ 一定の断面（同時刻な平面）で切った切り口は半径 $\sqrt{k + (ct)^2}$ の円になる．また，2 次元の場合で $k \neq 0$ の双曲線 (5.9)は座標 ct が大きくなると，$k = 0$ の光の世界線（2 次元の光円錐）に漸近する曲線であったことから，3 次元の場合にも $k \neq 0$ の双曲面は座標 ct が大きくなると，$k = 0$ の光円錐 (5.12)に漸近する．

そして，3 次元ミンコフスキー時空における座標軸の目盛り付けは，各座標軸と図 5.14 や図 5.15 の双曲面との交点で与えられる．なお，異なる慣性系の座標軸が互いにどのような位置関係になるのかは，図 5.12 や図 5.13 で示すとおりである．図 5.12 や図 5.13 の中に，図 5.14 や図 5.15 のような双曲面を想像すると，3 次元ミンコフスキー時空での座標軸の目盛り付けの様子が立体的に認識できる．

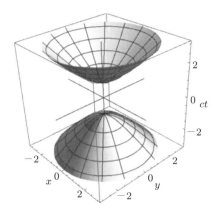

図 5.14 双曲面 (5.17)で $k = -1$ の場合（お椀形双曲面）．これは，図 5.5 の $k = -1$ の双曲線を ct 軸のまわりに回転させて描かれる曲面である．

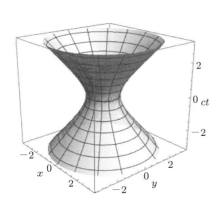
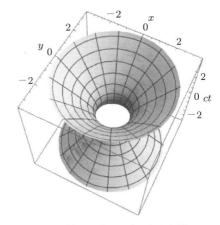

（a）筒状双曲面を側面から見た様子   （b） 筒状双曲面を上から見た様子

図 5.15 双曲面 (5.17) で $k = +1$ の場合（筒状双曲面）．これは，図 5.5 の $k = +1$ の
双曲線を ct 軸のまわりに回転させて描かれる曲面である．

◎ 4 次元ミンコフスキー時空

4 次元ミンコフスキー時空を考えてみよう．時空図と座標軸を把握する思考方法の一
つは，光円錐 (→ p.58) の場合と同様に，3 次元の場合の図 5.12 や図 5.13 の時間一定
「面」（xy 面と $x'y'$ 面）を，実は時間一定「空間」（xyz 空間と $x'y'z'$ 空間）だと思い込
む，という方法である．たとえば，慣性系 K から見た K' の相対速度が x 軸方向を向く
場合は，図 5.12（下側）の立体図における xy 面を実は xyz 空間だと思い込めばよい．
ただし，相対速度が x 軸方向を向き，かつ y 軸と y' 軸が一致し，z 軸と z' 軸も一致す
る場合である．

さらに，図 5.16 のように，慣性系 K から見た K' の相対速度 $\vec{v}$ が xyz 空間で任意の
向きの場合，つまり $\vec{v} = (v_x, v_y, v_z)$ の場合を考える．ただし，K' が持つ棒 $b_{x'}$，$b_{y'}$，
$b_{z'}$ はそれぞれ（K' から見て）x' 軸，y' 軸，z' 軸に平行である．また，これらの棒を K
が見ると，それぞれ x 軸，y 軸，z 軸と平行なまま速度 $\vec{v}$ で運動しているように見える
とする．この設定は，図 5.13（下側）の立体図における $x'y'$ 面を実は $x'y'z'$ 空間だと
思い込めばよい．そして，xyz 空間内で速度 $\vec{v}$ 方向の直線を α として，つぎの四つの特
徴がある．

- ct' 軸は，直線 α と ct 軸を含む平面に乗る．
- x' 軸は，x 軸と ct 軸を含む平面に乗る．
- y' 軸は，y 軸と ct 軸を含む平面に乗る．
- z' 軸は，z 軸と ct 軸を含む平面に乗る．

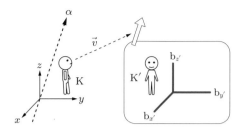

図 5.16　4 次元ミンコフスキー時空の 3 次元空間部分の図. 慣性系 K:(ct, x, y, z) から見て K′:(ct', x', y', z') が相対速度 $\vec{v} = (v_x, v_y, v_z)$ で運動している. K′ が持つ棒 $b_{x'}$, $b_{y'}$, $b_{z'}$ はそれぞれ（K′ から見て）x' 軸, y' 軸, z' 軸に平行である. これらの棒を K が見ると, それぞれ x 軸, y 軸, z 軸と平行なまま速度 $\vec{v}$ で運動しているように見えるとする. 直線 α は原点を通って速度 $\vec{v}$ と平行な直線. この設定で座標軸の関係式 (5.18)が成立する.

また, この 4 次元時空図の中で ct' 軸, x' 軸, y' 軸, z' 軸を表す直線の方程式は, 式 (4.8)を相対速度の x 成分, y 成分, z 成分ごとに考えて, つぎのようになる.

$$
\begin{aligned}
ct' \text{軸} : \quad & ct = \frac{c}{v_x}x = \frac{c}{v_y}y = \frac{c}{v_z}z \\
x' \text{軸} : \quad & ct = \frac{v_x}{c}x \quad \text{かつ} \quad y = 0 \quad \text{かつ} \quad z = 0 \\
y' \text{軸} : \quad & ct = \frac{v_y}{c}y \quad \text{かつ} \quad z = 0 \quad \text{かつ} \quad x = 0 \\
z' \text{軸} : \quad & ct = \frac{v_z}{c}z \quad \text{かつ} \quad x = 0 \quad \text{かつ} \quad y = 0
\end{aligned}
\tag{5.18}
$$

これらは, 3 次元の図 5.13 と同様に, 相対速度 $\vec{v}$ をゼロにすると, x' 軸, y' 軸, z' 軸がそれぞれ x 軸, y 軸, z 軸に重なるような位置関係になっている. 図 5.13 を, xy 面が xyz 空間で, $x'y'$ 面が $x'y'z'$ 空間だと思い込んで眺めてほしい.

つぎに, 4 次元ミンコフスキー時空における座標軸の目盛り付けを考える. 4 次元ミンコフスキー時空の中で原点からの時空距離が一定の事象を集めると, 式 (5.3)より, 次式で与えられる双曲領域になる.

慣性系 K から見た双曲領域 $s^2 = k$:　$-(ct)^2 + x^2 + y^2 + z^2 = k$　　(5.19)

これは, 四つの座標成分 (ct, x, y, z) の間に一つの関係式が与えられているので, 4 次元の中の世界体積である. この双曲領域は, 2 次元の双曲線や 3 次元の双曲面と同様に, 座標 ct が大きくなると光円錐 (5.13)に漸近する. このような双曲領域を把握する思考方法の一つは, p.58 で考えた光円錐の場合と同様に, 「図 5.14 や図 5.15 の双曲面を xy 面に平行な面で切った断面（これは我々には半径 $\sqrt{k + (ct)^2}$ の円に見える）」を, 実は「半径 $\sqrt{k + (ct)^2}$ の球面」であると思い込む, という方法である. そして, この双曲領

域と各座標軸の交点が座標軸の目盛りになる[*1]. 以上のような 4 次元を把握する思考方法は, 文献[5] でも丁寧に解説されている.

5.4 時空距離 (5.2)の妥当性の証明 発展

この節では, 2 次元の場合で, 相対論の時空距離の計算式として式 (5.2)が妥当であることを証明する. なお, この証明は 3 次元や 4 次元の場合にも単純に拡張できる.

証明の方針

時空距離の計算式として適切な式は, 4.2 節でまとめた時空距離の基本性質 (→p.37) から, どんな慣性観測者が測っても値が変わらないような計算式でなければならない. そのような時空距離の計算式として, 双曲線の式 $s^2 = -(ct)^2 + x^2$ が適切であることの証明は, 以下の方針で実行できる.

任意の二つの事象 P と Q を考え, 任意の慣性系 K:(ct, x) から見た P と Q の座標をそれぞれ (ct_P, x_P), (ct_Q, x_Q) とする. そして, 5.1 節の光の世界線に基づいた推論を参考にして, 事象 P と Q で決まるつぎの計算式（P と Q の関数）を考える.

$$F_K(P, Q) := -(ct_P - ct_Q)^2 + (x_P - x_Q)^2 \tag{5.20a}$$

ここで, F_K の添え字 $_K$ は右辺の値が慣性系 K で測った座標値を使って計算されることを意味する. 別の任意の慣性系 K':(ct', x') を考えれば, 定義 (5.20a)の関数は,

$$F_{K'}(P, Q) := -(ct'_P - ct'_Q)^2 + (x'_P - x'_Q)^2 \tag{5.20b}$$

と表せる. ただし, (ct'_P, x'_P) と (ct'_Q, x'_Q) はそれぞれ K' が測る事象 P と Q の座標である. なお, F_K や $F_{K'}$ は座標の 2 乗で定義されるので,「距離 × 距離」の単位 (m^2 やcm^2 など) をもつ.

以上の定義 (5.20)を使って示すべきことは, 恒等式 $F_K \equiv F_{K'}$ が成立することである. この恒等式は, 任意の事象 P, Q に対して計算される値 F_K があらゆる慣性観測者に対して同じ値であること, つまり時空距離の基本性質 (→p.37) を満たすことを意味する. したがって, 恒等式 $F_K \equiv F_{K'}$ が証明できれば, 時空距離の 2 乗 s^2 は F_K で与えられて, 式 (5.2)が時空距離の計算式として適切なことが証明されたことになる. なお, F_K は時空距離の 2 乗と同じ単位をもつので, F_K は時空距離 s ではなく, 時空距離の

[*1]　4 次元の中で, 双曲領域 (5.19)と原点を通る直線の交わりは 1 点になる.

2 乗 s^2 に対応しなければならない．以下，恒等式 $F_\mathrm{K} \equiv F_\mathrm{K'}$ の証明を進める[*1]．以下の証明では，まだ時空距離の式 (5.2) の妥当性は証明されていない（特殊相対論の時空がミンコフスキー時空であることは示されていない）ので，5.2 節と 5.3 節の内容は使えない．

◎ 証明の準備

特殊相対性原理から，特殊相対論の時空には距離や時間を測る絶対的な基準となる特別な事象は存在しないので，慣性系 K と K' の原点は任意に選べる．そこで，事象 Q を慣性系 K と K' の原点にする（これは必ずしも必要な設定ではなく，少しでも議論を見通しよくするための補助的な設定である）．この設定で F_K と $F_\mathrm{K'}$ はつぎのようになる．

$$F_\mathrm{K}(\mathrm{P}) = -(ct_\mathrm{P})^2 + x_\mathrm{P}^2, \quad F_\mathrm{K'}(\mathrm{P}) = -(ct_\mathrm{P}')^2 + x_\mathrm{P}'^2 \tag{5.21}$$

また，事象 P と慣性系 K，K' を決めれば座標値 $(ct_\mathrm{P}, x_\mathrm{P})$，$(ct_\mathrm{P}', x_\mathrm{P}')$ が決まるので，つぎの二つの値も決まる．

$$\omega_x = \frac{x_\mathrm{P}}{ct_\mathrm{P}}, \quad \omega_x' = \frac{x_\mathrm{P}'}{ct_\mathrm{P}'} \tag{5.22}$$

さらに，二つの慣性系の座標値の間には，つぎのような 1 次式で与えられる関係を満たす値 α_{ct}，α_x も決まる[*2]．

$$ct_\mathrm{P}' = \alpha_{ct}\, ct_\mathrm{P} + \alpha_x\, x_\mathrm{P} \tag{5.23}$$

ただし，いまの段階では α_{ct}，α_x の具体的な値（の計算式）は不明である．しかし，とにかく事象 P と慣性系 K，K' を決めれば，式 (5.23) を満たす値 α_{ct}，α_x が存在することは確かである．以下の論理展開で必要なものは，α_{ct}，α_x の具体的な値ではなく，α_{ct} と α_x という値が存在するという事実である[*3]．

以上の準備のもとで，恒等式 $F_\mathrm{K} \equiv F_\mathrm{K'}$ の証明を 3 段階に分けて進める．

◎ 証明の第 1 段階：比例関係 $F_\mathrm{K} = bF_\mathrm{K'}$

式 (5.22) の ω_x を式 (5.21) の F_K に適用すると，次式を得る．

[*1] 恒等式 $F_\mathrm{K} \equiv F_\mathrm{K'}$ を示すという問題は，何かの値を決める（方程式を解く）という問題ではない．まず事実として，事象 P，Q と慣性系 K，K' を決めれば，定義式 (5.20) によって F_K，$F_\mathrm{K'}$ の値はそれぞれ個別に決まる．そのうえで目標は，それらの値が「どんな事象 P，Q とどんな観測者 K，K' でも」等しいこと，$F_\mathrm{K} \equiv F_\mathrm{K'}$ の証明である．

[*2] 慣性観測者は加速運動しないことから，物理的には式 (5.23) のような 1 次式の関係が妥当である．一方，数学的に厳密には，いまの段階では，式 (5.23) の関係は仮定（作業仮説）である．しかし，もしもこの作業仮説が間違えであれば，特殊相対論の基本原理に矛盾しなければならない．ところが，本節の議論と第 7 章のローレンツ変換が無矛盾であることから，式 (5.23) の作業仮説が間違っていないことが，後で確認される．

[*3] 式 (5.23) を満たす α_{ct}，α_x の値を決める計算式は，この 5.4 節で証明される時空距離の式 (5.2) を使って，第 7 章で導出する．その計算式をローレンツ変換という．

$$F_{\mathrm{K}} = \left(-1 + \omega_x^2\right)(ct_{\mathrm{P}})^2 \quad \Longleftrightarrow \quad (ct_{\mathrm{P}})^2 = \frac{F_{\mathrm{K}}}{-1 + \omega_x^2} \tag{5.24}$$

一方，式 (5.22)の ω_x を式 (5.23)に適用すると，次式を得る.

$$ct'_{\mathrm{P}} = (\alpha_{ct} + \omega_x \alpha_x)ct_{\mathrm{P}} \tag{5.25}$$

これと式 (5.22)の ω'_x を式 (5.21)の $F_{\mathrm{K}'}$ に適用すると，次式を得る.

$$F_{\mathrm{K}'} = \left(-1 + \omega_x'^2\right)(ct'_{\mathrm{P}})^2 = \left(-1 + \omega_x'^2\right)(\alpha_{ct} + \omega_x \alpha_x)^2 (ct_{\mathrm{P}})^2 \tag{5.26}$$

これと式 (5.24)より，つぎの関係を得る.

$$F_{\mathrm{K}} = bF_{\mathrm{K}'} \tag{5.27a}$$

ただし，比例係数は

$$b = \frac{\omega_x'^2 - 1}{\omega_x^2 - 1}(\alpha_{ct} + \omega_x \alpha_x)^2 \tag{5.27b}$$

であり，この b の値は事象 P と慣性系 K, K'（によって決まる ω_x, ω'_x, α_{ct}, α_x の値）で決まることがわかる．あとは，比例係数 b が常に 1 に等しいこと（$b \equiv 1$）が示せれば，恒等式 $F_{\mathrm{K}} \equiv F_{\mathrm{K}'}$ の証明が完成する.

◇ 証明の第 2 段階：比例係数の絞り込み $b = \pm 1$

式 (5.27b)は，「事象 P と慣性系 K, K' を決めれば比例係数 b の値が決まる」ことを意味する．仮に α_{ct}, α_x を事象 P の座標や K と K' の相対速度から計算する式がわかっていれば，その計算式と式 (5.22)を式 (5.27b)に代入することで，直接的に $b \equiv 1$ が示せるかもしれない．しかし，式 (5.23)の直後で述べたように，α_{ct}, α_x という値が存在することはわかっていても，それらの計算式はまだわかっていない．そこで，α_{ct}, α_x の計算式でなく，特殊相対性原理を活用する.

特殊相対性原理より，二つの慣性系 K と K' を決めることは K と K' の相対速度 v を決めることに等しいので，比例係数 b は事象 P（の座標）と相対速度の関数

$$b = b(ct_{\mathrm{P}}, x_{\mathrm{P}}, ct'_{\mathrm{P}}, x'_{\mathrm{P}}, v) \tag{5.28}$$

である．再び特殊相対性原理より，特殊相対論の時空は絶対時間や絶対空間ではない（絶対的な基準となる特別な時刻や位置はない）ので，比例係数 b は事象 P の選び方とは無関係に決まらなければならない．つまり，比例係数 b は，実は事象 P の座標には依存せず，相対速度だけの関数

$$b = b(v) \tag{5.29}$$

である．もう一度，特殊相対性原理より，特殊相対論の時空には速度の向きを測る絶対的な基準となる特別な方向はないので，比例係数 b は，実は相対速度の向きには依存せず，その絶対値だけの関数だとわかる．

$$b = b(|v|) \tag{5.30}$$

この式 (5.30)は，慣性系 K と K′ を入れ替えても（相対速度の向きを逆 $-v$ にしても）式 (5.27a)と同じ比例関係

$$F_{\mathrm{K'}} = bF_{\mathrm{K}} \tag{5.31}$$

が成立することを意味する．この式 (5.31)と (5.27a)より，

$$F_{\mathrm{K}} = bF_{\mathrm{K'}} = b^2 F_{\mathrm{K}} \tag{5.32}$$

となる．これは，比例係数 b が，実は事象 P の選び方にも相対速度 v の選び方にも依存しない定数であり，しかも，その絶対値が常に 1（$|b| \equiv 1$）であることを意味する．

$$b^2 \equiv 1 \quad \Longleftrightarrow \quad b \equiv \pm 1 \tag{5.33}$$

このようにして，比例係数 b の値が $+1$ か -1 のどちらかであることがわかった．あとは，b の符号が正であることが示せれば，恒等式 $F_{\mathrm{K}} \equiv F_{\mathrm{K'}}$ の証明が完成する．

◎ 証明の第 3 段階：比例係数の決定 $b \equiv 1$

式 (5.33)から絶対値 $|b|$ は事象 P と相対速度 v の選び方とは無関係に常に 1 だとわかっていることに注意すると，特定の事象 P に対して $b > 0$ が示せれば，「任意の P に対して $b = +1$ である（$b \equiv 1$）」が示せたことになる．不等式 $b > 0$ を示すのに都合よい事象 P の選び方はいくつかあるだろうが，ここでは事象 P がたまたま慣性系 K′ の ct' 軸上にあり，慣性系 K と K′ の相対速度が x 軸の正方向で光速より遅い場合（$0 < v < c$）を考えよう[*1]．図 5.17 にこの状況設定を示す[*2]．

この状況設定で，慣性系 K′ で測る事象 P の x' 座標は $x'_{\mathrm{P}} = 0$ なので，式 (5.21)より

$$F_{\mathrm{K'}}(\mathrm{P}) = -(ct'_{\mathrm{P}})^2 < 0 \tag{5.34}$$

[*1]　第 8 章であらゆる物体や観測者の速度は光速を超えられないことが示される．しかし，いまの段階ではまだ光速を超えられないことは示されていないので，$0 < v < c$ も明示的に要請しておく．

[*2]　図 5.17 の ct' 軸と x' 軸は式 (4.8)で与えられる．これらの式は光速不変の原理から得られたので（3.3 節），この節の証明は特殊相対性原理だけでなく，光速不変の原理にも基づくことがわかる．

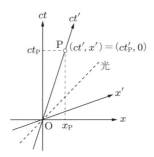

図 5.17 式 (5.27) の比例係数 $b > 0$ を示しやすい状況設定の一つ. 事象 P が慣性系観測者 K′ の世界線上にあり, K と K′ の相対速度 $0 < v < c$ の場合.

となる. また, $0 < v < c$ より, 慣性系 K で測る事象 P の座標は $ct_P > x_P (= vt_P)$ を満たす. よって, つぎの関係を得る.

$$F_K(P) = -(ct_P)^2 + x_P^2 < 0 \tag{5.35}$$

したがって, 図 5.17 の状況設定では $F_K < 0$ かつ $F_{K'} < 0$ となり, 比例係数 $b > 0$ であることがわかる. これは, 証明の第 3 段階の最初に述べたように, 比例係数 b が事象 P と相対速度の選び方によらず, 常に $+1$ であること ($b \equiv 1$) を意味する.

以上, 3 段階の議論によって恒等式 $F_K \equiv F_{K'}$ が証明された. よって, 証明の方針 (→ p.65) で述べたとおり, 式 (5.2) が特殊相対論の時空距離の計算式として適切なことが証明できた. 特殊相対論の時空はミンコフスキー時空だと考えるのが適切である. 証明終わり.

以上の証明では, 2 次元時空 (空間 1 次元と時間) を考えてきた. しかし, この証明を 4 次元に拡張するのは単純である. F_K の定義 (5.20) に y, z 成分の項「$+(y_P - y_Q)^2 + (z_P - z_Q)^2$」を足し, 式 (5.22) で考えた量に y, z 成分の量「$\omega_y = y_P/(ct_P), \omega_z = z_P/(ct_P), \omega'_y = y'_P/(ct'_P), \omega'_z = z'_P/(ct'_P)$」を加え, 式 (5.23) の右辺には y, z 成分の項「$+\alpha_y y_P + \alpha_z z_P$」を足せばよい. 恒等式 $F_K \equiv F_{K'}$ の 3 段階証明の論理構成は変わらない.

第**6**章

特殊相対論の帰結1：
時間の遅れとローレンツ収縮の初等幾何

この章の目的 ・・・
● 2次元ミンコフスキー時空で，時空図上の直線と双曲線を使って，「時間の遅れ」と「ローレンツ収縮」を視覚的に理解すること．
・・・

特殊相対論の基礎事項は第5章まででそろった．この第6章から第12章で，特殊相対論によって得られるさまざまな帰結を導いていく．

この章では，3.3節で理解した特殊相対論における同時刻の性質からの直接的な帰結である，「時間の遅れ」と「ローレンツ収縮」を導く．いずれも，特殊相対論の同時刻の性質に起因する現象なので，ニュートン力学では決して考えられない現象である．

なお，相対論を扱う既刊書の多くでは，第7章のローレンツ変換に基づいて時間の遅れとローレンツ収縮を導いていると思う（ローレンツ変換とローレンツ収縮は別物であることに注意）．しかし，これらの現象の本質は同時刻の性質であることを強調するためにも，本書では第7章の前に，時間の遅れとローレンツ収縮を導く．こうすることで，特殊相対論の「時空図上に描く直線と双曲線（時空距離一定の曲線）による初等幾何学的な理解の仕方」の典型的な練習になる．

◎ 6.1　直線と双曲線で理解する時間の遅れ ───────────

時間の遅れは，「自分に対して運動する実験室をのぞき込むと，その実験室内の時間はゆっくり進むように見える」という現象である．この現象は，二人の観測者が持つ時計を互いに見比べるという実験設定の時空図を考えるとわかりやすい．

◎ 状況設定

慣性系 $K:(ct, x)$ の x 軸方向に慣性系 $K':(ct', x')$ が速度 v で等速運動している．K と K' の座標原点は共通とする（→ p.21）．そして，図6.1に示すように，K と K' が互いに「自分の時計が示す時刻」と「相手の時計が示す時刻」を比較する，という実験を行う．その際，はじめにつぎの疑問を考えなければならない．

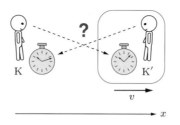

図 6.1 時間の遅れの状況設定. 慣性系 K と慣性系 K′ がお互いに, 自分の時計が示す時刻と相手の時計が示す時刻を比較する.

▶ **はじめに考えるべき疑問:**「K が経験するさまざまな事象のうち, どの事象の時間座標」と「K′ が経験するさまざまな事象のうち, どの事象の時間座標」を比較するか?

この疑問の答えは, **観測者にとって同時刻の事象の時間座標を比較する**ことである.

◯ **時間の遅れの定性的な理解**

図 6.2 は, 上記の実験に対応する時空図である. この時空図を参照しながら, 以下の3段階の議論で, 慣性系 K には「K′ の時間経過は K の時間経過より遅い」ように見えることが定性的に理解できる.

① 慣性系 K から見た同時刻において, K と K′ の時刻を比較しよう. この比較の際, K′ が経験する事象は図 6.2 の A だとする. この設定で K は, K 自身が経験するさまざまな事象の中で B が A と同時刻だと認識する (なぜなら, K にとって同時刻な空間は x 軸に平行な世界線だから). したがって, 論点は「K′ が測る事象 A の時間座標 ($ct'_A = a$ とする)」に比べて「K が測る事象 B の時間座標 ct_B」

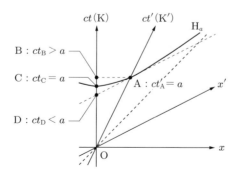

図 6.2 時間の遅れを理解する時空図. 慣性観測者 K も K′ も, それぞれが同時刻だと認識する 2 事象の時間座標を比較する. その結果, K も K′ も相手の時刻が遅れているように認識する.

が大きいか小さいかである.

② 一方，事象 A を通る時空距離一定の双曲線 H_a と ct 軸の交点を C とすると，ミンコフスキー時空の座標軸の目盛り付け方法 (→ p.53) から，K が測る事象 C の時間座標 $ct_C = a$ である.

③ 図 6.2 に示すように，ct 軸上で明らかに事象 B は C より未来に位置するので，$ct_B > a$ である．これは，**観測者 K の同時刻で比較すると，K が測る時刻 ct_B ($> a$)** **よりも K′ が測る時刻 ct'_A ($= a$) のほうが遅い**ことを意味する．つまり，観測者 K には，K′ の時間は K の時間よりもゆっくり進んでいるように見える.

同様に，図 6.2 から，慣性系 K′ には「K の時間経過は K′ の時間経過より遅い」ように見えることが定性的に理解できる.

①′ 慣性系 K′ から見た同時刻において，K′ と K の時刻を比較しよう．この比較の際，K′ が経験する事象は図 6.2 の A だとする．この設定で K′ は，K が経験するさまざまな事象の中で D が A と同時刻だと認識する（なぜなら，K′ にとって同時刻な空間は x' 軸に平行な世界線だから）．したがって，論点は「K が測る事象 D の時間座標 ct_D」に比べて「K′ が測る事象 A の時間座標 ($ct'_A = a$)」が大きいか小さいかである.

②′ 一方，事象 A を通る時空距離一定の双曲線 H_a と ct 軸の交点を C とすると，ミンコフスキー時空の座標軸の目盛り付け方法 (→ p.53) から，K が測る事象 C の時間座標 $ct_C = a$ である.

③′ 図 6.2 に示すように，ct 軸上で明らかに事象 D は C より過去に位置するので，$ct_D < a$ である．これは，**観測者 K′ の同時刻で比較すると，K′ が測る時刻** ct'_A ($= a$) **よりも K が測る時刻 ct_D ($< a$) のほうが遅い**ことを意味する．つまり，観測者 K′ には，K の時間は K′ の時間よりもゆっくり進んでいるように見える.

以上から，**観測者 K と K′ のどちらにも，相手の時間が自分の時間よりも遅く進む**ように見える．これは一見矛盾するように思えるかもしれないが，時空図 6.2 に示すように，慣性系 K と K′ が認識する同時刻な空間が異なることが原因で生じる認識の違いであり，**物理的にまったく矛盾はない**.

◯ 時間の遅れの定量的な理解

以上の時間の遅れの計算式を導こう．具体例として，観測者 K から見た場合を考える．そこでまず，K が測る事象 A の座標 (ct_A, x_A) を求める．これは双曲線 H_a と ct' 軸の交点なので，連立方程式

$$\begin{cases} -(ct)^2 + x^2 = -a^2 \\ ct = \dfrac{c}{v}x \end{cases} \tag{6.1a}$$

の解として与えられて,

$$ct_{\mathrm{A}} = \frac{a}{\sqrt{1 - (v/c)^2}}, \quad x_{\mathrm{A}} = \frac{(v/c)a}{\sqrt{1 - (v/c)^2}} \tag{6.1b}$$

である. この ct_{A} に, K から見て事象 B と A が同時刻であること $ct_{\mathrm{B}} = ct_{\mathrm{A}}$ と, いまの状況設定 $a = ct'_{\mathrm{A}}$ を代入して, つぎの関係が得られる.

$$\text{時間の遅れ (図 6.2):} \quad ct'_{\mathrm{A}} = ct_{\mathrm{B}}\sqrt{1 - \left(\frac{v}{c}\right)^2} \tag{6.2}$$

K と K′ の相対速度がゼロでなく光速未満 $(0 < |v| < c)$ の場合, $\sqrt{1 - (v/c)^2} < 1$ である. よって, **慣性系 K には, 慣性系 K′ の時間は (K の時間の) $\sqrt{1 - (v/c)^2}$ 倍だけ遅れて進むように見える.** この式 (6.2) が時間の遅れを示す関係式である.

　以上の導出では, 係数 $\sqrt{1 - (v/c)^2}$ は双曲線 H_a の式から得られる. また, 双曲線を使う理由は, 時空距離が式 (5.2) で与えられることである. さらに, 時空距離が式 (5.2) で与えられる理由は, まさに特殊相対論の基本原理であった (5.4 節参照). したがって, **時間の遅れの係数 $\sqrt{1 - (v/c)^2}$ はまさに相対論的な効果を表しており, ニュートン力学では決して現れない.**

　また, K と K′ の相対速度が光速に近づく $(v \to c)$ と, 時間の遅れ (6.2) の係数がゼロに近づく $(\sqrt{1 - (v/c)^2} \to 0)$. これを図 6.2 で視覚的に考えると, 「速度 $v \to c$ の極限では ct' 軸の傾きが 1 に近づき, $ct' = a$ の目盛りの位置が無限遠方に行く」という挙動になる. つまり, (a の値は任意なので) 光の世界線上では座標の目盛りがゼロのままで残り, 光速で運動する物体の時間経過は止まってしまう[*1]. しかし, 第 9 章で質量をもつ物体は決して光速で運動することは不可能であると示されるので, 実際には, (質量をもった観測者や物体の) 時間経過が止まるような運動をすることはできない. ただし, K′ の速度が光速に近づくほど, K が計る K′ の時間経過が遅くなることは事実である.

　一方, 時間の遅れの式 (6.2) で極限 $c \to \infty$ をとると[*2], ニュートン力学の前提である絶対時間 (時間間隔は観測者によらず先験的に定まっているという仮定) と同じ条件 $ct_{\mathrm{B}} = ct'_{\mathrm{D}} = ct_{\mathrm{A}}$ に帰着する. これより, **ニュートン力学の考え方は, 特殊相対論にお**

[*1] この $v \to c$ での時空図の挙動は, ミンコフスキー時空の座標軸の目盛り付けの図 5.7 でも読み取れる. 図 5.7 では, $v \to c$ の極限で $ct' = \pm1, \pm2$ と $x' = \pm1, \pm2$ の目盛りが無限遠に行くことが読み取れる.

[*2] 正確には, 光速は $c = 2.99792458 \times 10^8$ m/s という値で決まっている. しかし, c が非常に大きいので, 仮に無限に大きい $c \to \infty$ とみなしたらどうなるか, を考えてみる.

いて極限 $c \to \infty$ を考えると再現されることがわかる.

6.2 直線と双曲線で理解するローレンツ収縮

ローレンツ収縮は，「物体が運動すると，その速度方向に潰れているように見える」という現象である. この現象は，二人の観測者が持つ棒の長さを互いに見比べるという実験設定の時空図を考えるとわかりやすい.

◎ 状況設定

2本の同一の棒を用意する. それらの棒の長さは，観測者に対して静止している状態で測ると同じ b である. そして，観測者 K と K′ が1本ずつ棒を持ち，慣性系 K:(ct, x) の x 軸方向に慣性系 K′:(ct', x') が速度 v で運動する. K と K′ の座標原点は共通とする (→ p.21). この設定で，図 6.3 に示すように，K と K′ がお互いに「相手が持つ棒の長さ」を測定する，という実験を行う. 以下，棒の長さは，一方の先端（頭の位置）の空間座標ともう一方の先端（尻尾の位置）の空間座標の差として求められることに注意が必要である. この実験の際，はじめにつぎの疑問を考えなければならない.

▶ **はじめに考えるべき疑問**：「棒の頭の位置が経験するさまざまな事象のうち，どの事象の空間座標」と「棒の尻尾の位置が経験するさまざまな事象のうち，どの事象の空間座標」の差を考えるか？

この疑問の答えは，**観測者にとって同時刻の空間座標の差**である.

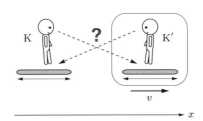

図 6.3 ローレンツ収縮の状況設定. 慣性系 K と慣性系 K′ がお互いに，相手が持つ棒の長さを測定する.

◎ ローレンツ収縮の定性的な理解

図 6.4(a) は，上記の実験状況で K が K′ の棒の長さを測る場合である. この図の網かけ部分は，K′ が持つ棒が描く世界面である（慣性系 K:(ct, x) から見て，K′ は棒の尻尾の位置を握って速度 v で運動している）. この世界面の右端の直線は棒の頭の位置が描く

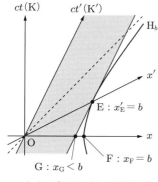

（a）K′ が持つ棒の世界面

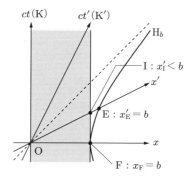

（b）K が持つ棒の世界面

図 6.4 ローレンツ収縮を理解する時空図. (a) は慣性系 K の時空図の中で観測者 K′ が持つ棒の世界面を示す. (b) は観測者 K が持つ棒の世界面を示す. 慣性観測者 K も K′ も，それぞれが同時刻だと認識する「棒の頭が経験する事象」と「棒の尻尾が経験する事象」の空間座標の差として棒の長さを測定する. その結果，K も K′ も相手の棒の長さが縮んだと認識する.

世界線であり，左端（ct' 軸）の直線は棒の尻尾の位置が描く世界線である. 棒の長さは一定なので，頭の位置の世界線と尻尾の位置の世界線は平行である. この時空図 6.4(a) から，慣性系 K が K′ の棒の長さを測定すると K の棒より短いという結果になることを，つぎの 3 段階の議論で定性的に理解できる.

① 慣性系 K が原点の事象 O と同時刻において「K′ が持つ棒の長さを測る実験」を行う. この実験では，K は時空図 6.4(a) の事象 O が棒の尻尾の位置だと認識し，事象 G が棒の頭の位置だと認識する（なぜなら，K にとって同時刻な空間は x 軸に平行な世界線で示されるから）. したがって，論点は「K が測る事象 G の空間座標 x_G」が「K′ が測る棒の長さ b」より短いか長いかである.

② 一方，K′ が認識する同時刻での棒の尻尾の位置と頭の位置は，それぞれ事象 O と E である. つまり，K′ が測る事象 E の空間座標が棒の長さに等しい（$x'_E = b$）. そして，事象 E を通る時空距離一定の双曲線 H_b と x 軸の交点を F とすると，ミンコフスキー時空の座標軸の目盛り付け方法（→ p.53）から，K が測る事象 F の空間座標 $x_F = b$ である.

③ 図 6.4(a) に示すように，x 軸上で明らかに事象 G は F より原点 O に近いので，$x_G < b$ である. これは，**観測者 K の同時刻で K′ が持つ棒の長さを測ると，（棒に対して静止して測る長さ）**b よりも短いことを意味する. つまり，観測者 K から見ると，K′ の速度方向の距離が縮んでいるように見える.

　つぎに，図 6.4(b) は K′ が K の棒の長さを測る場合である．この図の網かけ部分は K が持つ棒の世界面である．この世界面の右端の直線は棒の頭の位置が描く世界線，左端（ct 軸）は棒の尻尾の位置が描く世界線である．この図から，K′ が棒の長さを測ると，K の棒のほうが短くなることが理解できる．

①′ 慣性系 K′ が原点の事象 O と同時刻において「K が持つ棒の長さを測る実験」を行う．この実験では，K′ は時空図 6.4(b) の事象 O が棒の尻尾の位置だと認識し，事象 I が棒の頭の位置だと認識する（なぜなら，K′ にとって同時刻な空間は $x′$ 軸に平行な世界線で示されるから）．したがって，論点は「K′ が測る事象 I の空間座標 $x′_I$ 」が「K が測る棒の長さ b」より短いか長いかである．

②′ 一方，K が認識する同時刻での棒の尻尾の位置と頭の位置は，それぞれ事象 O と F である．つまり，K が測る事象 F の空間座標が棒の長さに等しい（$x_F = b$）．そして，事象 F を通る時空距離一定の双曲線 H_b と $x′$ 軸の交点を E とすると，ミンコフスキー時空の座標軸の目盛り付け方法 (→ p.53) から，K′ が測る事象 E の空間座標 $x′_E = b$ である．

③′ 図 6.4(b) に示すように，$x′$ 軸上で明らかに事象 I は E より原点 O に近いので，$x′_I < b$ である．これは，**観測者 K′ の同時刻で K が持つ棒の長さを測ると，（棒に対して静止して測る長さ）b よりも短い**ことを意味する．つまり，観測者 K′ から見ると，K の速度方向の距離が縮んでいるように見える．

　以上から，**観測者 K と K′ のどちらも，相手の速度方向の距離が自分の距離よりも縮んでいる**という結論を得る．これを**ローレンツ収縮**という[*1]．これは一見矛盾するように思えるかもしれないが，時空図 6.4 から理解できるように，慣性系 K と K′ が認識する同時刻な空間が異なることが原因で生じる認識の違いであり，**物理的にまったく矛盾はない**．

◎ ローレンツ収縮の定量的な理解

　観測者 K から見た場合を例にして，K′ が持つ棒の長さを K が測ると，（静止状態の長さ b より）どれだけ短く測定されるかを計算しよう．その計算は，図 6.4(a) で事象 G の空間座標 x_G を求めることである．そこで，棒の頭の位置が描く世界線，つまり事象 E を通って $ct′$ 軸に平行な直線に注目する．K が測る事象 E の座標 (ct_E, x_E) は，双曲線 H_b と $x′$ 軸の交点なので連立方程式

[*1] この名称は，きっと，アインシュタインが特殊相対論を発見した前後にローレンツも似たようなことを考えていて，数学的にはアインシュタインよりも先にローレンツが速度方向の距離の短縮を導いていたことに由来するのだろう．一方，時間の遅れにはとくに名称は付いていないが，**アインシュタイン遅延**とよんでもよいのではないかと筆者は思う．

$$\begin{cases} -(ct)^2 + x^2 = b^2 \\ ct = \dfrac{v}{c}x \end{cases} \tag{6.3a}$$

の解として与えられて，

$$ct_{\mathrm{E}} = \frac{(v/c)b}{\sqrt{1-(v/c)^2}}, \quad x_{\mathrm{E}} = \frac{b}{\sqrt{1-(v/c)^2}} \tag{6.3b}$$

である．この ct_{E} と x_{E} を使って，棒の頭が描く世界線は，

$$ct = \frac{c}{v}(x - x_{\mathrm{E}}) + ct_{\mathrm{E}} \tag{6.4}$$

である．この世界線と x 軸の交点が事象 G （$ct_{\mathrm{G}} = 0$）なので，K′ が持つ棒の長さを K が測った際の値 x_{G} として，次式が得られる．

$$\text{ローレンツ収縮（図 6.4）：} \quad x_{\mathrm{G}} = b\sqrt{1 - \left(\frac{v}{c}\right)^2} \tag{6.5}$$

これは，慣性系 K から見て，慣性系 K′ の速度方向の距離は（K が測る距離の）$\sqrt{1-(v/c)^2}$ 倍だけ縮んでいることを意味する．この式 (6.5) がローレンツ収縮を示す関係式である．

時間の遅れ (6.2) の場合と同様に，ローレンツ収縮の係数 $\sqrt{1-(v/c)^2}$ はまさに相対論的な効果を表しており，ニュートン力学には決して現れないものである．また，慣性系 K′ の速度が光速に近づくと（$v \to c$），この係数がゼロに近づくこと（$\sqrt{1-(v/c)^2} \to 0$）もわかる．これを図 6.4 で視覚的に考えると，「K′ の速度 $v \to c$ の極限をとると x' 軸の傾きが 1 に近づき，$x' = b$ の目盛りの位置が無限遠方に行く」という挙動になる．つまり，（b の値は任意なので）光の世界線上では座標の目盛りがゼロのままになって，光速で運動する物体の速度方向の距離はゼロに潰れてしまう．しかし，第 9 章で質量をもつ物体は決して光速で運動することは不可能であると示されるので，実際には（質量をもった観測者や物体が）潰れるような運動はできない．ただし，K′ の速度が光速に近づくほど，K が測定する K′ の速度方向の距離が縮んでいくことは事実である．

一方，ローレンツ収縮 (6.5) で極限 $c \to \infty$ をとると，ニュートン力学の前提である絶対空間（空間距離は観測者によらず先験的に定まっているという仮定）と同じ条件 $x_{\mathrm{G}} = x_{\mathrm{I}} = b$ に帰着する．これより，ニュートン力学の考え方は，特殊相対論において極限 $c \to \infty$ を考えると再現されることがわかる．

第 7 章

特殊相対論の帰結2：
慣性観測者を取り換えるローレンツ変換

この章の目的 ···
- 同一事象 P の時刻と位置を，慣性系 K で測った値 (ct_P, x_P) と別の慣性系 K′ で測った値 (ct'_P, x'_P) の間の関係式，ローレンツ変換 (7.7) を理解すること．
··

　本書で扱う特殊相対論的な現象はすべて，第6章のように，時空距離一定の双曲線と座標軸を表す直線を駆使して理解できる．しかし，双曲線と直線の交点を導く計算を繰り返すのは面倒である．そこで，この章では，双曲線と直線の交点の計算労力を省けるローレンツ変換 (7.7) を導く（ローレンツ「変換」とローレンツ「収縮」は違うので，用語に注意）．ローレンツ変換も，時空距離と同様，特殊相対論の基本原理に基づいた関係式であり，ニュートン力学では考えられないものである．

　なお，ローレンツ変換は，物理的には慣性観測者を取り換えること（観測者の変換）を意味し，ミンコフスキー時空の数学としては時空上に張り巡らす座標系の取り換え（図5.9(a) の正方形マス目と図5.9(b) のひし形マス目の間の変換）を意味する．物理的状況を時空図に描いて現象を理解するうえで，ローレンツ変換を観測者の変換や座標系の変換として理解しておくことが非常に重要である．

◎ 7.1　ローレンツ変換：単純な設定の場合 ─────────────

◎ 状況設定

　図7.1(a) のように，慣性系 K:(ct, x) の x 軸方向に別の慣性系 K′:(ct', x') が速度 v で運動している状況を考える．K に対する K′ の相対速度 v がいったん決まれば，図7.1(b) のように，K の時空図の中に描く ct' 軸と x' 軸が式 (4.8) で決まる．つまり，任意の事象 P に対して必ず，K が測る座標 (ct_P, x_P) の値と K′ が測る座標 (ct'_P, x'_P) の値が定まる．これは，**K が測る事象 P の座標 (ct_P, x_P) と K′ が測る事象 P の座標 (ct'_P, x'_P) の間には何らかの関係式があること**を意味する．この関係式をローレンツ変換という．

　図7.1(b) を見ながら，p.53 にまとめたミンコフスキー時空の座標軸の目盛り付け方法を利用して，(ct_P, x_P) と (ct'_P, x'_P) の関係式（ローレンツ変換）が導ける．ここでは，(ct_P, x_P) の値が先にわかっているとして，その座標値 (ct_P, x_P) と v（と c）で別の座

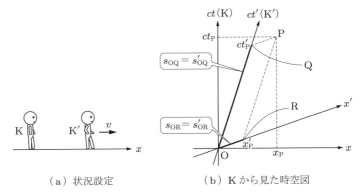

（a）状況設定 （b）K から見た時空図

図 7.1 ローレンツ変換を理解する時空図．慣性系 K と K′ の相対速度が決まれば，K が
測る事象 P の座標 (ct_P, x_P) と K′ が測る事象 P の座標 (ct'_P, x'_P) は，ローレンツ
変換 (7.7) で関係づく．

標値 (ct'_P, x'_P) を表す式を導くことにしよう．K が測る P の座標 (ct_P, x_P) が与えられ
た場合，p.53 の目盛り付け方法からわかることは，つぎの二つである．

- K′ が測る P の時間座標 ct'_P の値は，図 7.1(b) の事象 Q の位置に描かれている
  ct' 軸の目盛りである．
- K′ が測る P の空間座標 x'_P の値は，図 7.1(b) の事象 R の位置に描かれている
  x' 軸の目盛りである．

これらを踏まえ，ローレンツ変換を 3 段階の議論で導出する．

◎ **導出の第 1 段階：K′ が測る時空距離 s'_{OQ}, s'_{OR}**
慣性系 K′:(ct', x') で測る OQ 間の時空距離の 2 乗 s'^2_{OQ} と，OR 間の時空距離の 2 乗
s'^2_{OR} を計算する．K′ が測る事象 Q の座標は $(ct'_P, 0)$，事象 R の座標は $(0, x'_P)$ なので，
式 (5.2) より，つぎの二つを得る．

$$s'^2_{OQ} = -(ct'_P)^2, \quad s'^2_{OR} = x'^2_P \tag{7.1}$$

◎ **導出の第 2 段階：K が測る時空距離 s_{OQ}, s_{OR}**
慣性系 K:(ct, x) で測る OQ 間の時空距離の 2 乗 s^2_{OQ} と，OR 間の時空距離の 2 乗
s^2_{OR} を計算する．まず，事象 Q の座標 (ct_Q, x_Q) は，事象 P を通って x' 軸に平行な直
線と ct' 軸の交点なので，連立方程式

$$\begin{cases} ct = \dfrac{v}{c}x + ct_P - \dfrac{v}{c}x_P \\[2mm] ct = \dfrac{c}{v}x \end{cases} \tag{7.2a}$$

を解いて,

$$ct_Q = \frac{ct_P - (v/c)x_P}{1-(v/c)^2}, \quad x_Q = \frac{(v/c)\left[ct_P - (v/c)x_P\right]}{1-(v/c)^2} \tag{7.2b}$$

である. よって, つぎの表式を得る.

$$s_{OQ}^2 = -(ct_Q)^2 + x_Q^2 = -\frac{\left[ct_P - (v/c)x_P\right]^2}{1-(v/c)^2} \tag{7.3}$$

つぎに, 事象 R の座標 (ct_R, x_R) は, 事象 P を通って ct' 軸に平行な直線と x' 軸の交点なので, 連立方程式

$$\begin{cases} ct = \dfrac{c}{v}x + ct_P - \dfrac{c}{v}x_P \\[2mm] ct = \dfrac{v}{c}x \end{cases} \tag{7.4a}$$

を解いて,

$$ct_R = \frac{(v/c)\left[-(v/c)ct_P + x_P\right]}{1-(v/c)^2}, \quad x_R = \frac{-(v/c)ct_P + x_P}{1-(v/c)^2} \tag{7.4b}$$

である. よって, つぎの表式を得る.

$$s_{OR}^2 = -(ct_R)^2 + x_R^2 = \frac{\left[-(v/c)ct_P + x_P\right]^2}{1-(v/c)^2} \tag{7.5}$$

◎ 導出の第 3 段階：時空距離の不変性 $s^2 = s'^{\,2}$

時空距離の性質 (→ p.37) から $s_{OQ}^2 = s'^{\,2}_{OQ}$, $s_{OR}^2 = s'^{\,2}_{OR}$ が成立する. これらに式 (7.1)と (7.3), (7.5)を代入して,

$$ct'_P = \pm\frac{ct_P - (v/c)x_P}{\sqrt{1-(v/c)^2}}, \quad x'_P = \pm\frac{-(v/c)ct_P + x_P}{\sqrt{1-(v/c)^2}} \tag{7.6}$$

を得る. さらに, $v = 0$ で $ct'_P = ct_P$ かつ $x'_R = x_R$ でなければならないので, 右辺の符号は + を選ぶ. 式 (7.6)で + 符号の関係式がローレンツ変換である.

◎ 計算結果のまとめ

以上で得られた結果をまとめておこう.

── ローレンツ変換（v の向きが x 軸に平行な場合）──

　慣性系 K の x 軸方向に慣性系 K′ が相対速度 v で等速運動する場合, 任意の事象について, K が測る座標 (ct, x) と K′ が測る座標 (ct', x') の関係は, つぎのローレンツ変換 (7.7)で与えられる：

因子 γ を

$$\gamma := \frac{1}{\sqrt{1 - (v/c)^2}} \tag{7.7a}$$

と定義して,

$$\begin{array}{c}(\text{K から K′ への}) \\ \text{ローレンツ変換}\end{array} : \quad \left\{ \begin{array}{l} ct' = \gamma \left(ct - \dfrac{v}{c}\, x \right) \\[2mm] x' = \gamma \left(-\dfrac{v}{c}\, ct + x \right) \end{array} \right. \tag{7.7b}$$

である. これを逆に解くと,

$$\begin{array}{c}(\text{K′ から K への}) \\ \text{ローレンツ変換}\end{array} : \quad \left\{ \begin{array}{l} ct = \gamma \left(ct' + \dfrac{v}{c}\, x' \right) \\[2mm] x = \gamma \left(\dfrac{v}{c}\, ct' + x' \right) \end{array} \right. \tag{7.7c}$$

となる. 図 7.1 の設定からわかるように, ローレンツ変換は慣性系 K の座標と K′ の座標の間の変換だと理解できる.

　以上の導出では, 2 次元ミンコフスキー時空を想定した. しかし, 4 次元ミンコフスキー時空（座標は (ct, x, y, z) とする）でも, K と K′ の相対速度 v の方向が x 軸に平行な場合は式 (7.7)が成立し, かつ $y' = y$, $z' = z$ である.

　第 6 章で導いた時間の遅れ (6.2)やローレンツ収縮 (6.5)と同様に, ローレンツ変換 (7.7)に γ という因子が現れている. 第 6 章では因子 γ（あるいは $1/\gamma$ ）は時空距離一定の双曲線と座標軸の交点を求める計算で現れており, ローレンツ変換の導出では導出の第 3 段階で使った時空距離の不変性の計算で現れている. どちらも時空距離 (5.2)の不変性に基づいており, まさに因子 γ は特殊相対論の基本原理で決まるものであって, ニュートン力学では決して考えられない.

　なお, ローレンツ変換 (7.7)で極限 $c \to \infty$ を想定すると,

$$ct' \to ct, \quad x' \to x - vt \tag{7.8}$$

であり, 第 2 章で導出したニュートン力学のガリレイ変換 (2.4)に帰着する. これと, 6.1

節と 6.2 節の最後に確認した極限 $c \to \infty$ の考察をまとめると，ニュートン力学の考え方の根底をなす絶対時間，絶対空間，ガリレイ変換が，特殊相対論において極限 $c \to \infty$ を考えると再現される，といえる．

7.2 時間の遅れとローレンツ収縮の再導出

時間の遅れ (6.2) とローレンツ収縮 (6.5) を，ローレンツ変換を使って再導出する．

時間の遅れ

時間の遅れ (6.2) を導いた際と同じ状況設定（図 6.1）で，観測者 K が K′ の時刻を測る設定を考える．時空図 6.2 の事象 A の「K が測る時間座標 ct_A」と「K′ が測る時間座標 $ct'_A (= a)$」を比較する．慣性系 K′ で測る事象 A の座標は $(ct'_A, x'_A) = (a, 0)$ なので，ローレンツ変換 (7.7) を使うと，K が測る事象 A の座標は

$$(ct_A, x_A) = (\gamma\, a, \gamma\, \frac{v}{c}\, a) \tag{7.9}$$

である．この時間座標は，図 6.2 の事象 B の時間座標に等しく，$ct_B = ct_A$ が成り立つ．よって，時間の遅れとして

$$ct'_A = \frac{ct_B}{\gamma} = ct_B \sqrt{1 - \left(\frac{v}{c}\right)^2} \tag{7.10}$$

が得られる．これは式 (6.2) と同じである．

ローレンツ収縮

ローレンツ収縮を示す式 (6.2) を導いた際と同じ状況設定（図 6.3）で，観測者 K が K′ の棒を測る設定を考える．時空図 6.4(a) の事象 G の「K が測る空間座標 x_G」と「K′ が測る棒の長さ b」を比較する．慣性系 K′ で測る事象 E の座標は $(ct'_E, x'_E) = (0, b)$ なので，ローレンツ変換 (7.7) を使うと，K が測る事象 E の座標は

$$(ct_E, x_E) = (\gamma\, \frac{v}{c}\, b, \gamma\, b) \tag{7.11}$$

である．K′ が持つ棒の頭の位置が描く世界線は，事象 E を通って ct' 軸に平行なので，$ct = (c/v)(x - x_E) + ct_E$ と表される．この直線と x 軸の交点が事象 G $(ct_G = 0)$ なので，K′ の棒の長さを K が測った際の値 x_G は，

$$x_G = \frac{b}{\gamma} = b \sqrt{1 - \left(\frac{v}{c}\right)^2} \tag{7.12}$$

と求められる．これは式 (6.5) と同じである．

7.3 ローレンツ変換：一般的な設定の場合 発展 ────

7.1 節のローレンツ変換 (7.7) は，慣性系 K から見た K′ の相対速度の向きが x 軸に平行という設定で導いた．この節では，4 次元ミンコフスキー時空の中で慣性系 K:(ct, x, y, z) から見た K′:(ct', x', y', z') の相対速度が任意の向きの場合のローレンツ変換を導く．

状況設定

慣性系 K:(ct, x, y, z) と K′:(ct', x', y', z') の相対的な関係は，5.3 節の図 5.16 と同じとする．この設定で K から見た K′ の相対速度は

$$\vec{v} = (v_x, v_y, v_z) \tag{7.13}$$

であり，K から見た K′ の座標軸 (ct' 軸，x' 軸，y' 軸，z' 軸）は式 (5.18) で与えられる．図 5.16 のキャプションで述べたように，K′ が持つ棒 $\mathrm{b}_{x'}$，$\mathrm{b}_{y'}$，$\mathrm{b}_{y'}$ は（K′ から見て）それぞれ x' 軸，y' 軸，z' 軸と平行である．そして，これらの棒を K が見ると，それぞれ x 軸，y 軸，z 軸と平行なまま速度 $\vec{v}$ で運動している．つまり，xyz 座標軸と $x'y'z'$ 座標軸は，K あるいは K′ どちらの同時刻な空間で見ても平行である（空間座標の向きは回転させない）．以下，このような慣性系 K:(ct, x, y, z) と K′:(ct', x', y', z') の設定で，ローレンツ変換を 3 段階の手順で導く．

導出の第 1 段階：座標軸の設定

相対速度 $\vec{v}$ の方向に $\tilde{x}$ 軸をとる．$\tilde{x}$ 軸と直交する空間座標軸として $\tilde{y}$ 軸と $\tilde{z}$ 軸を考える．この $\tilde{x}\tilde{y}\tilde{z}$ 座標と xyz 座標は，同一の観測者 K が測る空間座標であるが，図 7.2 の

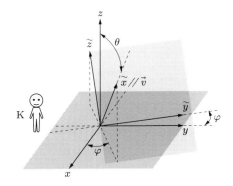

図 7.2 観測者 K が設定する 2 種類の空間座標．xyz 座標軸と $\tilde{x}\tilde{y}\tilde{z}$ 座標軸．$\tilde{x}$ 軸は K と K′ の相対速度 $\vec{v}$ と平行．$\tilde{y}\tilde{z}$ 面は $\tilde{x}$ 軸と直交．$\tilde{y}$ 軸は $\tilde{y}\tilde{z}$ 面と xy 面の交線．y 軸と $\tilde{y}$ 軸の間の角は φ，z 軸と $\tilde{x}$ 軸の間の角は θ．

ように向きが異なる．ただし，$\tilde{y}$ 軸は，$\tilde{y}\tilde{z}$ 面と xy 面の交線上にとる．

以上の座標軸の設定において，7.1 節で導いたローレンツ変換 (7.7) は簡単に 4 次元ミンコフスキー時空の場合に拡張できて，つぎのようになる．

$$ct' = \gamma \Big(ct - \frac{v}{c}\,\tilde{x} \Big), \quad \tilde{x}' = \gamma \Big(-\frac{v}{c}\,ct + \tilde{x} \Big), \quad \tilde{y}' = \tilde{y}, \quad \tilde{z}' = \tilde{z}$$

ただし，$\tilde{x}'\tilde{y}'\tilde{z}'$ 座標は $\tilde{x}\tilde{y}\tilde{z}$ 座標を $\vec{v}$ の方向へローレンツ変換した座標（K$'$ が測る空間座標）であり，$v = |\vec{v}| = \sqrt{v_x^2 + v_y^2 + v_z^2}$ は速度 (7.13) の大きさである．また，速度 $\vec{v}$ が $\tilde{x}$ 軸方向を向くことから，$\tilde{y}\tilde{z}$ 座標は K と K$'$ に共通であることに注意が必要である．この式は行列を使って，つぎのようにまとめられる．

$$\begin{pmatrix} ct' \\ \tilde{x}' \\ \tilde{y}' \\ \tilde{z}' \end{pmatrix} = \begin{pmatrix} \gamma & -(v/c)\,\gamma & 0 & 0 \\ -(v/c)\,\gamma & \gamma & 0 & 0 \\ 0 & 0 & 1 & 0 \\ 0 & 0 & 0 & 1 \end{pmatrix} \begin{pmatrix} ct_{\mathrm{p}} \\ \tilde{x} \\ \tilde{y} \\ \tilde{z} \end{pmatrix} \tag{7.14}$$

◎ 導出の第 2 段階：空間座標軸の回転変換

$\tilde{x}$ 軸方向を向く長さ 1 のベクトル $\vec{e}_{\tilde{x}}$ の成分を xyz 座標で測ると，図 7.2 の設定から，つぎのようになる．

$$\vec{e}_{\tilde{x}} = (\,\sin\theta\,\cos\varphi\,,\,\sin\theta\,\sin\varphi\,,\,\cos\theta\,) \tag{7.15}$$

ただし，θ は z 軸と $\vec{e}_{\tilde{x}}$ の間の角，φ は y 軸と $\tilde{y}$ 軸の間の角（図 7.2 参照）である．速度 (7.13) は，大きさ $v = |\vec{v}|$ を使って，つぎのように表せる．

$$\vec{v} = v\,\vec{e}_{\tilde{x}} = (\,v\sin\theta\,\cos\varphi\,,\,v\sin\theta\,\sin\varphi\,,\,v\cos\theta\,) = (v_x, v_y, v_z) \tag{7.16}$$

式 (7.15) は，xyz 座標で測る $\tilde{x}$ 軸の向きが二つの角 θ と φ で決まることを示す．よって，以下の回転変換で $\tilde{x}\tilde{y}\tilde{z}$ 座標軸が xyz 座標軸に重なることがわかる．

▶ **回転 1**：$\tilde{x}\tilde{y}\tilde{z}$ 座標軸を，$\tilde{y}$ 軸の正方向から見て反時計回りに角 $\pi/2 - \theta$ だけ回転させる．この回転によって $\tilde{z}$ 軸は z 軸に重なり，$\tilde{x}$ 軸は xy 面上に乗る．このように向きが変わった $\tilde{x}$ 軸を $\hat{x}$ 軸とする．$\hat{x}$ 軸は xy 面上で x 軸から角 φ だけ傾いている（図 7.3 参照）．

▶ **回転 2**：続けて，回転 1 で得られた $\hat{x}\tilde{y}z$ 座標軸を（xy 面上で）z 軸の正方向から見て時計回りに角 φ だけ回転させる．この回転によって $\hat{x}$ 軸は x 軸に重なり，$\tilde{y}$ 軸は y 軸に重なる．この回転 2 によって $\hat{x}\tilde{y}z$ 座標軸が xyz 座標軸に重なる．

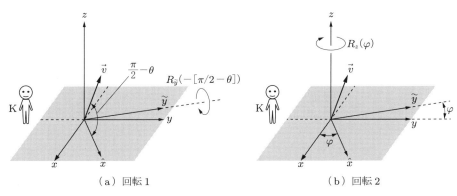

（a）回転 1　　　　　　　　　　　　　　（b）回転 2

図 7.3　空間座標軸の回転．図 7.2 の $\tilde{x}\tilde{y}\tilde{z}$ 空間座標に対して，(a) はじめに $\tilde{y}$ 軸に関する角 $-[\pi/2-\theta]$ の回転 $R_{\tilde{y}}$ を施し，(b) 続いて z 軸に関する角 φ の回転 $R_z(\varphi)$ を施すと，$\tilde{x}\tilde{y}\tilde{z}$ 座標軸が xyz 座標軸に重なる．

この回転の様子を図 7.3 に示す．図 7.2 と図 7.3 を眺めながら，これらの回転による $\tilde{x}\tilde{y}\tilde{z}$ 座標軸の挙動を想像し，xyz 座標軸に重なることを納得してほしい．以下，この回転 1 と回転 2 を適用し，慣性系 K の二つの座標 (ct,x,y,z) と $(ct,\tilde{x},\tilde{y},\tilde{z})$ の関係を導く．

付録 A に空間座標の回転変換をまとめてある．さらに，(ct,x,y,z) 座標と $(ct,\tilde{x},\tilde{y},\tilde{z})$ 座標は同じ観測者 K が設定する座標であり，空間座標軸の向きが異なるだけで時間座標は共通であることに注意する．任意の事象に回転 1 を施す計算は，付録 A の式 (A.6) を 4 次元ミンコフスキー時空の空間部分にだけ適用することであり，つぎのようになる（いま考えている回転 1 による回転角は，$\tilde{y}$ 軸に関して反時計回りであり，付録 A で考えている回転とは逆向きである）．

$$\text{回転 1：}\quad \begin{pmatrix} ct \\ \hat{x} \\ \tilde{y} \\ z \end{pmatrix} = R_{\tilde{y}}\big(-[\pi/2-\theta]\big) \begin{pmatrix} ct \\ \tilde{x} \\ \tilde{y} \\ \tilde{z} \end{pmatrix} \tag{7.17a}$$

ただし，

$$R_y(\eta) = \begin{pmatrix} 1 & 0 & 0 & 0 \\ 0 & \cos\eta & 0 & \sin\eta \\ 0 & 0 & 1 & 0 \\ 0 & -\sin\eta & 0 & \cos\eta \end{pmatrix} \tag{7.17b}$$

である．ここで，空間座標軸の回転では時間座標は変化しない（観測者は K のままで変えない）ことから，左辺と右辺で時間座標は ct のままで不変であることに注意しよう．また，$\tilde{y}$ 軸に関する回転なので，左辺と右辺で $\tilde{y}$ 座標も不変である．

　続けて，事象 P に回転 2 を施す計算は，付録 A の式 (A.4) を 4 次元ミンコフスキー時空の空間部分にだけ適用することであり，つぎのようになる.

$$
\text{回転 2：} \quad
\begin{pmatrix} ct \\ x \\ y \\ z \end{pmatrix}
= R_z(\varphi)
\begin{pmatrix} ct \\ \hat{x} \\ \tilde{y} \\ z \end{pmatrix}
\tag{7.18a}
$$

ただし，

$$
R_{\tilde{z}}(\eta) =
\begin{pmatrix}
1 & 0 & 0 & 0 \\
0 & \cos\eta & -\sin\eta & 0 \\
0 & \sin\eta & \cos\eta & 0 \\
0 & 0 & 0 & 1
\end{pmatrix}
\tag{7.18b}
$$

である. この式でも左辺と右辺で時間座標 ct は不変である. また，z 軸に関する回転なので，z 座標も不変である.

　以上の式 (7.17) と (7.18) を順次施せば，$\tilde{x}\tilde{y}\tilde{z}$ 空間座標軸を xyz 空間座標軸に重ねる回転変換が得られる. したがって，慣性系 K が設定する座標において，任意の事象の空間座標の回転は次式で表される.

$$
\begin{array}{c} \text{慣性系 K の} \\ \text{空間座標回転} \end{array} :
\begin{pmatrix} ct \\ x \\ y \\ z \end{pmatrix}
= R_z(\varphi)\, R_{\tilde{y}}(\theta - \pi/2)
\begin{pmatrix} ct \\ \tilde{x} \\ \tilde{y} \\ \tilde{z} \end{pmatrix}
\tag{7.19}
$$

　ここまでは，慣性系 K が設定する座標に注目してきた. 同様な空間座標軸の回転は，もう一つの慣性系 K′ でも考えられる. 式 (7.19) の導出とまったく同様に考えて，慣性系 K′ が設定する座標において，任意の事象の空間座標の回転は次式で表される.

$$
\begin{array}{c} \text{慣性系 K′ の} \\ \text{空間座標回転} \end{array} :
\begin{pmatrix} ct' \\ x' \\ y' \\ z' \end{pmatrix}
= R_z(\varphi)\, R_{\tilde{y}}(\theta - \pi/2)
\begin{pmatrix} ct' \\ \tilde{x}' \\ \tilde{y}' \\ \tilde{z}' \end{pmatrix}
\tag{7.20}
$$

◎ **導出の第3段階：速度 $\vec{v}$ 方向へのローレンツ変換の導出**

以上でローレンツ変換の一般的表現を計算する準備が整った．単純な設定のローレンツ変換 (7.14) に，空間座標の回転変換 (7.19) と (7.20) の逆変換を代入すると，

$$
R_{\tilde{y}}^{-1}(\theta - \pi/2)\, R_z^{-1}(\varphi)
\begin{pmatrix} ct' \\ x' \\ y' \\ z' \end{pmatrix}
\tag{7.21}
$$

$$
=
\begin{pmatrix}
\gamma & -(v/c)\,\gamma & 0 & 0 \\
-(v/c)\,\gamma & \gamma & 0 & 0 \\
0 & 0 & 1 & 0 \\
0 & 0 & 0 & 1
\end{pmatrix}
R_{\tilde{y}}^{-1}(\theta - \pi/2)\, R_z^{-1}(\varphi)
\begin{pmatrix} ct \\ x \\ y \\ z \end{pmatrix}
$$

となる．ただし，ここに現れる v はすべて $v = |\vec{v}| = \sqrt{v_x^2 + v_y^2 + v_z^2}$ である．よって，相対速度 $\vec{v}$ が任意の向きの場合のローレンツ変換は，つぎのように計算できる．

$$
\begin{pmatrix} ct' \\ x' \\ y' \\ z' \end{pmatrix}
= L(\vec{v})
\begin{pmatrix} ct \\ x \\ y \\ z \end{pmatrix}
\tag{7.22a}
$$

ここで，変換行列 $L(\vec{v})$ はつぎのように与えられる．

$$
L(\vec{v}) = R_z(\varphi)\, R_{\tilde{y}}(\theta - \pi/2)
\tag{7.22b}
$$

$$
\times
\begin{pmatrix}
\gamma & -(v/c)\,\gamma & 0 & 0 \\
-(v/c)\,\gamma & \gamma & 0 & 0 \\
0 & 0 & 1 & 0 \\
0 & 0 & 0 & 1
\end{pmatrix}
R_{\tilde{y}}^{-1}(\theta - \pi/2)\, R_z^{-1}(\varphi)
$$

この行列を計算すれば，ローレンツ変換の一般的な表現が得られる．この行列計算の際，xyz 座標で測る速度 $\vec{v}$ の成分 (v_x, v_y, v_z) が式 (7.16) で与えられることに注意すると，計算結果がいくらか見通しよくなる．

◎ ローレンツ変換の一般的表現のまとめ

式 (7.22)の計算を実行すると，式 (7.13)の相対速度 $\vec{v}$ によるローレンツ変換は，つぎのようにまとめられる．

─ **任意の向きの相対速度 $\vec{v}$ によるローレンツ変換** ─

図 5.16 の設定の慣性系 K:(ct, x, y, z) と K':(ct', x', y', z') における，任意の向きの相対速度 $\vec{v}$ によるローレンツ変換の変換行列は

$$L(\vec{v}) = \begin{pmatrix} \gamma & -\gamma\dfrac{v_x}{c} & -\gamma\dfrac{v_y}{c} & -\gamma\dfrac{v_z}{c} \\ & 1+(\gamma-1)\dfrac{v_x^2}{v^2} & (\gamma-1)\dfrac{v_x v_y}{v^2} & (\gamma-1)\dfrac{v_x v_z}{v^2} \\ & & 1+(\gamma-1)\dfrac{v_y^2}{v^2} & (\gamma-1)\dfrac{v_y v_z}{v^2} \\ & \text{対称行列} & & 1+(\gamma-1)\dfrac{v_z^2}{v^2} \end{pmatrix} \tag{7.23a}$$

となる．ただし，$\gamma = 1/\sqrt{1-(v/c)^2}$ かつ $v = |\vec{v}| = \sqrt{v_x^2 + v_y^2 + v_z^2}$ である．この座標変換 (7.22)を具体的に計算すると，つぎのようになる．

$$\begin{pmatrix} ct' \\ x' \\ y' \\ z' \end{pmatrix} = L(\vec{v}) \begin{pmatrix} ct \\ x \\ y \\ z \end{pmatrix} = \begin{pmatrix} \gamma\left[ct - \dfrac{\vec{v}\cdot\vec{r}}{c} \right] \\ x - \left[\gamma t - (\gamma-1)\dfrac{\vec{v}\cdot\vec{r}}{v^2} \right]v_x \\ y - \left[\gamma t - (\gamma-1)\dfrac{\vec{v}\cdot\vec{r}}{v^2} \right]v_y \\ z - \left[\gamma t - (\gamma-1)\dfrac{\vec{v}\cdot\vec{r}}{v^2} \right]v_z \end{pmatrix} \tag{7.23b}$$

ここで，$\vec{r} = (x, y, z)$ であり，$\vec{v}\cdot\vec{r} = v_x x + v_y y + v_z z$ は 3 次元ユークリッド空間のベクトルの内積（付録 B.1 節参照）と同じである．

このローレンツ変換 (7.23)で極限 $c \to \infty$ $(\Leftrightarrow \gamma \to 1)$ を考えても，式 (7.8)と同様にガリレイ変換 $t' \to t$, $\vec{r}\,' \to t\vec{v}$ に帰着する．特殊相対論における極限 $c \to \infty$ でニュートン力学の考え方が再現されることが，ここでも確認できる．

一般的な設定のローレンツ変換 (7.23)は，本書の議論で頻繁に使うわけではない．しかし，相対論に関する既刊書の多くはこのローレンツ変換 (7.23)を明示的には扱っていないので，本書では詳しく導出した．

第 8 章

特殊相対論の帰結 3：
速度合成則

この章の目的 ・・
- 2 人の観測者が同一物体の速度を測る場合の，それぞれの観測者が測る速度の関係 (8.6) を理解すること．
- 物体の速度が光速より速く見えるような観測者は存在しないことを定性的・視覚的に理解すること（8.2 節）と，定量的に理解すること（8.4 節）．
・・・

　この章では物体の速度に注目する．慣性系 K′ が射出した物体の速度を慣性系 K で測る値（速度合成則）を導く．8.1 節で問題設定を明確にし，8.2 節で視覚的に速度合成則を理解する．そして，8.3 節で速度合成則の基礎的な関係式 (8.6) を導く．8.4 節では，光速以下の速度をいくら合成しても決して光速を超えられないことを証明する．8.5 節は発展的内容なので，読み飛ばしても構わない．

8.1　問題設定と論点

問題設定：すべての速度が x 軸に平行な場合

　図 8.1 に示すように，慣性系 K の x 軸方向に別の慣性系 K′ が相対速度 v で等速運動する場合を考える．観測者 K′ が x' 軸方向（K の x 軸に沿った方向）に物体 A を射出し，K′ が測る A の速度を w' とする．この設定で K が測る A の速度 w を，v と w' で表す式 (8.6) が，この節で求める速度合成則である．ただし，v も w' も大きさは光速以下，つまり

$$-c \leq v \leq c, \quad -c \leq w' \leq c \tag{8.1}$$

とする[*1]．おもに $|v| < c$ かつ $|w'| < c$ の場合を考えて，等号（$|v| = c$ あるいは $|w'| = c$）が成立する場合は必要に応じて個別に考える．

　なお，物体 A の速度が任意の方向を向く一般的な場合は 8.5 節で扱う．しかし，8.5 節は発展的内容として読み飛ばしても構わない．速度合成則の本質的理解は，図 8.1 の

[*1] 本書のここまでの議論では，v や w' が光速を超える可能性はまだ否定されていない．しかし，どんな物体でも光速まで加速することは不可能であることと，光速で運動できるのは質量ゼロの粒子だけであることが，第 10 章で示される．したがって，光速より速い運動を考えてもあとで否定されるので，光速以下の運動を考えておけば十分である．

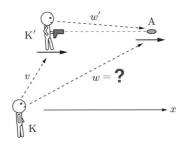

図 8.1 速度合成則の状況設定．慣性系 K から見て，慣性系 K′ と物体 A がどちらも x 軸
方向に運動する場合．K から見た K′ の速度 v と，K′ から見た A の速度 w′ がわ
かっているとし，K から見た A の速度 w を求める．

単純な設定で得られる．

◎ 論点

ニュートン力学で図 8.1 の設定を考えると，速度のガリレイ変換 (2.6) から，

$$\text{ニュートン力学による結論：} \quad w' = w - v \tag{8.2}$$

を得る．これが正しいとすると，たとえば $v = 3c/4 \, (< c)$ かつ $w' = c/2 \, (< c)$ の場
合，$w = w' + v = 5c/4 \, (> c)$ となり，光速 c より遅い速度を合成することで光速を超
えた運動が可能になるという結論を得る．

しかし，これは特殊相対論では正しくないことが，以下で導かれる．

◎ 8.2 直線と双曲線による速度合成則の定性的な理解 ─────────

特殊相対論に基づいて，光速以下の速度を合成しても決して光速は超えられないこと
を，時空図を描いて定性的に理解しよう．条件 (8.1) の $|v| < c$ かつ $|w'| < c$ の場合で，
図 8.1 に対応する時空図は図 8.2 である．図 8.2(a) の正方形マス目と図 8.2(b) のひし
形マス目の関係は，5.2 節で解説したように，時空距離一定の双曲線によって厳密に決
まっている．

図 8.2(a) は，慣性系 K から見て K′ が速度 v で運動する様子を示す．ただし，K′ は
この時空図の原点を通る運動をし，K′ の世界線は ct' 軸である．K′ から見た同時刻の空
間（x' 軸）も図 8.2(a) に描いてある．

図 8.2(b) は，慣性系 K′ から見て物体 A が速度 w' で運動する様子を，K の時空図の
中に描いたものである．ただし，物体 A は時空図の原点の事象で K′ から射出されたと
する．この物体 A の世界線を描く際の注意点は，以下の二つある．

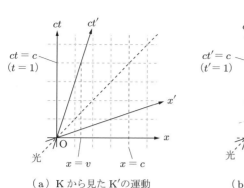
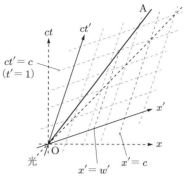

（a）K から見た K′ の運動 　　　　（b）K′ から見た A の運動

図 8.2 速度合成則を理解するための時空図．状況設定は図 8.1．(a) の正方形マス目と (b) のひし形マス目の関係は時空距離一定の双曲線によって決まっている（5.2 節参照）．光速以下の速度を合成しても光速を超えられないことと，光速に到達するには光速で射出するしかないことがわかる．

- 速度 w' は慣性系 K′:(ct', x') で測る速度である．
- K の時空図の中では，K′:(ct', x') の座標の値はひし形マス目で測る．

これらの注意点を踏まえて図 8.2(b) を見ると，時空図の原点で射出された物体 A は K′ が測る時刻 $t' = 1$（$ct' = c$）で K′ が測る位置 $x' = w'$ を通過していることがわかる．これは K′ が測る A の速度が w' であることを意味する．

　条件 (8.1) の不等式（$|v| < c$ かつ $|w'| < c$）のもとで，図 8.2 の注目すべき点は，図 8.2(b) の中で物体 A の世界線は光の世界線よりも時間軸（ct 軸や ct' 軸）のほうに傾いていることである．これは，K から見ても K′ から見ても，物体 A は光速より遅い速度で運動していることを意味する．また，速度 v か w' の一方（あるいは両方）をどんどん光速に近づけていくと，物体 A の世界線も（x 軸からの傾きが小さくなっていき）どんどん光の世界線に近づいていくこともわかる．ただし，**物体 A が光速で運動する（物体 A の世界線が光の世界線に一致する）のは，v か w' の一方（あるいは両方）が光速の場合だけである**．以上のように，光速以下の速度を合成しても必ず光速以下の速度にしかならないことが，図 8.2 に基づいて定性的に理解できる．

8.3 速度合成則：単純な設定の場合

　8.1 節の設定で慣性系 K が測る物体 A の速度 w を，K が測る K′ の相対速度 v と K′ が測る A の速度 w' で表す速度合成則を導く．図 8.3 には，この節で必要なものを図 8.2 から取り出して描いてある．

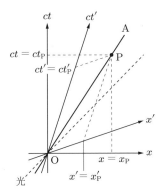

図 8.3 速度合成則の導出．物体 A の世界線上で任意の事象 P を考えて速度を計算することで，式 (8.6) が導ける．

物体 A の世界線上で任意の事象 P を考える．慣性系 K:(ct, x) で測る P の座標 (ct_P, x_P) と，K′:(ct', x') で測る P の座標 (ct'_P, x'_P) は，ローレンツ変換 (7.7) から，

$$ct_P = \gamma \left(ct'_P + \frac{v}{c} x'_P \right), \quad x_P = \gamma \left(\frac{v}{c} ct'_P + x'_P \right) \tag{8.3}$$

と関係付けられる．一方，事象 P の座標を使って，K と K′ が測る物体 A の速度を

$$w = \frac{x_P}{t_P} = \frac{x_P}{ct_P} c, \quad w' = \frac{x'_P}{t'_P} \tag{8.4}$$

と表せる．この第 1 式にローレンツ変換 (8.3) を代入すると，

$$w = \frac{vt'_P + x'_P}{ct'_P + (v/c)x'_P} c = \frac{v + x'_P/t'_P}{1 + (v/c^2)(x'_P/t'_P)} \tag{8.5}$$

となる．これに式 (8.4) の第 2 式を代入すると，図 8.1 の設定における速度合成則として，次式が得られる．

速度合成則（図 8.1 の設定）： $\displaystyle w = \frac{v + w'}{1 + \dfrac{v\,w'}{c^2}}$ $\qquad(8.6)$

特殊相対論の速度合成則 (8.6) は，明らかにニュートン力学の速度のガリレイ変換 (8.2) とは異なる．そして，式 (8.2) のすぐあとに挙げた例，$v = 3c/4$ かつ $w' = c/2$ の場合に速度合成則 (8.6) を適用すると，$w = 10c/11$ が得られて，K が測る物体 A の速度は光速より遅いこと，つまり $w < c$ がわかる．

なお，式 (8.6) で極限 $c \to \infty$ をとると，$w \to v + w'$ となり，速度のガリレイ変換 (8.2) に帰着する．ここでも，特殊相対論における極限 $c \to \infty$ でニュートン力学の考え

方が再現されることが確認できる.

◎ 8.4　光速以下の速度合成は決して光速を超えない

つぎの定理は定性的には図 8.2 で理解できるが, この節で定量的な証明を与える.

> ── 定理 ──
> 　光速以下の速度を合成しても, 決して光速を超えることはできない. また, 光速
> に達するためには, そもそも光速で射出しなければならない.

◎ 定理の証明

　この証明は単純で, 不等式 $-c \leq w \leq c$ $(\Longleftrightarrow c - w \geq 0$ かつ $c + w \geq 0)$ が条件
(8.1)のもとで常に成立することを示せばよい. そこで, $c - w$ と $c + w$ に速度合成則
(8.6)を代入すると, つぎの表式を得る.

$$c - w = \frac{(c-v)(c-w')}{c\,[\,1+(v/c)(w'/c)\,]}, \quad c + w = \frac{(c+v)(c+w')}{c\,[\,1+(v/c)(w'/c)\,]} \tag{8.7}$$

まず, 条件 (8.1)の不等号 $(|v| < c$ かつ $|w'| < c)$ の場合は, つぎの不等式を得る.

$$c \pm v > 0, \quad c \pm w' > 0, \quad -1 < \frac{v}{c} < 1, \quad -1 < \frac{w'}{c} < 1 \tag{8.8}$$

これらの不等式と式(8.7)から $c - w > 0$ かつ $c + w > 0$ が成立することがわかる. つ
ぎに, 条件 (8.1)の等号 $(|v| = c$ あるいは $|w'| = c)$ の場合は, 速度合成則(8.6)に直
接 $|v| = c$ あるいは $|w'| = c$ を代入することで, $w = \pm c$ が得られる. したがって, 不
等式 $-c \leq w \leq c$ が条件 (8.1)のもとで常に成立し, 等号 $w = \pm c$ は, w か v（あるい
は両方）が光速の場合であることが示された. 証明終わり.

◎ 8.5　速度合成則：一般的な設定の場合　発展

◎ 状況設定：物体 A を任意の向きに射出

　図 8.4 のように, 慣性系 K:(ct, x, y, z) が測る慣性系 K′:(ct', x', y', z') の相対速度 $\vec{v}$
の方向に x 軸をとり, K′ が測る物体 A の射出速度 $\vec{w}'$ が任意の方向を向く状況を考え
る. この設定は, 4 次元ミンコフスキー時空で速度合成則を考えることを意味する. な
お, 慣性系 K の座標 (ct, x, y, z) と K′ の座標 (ct', x', y', z') の関係は 5.3 節の図 5.16
と同じとする.

　以上の状況設定で, K が測る K′ の速度 $\vec{v}$ は x 軸方向を向くので,

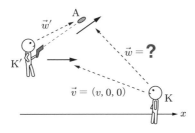

図 8.4 速度合成則の一般的な状況設定．慣性系 K が測る慣性系 K' の速度 $\vec{v}$ の向きに x 軸をとり，物体 A の速度の向きは任意とする．K が測る K' の速度 $\vec{v}$ と K' が測る A の速度 $\vec{w}'$ を使って，K が測る A の速度 $\vec{w}$ を求める．

$$\vec{v} = (v, 0, 0) \quad ：慣性系 K で測った成分 \tag{8.9}$$

であり，K' が測る物体 A の射出速度 $\vec{w}'$ は

$$\vec{w}' = (w'_{x'}, w'_{y'}, w'_{z'}) \quad ：慣性系 K' で測った成分 \tag{8.10}$$

である．ただし，この $\vec{w}'$ の成分は K' の座標系で測った成分である．たとえば，$w'_{x'}$ の物理的な意味を理解するには，慣性系 K'：(ct', x', y', z') の中で x' 軸上に垂直に投影された物体 A の影（つまり A の x' 座標）を考えればよく，つぎのようにまとめられる．

- $w'_{x'} = $「物体 A の x' 座標の速度を K' が測った値」 (8.11a)

同様に，

- $w'_{y'} = $「物体 A の y' 座標の速度を K' が測った値」 (8.11b)
- $w'_{z'} = $「物体 A の z' 座標の速度を K' が測った値」 (8.11c)

である．なお，いまの設定では，条件 (8.1)はつぎのように変更される．

$$-c \leq v \leq c, \quad |\vec{w}'| \leq c \tag{8.12}$$

ただし，$|\vec{w}'| = \sqrt{w'^2_{x'} + w'^2_{y'} + w'^2_{z'}}$ である．これらの速度 $\vec{v}$ と $\vec{w}'$ を使って，K が測る物体 A の速度 $\vec{w} = (w_x, w_y, w_z)$ の各成分を求めていく．

◎ 慣性系 K と K' の相対速度に平行な成分：w_x の導出

$\vec{w}'$ の x' 成分だけ考えれば，8.3 節と同じ計算が成立して，つぎの関係式を得る．

$$w_x = \frac{v + w'_{x'}}{1 + \dfrac{v w'_{x'}}{c^2}} \tag{8.13}$$

◎ 慣性系 K と K′ の相対速度に垂直な成分：w_y, w_z の導出

いまの状況設定は $\vec{v}$ と x 軸は同じ向きなので，$\vec{w}$ の y 成分 w_y と z 成分 w_z は同じ考え方で導ける．そこで，w_y の導出を詳しく考える．

速度の y 成分を求めるには，z 座標を省略して $ctxy$ 時空図を考えるのが便利だろう．その時空図は，K が測る K′ の相対速度 $\vec{v}$ が x 軸方向なので，5.3 節の図 5.12 と同じ立体的な時空図である．そして，物体 A は任意の向きに運動するので，図 8.5 の時空図が描ける．

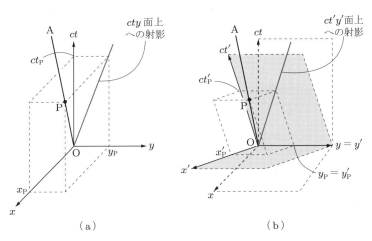

図 8.5 一般的な設定の $ctxy$ 時空図．(a) は，物体 A の世界線を cty 面上へ射影する図．(b) は，物体 A の世界線を $ct'y'$ 面上へ射影する図．物体 A の世界線上の任意の事象 P の座標を使って，速度成分 w_y，$w'_{y'}$ を計算できる．

物体 A の世界線上にある任意の事象 P を考える．K が測る K′ の速度 $\vec{v}$ は x 軸方向を向くので，K が測る P の座標 $(ct_{\mathrm{P}}, x_{\mathrm{P}}, y_{\mathrm{P}}, z_{\mathrm{P}})$ と K′ が測る P の座標 $(ct'_{\mathrm{P}}, x'_{\mathrm{P}}, y'_{\mathrm{P}}, z'_{\mathrm{P}})$ は，ローレンツ変換 (7.7) と $y = y$，$z = z'$ によって，つぎのように関係付けられる．

$$ct_{\mathrm{P}} = \gamma \left(ct'_{\mathrm{P}} + \frac{v}{c} x'_{\mathrm{P}} \right), \quad x_{\mathrm{P}} = \gamma \left(\frac{v}{c} ct'_{\mathrm{P}} + x'_{\mathrm{P}} \right), \quad y_{\mathrm{P}} = y'_{\mathrm{P}}, \quad z_{\mathrm{P}} = z'_{\mathrm{P}} \quad (8.14)$$

一方，速度 $\vec{w}'$ の成分の意味 (8.11) から，事象 P の座標を使って，K と K′ が測る物体 A の速度成分をつぎのように表せる．

$$w_y = \frac{y_{\mathrm{P}}}{t_{\mathrm{P}}} = \frac{y'_{\mathrm{P}}}{ct_{\mathrm{P}}} c, \quad w'_{y'} = \frac{y'_{\mathrm{P}}}{t'_{\mathrm{P}}}, \quad w'_{x'} = \frac{x'_{\mathrm{P}}}{t'_{\mathrm{P}}} \quad (8.15)$$

この第 1 式の二つ目の等号では $y = y'$ を使った．式 (8.15) の第 1 式にローレンツ変換 (8.14) の第 1 式を代入すると，

$$w_y = \frac{1}{\gamma} \frac{y'_\mathrm{P}/t'_\mathrm{P}}{1 + (v/c^2)(x'_\mathrm{P}/t'_\mathrm{P})} \tag{8.16}$$

となる．これに式 (8.15)の第 2，3 式を代入して，次式を得る．

$$w_y = \frac{1}{\gamma} \frac{w'_{y'}}{1 + \dfrac{v w'_{x'}}{c^2}} \tag{8.17}$$

これと同様に考えて（y 成分と z 成分を入れ替えて），z 成分はつぎのようになる．

$$w_z = \frac{1}{\gamma} \frac{w'_{z'}}{1 + \dfrac{v w'_{x'}}{c^2}} \tag{8.18}$$

◎ 速度合成則の一般的表現のまとめ

以上の式 (8.13)，(8.17)，(8.18)をまとめて，速度合成則の一般的表現が得られる．

速度合成則
（図 8.4 の設定）： $\vec{w} = \left(\dfrac{v + w'_{x'}}{1 + \dfrac{v\, w'_{x'}}{c^2}} ,\ \dfrac{1}{\gamma} \dfrac{w'_{y'}}{1 + \dfrac{v\, w'_{x'}}{c^2}} ,\ \dfrac{1}{\gamma} \dfrac{w'_{z'}}{1 + \dfrac{v\, w'_{x'}}{c^2}} \right)$

$$\tag{8.19}$$

この一般的表現を使えば，8.4 節の定理「光速以下の速度を合成しても決して光速を超えることはできない」かつ「光速に達するためには光速で射出しなければならない」を示すことも容易である．

この証明には，速度 $\vec{w}$ の大きさ $|\vec{w}|$ を計算すればよい．

$$|\vec{w}| = \sqrt{w_x^2 + w_y^2 + w_z^2} = c\sqrt{1 - \frac{[1 - (v/c)^2]\,[1 - (|\vec{w}'|/c)^2]}{[1 + vw'_{x'}/c^2]^2}} \tag{8.20}$$

ここで，$|\vec{w}'| = \sqrt{w'^2_{x'} + w'^2_{y'} + w'^2_{z'}}$ である．条件 (8.12)より，平方根の中身の第 2 項がつぎの不等式を満たすことがわかる．

$$0 \le \frac{[1 - (v/c)^2]\,[1 - (|\vec{w}'|/c)^2]}{[1 + vw'_{x'}/c^2]^2} \le 1 \tag{8.21}$$

ただし，左辺の等号 $0 = [\cdots][\cdots]/[\cdots]$ つまり $|\vec{w}| = c$ は，$|v| = c$ あるいは $|\vec{w}'| = c$ のときに成立する．また，右辺の等号 $[\cdots][\cdots]/[\cdots] = 1$ は，$|v| = 0$ かつ $|\vec{w}'| = 0$ のときに成立する．以上の計算から，条件 (8.12)のもとで $|\vec{w}| \le c$ が成立し，等号 $|\vec{w}| = c$ は v か $|\vec{w}'|$（あるいは両方）が光速の場合に成立することがわかる．証明終わり．

第

9
章

特殊相対論の帰結4：
質量エネルギーとゼロ質量粒子の特徴

この章の目的 ・・・
- 質量がエネルギーに転換できることを意味する関係式 $E = mc^2$ （より一般に式 (9.12)）を導出すること．
- ゼロ質量の物体は必ず光速で運動し続け，かつ光速で運動するものはゼロ質量の物体しかないことを理解すること．
・・・

この章は，アインシュタインが導いた関係式の中で最も有名であろう式 $E = mc^2$（m は物体の固有質量，E はその物体がもつ相対論的エネルギー）の導出が最初の目標である．その準備として，9.1 節で固有時間と固有質量という考え方を導入し，9.2 節で相対論における速度と運動量を整理する．この準備を経て，9.3 節で質量とエネルギーの関係式 (9.12) を導く．つぎに，9.4 節で，その関係式から得られる重要な帰結として，ゼロ質量の物体は必ず光速で運動し続け，かつ光速で運動するものはゼロ質量の物体しかないことを導く．

なお，エネルギーと運動量が，ミンコフスキー時空上の一つのベクトル（の異なる成分）として統一的に理解できることも重要である．9.2 節では，その統一的理解の必要性と基礎をまとめる．しかし，その正確な扱いは，本書では発展的な内容として付録B(→ p.197)にまとめた．

9.1 固有時間，固有質量

質量エネルギーを理解するには，特殊相対論における速度と運動量を正確に扱う必要がある．そして，特殊相対論における速度と運動量を正確に扱うためには，**固有時間**と**固有質量**という概念を準備する必要がある．

物体の固有時間

特殊相対論では，観測者によって同時刻の空間が異なり (→ p.26)，時間の遅れ (6.2)が生じ，複数の観測者が同一の物体を観測しても，観測者によって計測する時間が異なる．そこで，時間を計る基準として便利な固有時間を定義する．

固有時間

　物体の世界線上に**時空距離で測って等間隔に付けた目盛りを固有時間**という（図9.1）．固有時間の物理的な意味は，物体と共に運動する観測者（あるいは物体に縛り付けた時計）が計る時間である．

　この固有時間の定義において，物体は必ずしも慣性運動をする必要はなく，任意の加速運動をしても構わない．そして，固有時間を計る観測者も，その物体と同じ加速運動をすればよい．つまり，固有時間を計る観測者は必ずしも慣性観測者とは限らない．

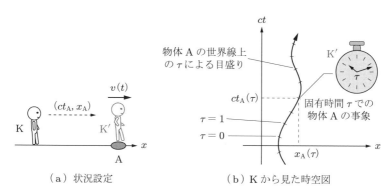

（a）状況設定　　　　　　　（b）Kから見た時空図

図 **9.1** 慣性系 K から見る状況設定での物体 A の固有時間．任意の運動をする物体 A の固有時間 τ は，物体 A と共に運動する想像上の観測者 K′ の時計（あるいは物体 A に縛り付けた時計）が計る時間である．固有時間によって，物体 A の世界線上に目盛りを付けられる．

　たとえば，図 9.1 は，慣性系 K:(ct, x) から見て x 軸に沿って任意の運動をする物体 A の固有時間 τ を図示する．物体 A は，観測者 K から見て時間的に変化する（加速する）速度 $v(t)$ で運動して構わない．この物体 A に乗っている観測者 K′ を想像し，この K′ が持つ時計が「物体 A に縛り付けた時計」である．この物体 A に縛り付けた時計が計る時間 τ が，物体 A の固有時間である．ただし，時計とは「それを持つ観測者から見て等間隔に時を刻む装置」という意味である．したがって，固有時間 τ によって物体 A の世界線上に目盛り（$\tau = 0, \pm 1, \pm 2, \cdots$ の位置）を付ければ，隣り合う目盛りの間隔は「世界線に沿って時空距離で測ると等間隔」である[*1]．

　以上の図 9.1 に基づいた固有時間の解説では，はじめに慣性系 K を設定してしまったが，固有時間は世界線上の等間隔な目盛りなので，観測者 K の運動とはまったく無関係に決められる．このように，**物体の固有時間は観測者の選び方とはまったく無関係に決**

[*1]　たとえば，（世界線に沿って測る）$\tau = 0 \sim 1$ の間隔と $\tau = 1 \sim 2$ の間隔が，時空距離で測ると同じ長さになっているということ．

まる時間の計り方であることが重要である.

◎ 物体の固有質量

物体の固有質量（あるいは静止質量）をつぎのように定義する（章末コラムも参照）.

固有質量（あるいは静止質量）

物体の固有質量（あるいは静止質量）とは，物体と共に運動する（物体に対して静止している）観測者が測る物体の質量である.

この固有質量の定義において，物体は必ずしも慣性運動をしている必要はなく，任意の加速運動をして構わない. そして，固有質量を測る観測者も，その物体と同じ加速運動をすればよい. つまり，固有質量を測る観測者は必ずしも慣性観測者だとは限らない. 図 9.1 の例では，想像上の観測者 K′ が測る物体 A の質量が，物体 A の固有質量である.

◎ 9.2 4元速度，4元運動量

特殊相対論では，物体の運動をミンコフスキー時空上の世界線で表す. 時空上の世界線に沿って考える速度と運動量をそれぞれ，物体の **4元速度** と **4元運動量** という. なお，この「4元」というネーミングは「4次元」に由来するが，4次元時空を想像しないとダメという意味ではなく，「時空上の物体運動を考える」という意味である. 実際，この章では，2次元 (ct, x) で4元速度と4元運動量を解説する.

◎ 4元速度の時間方向成分の必要性

ニュートン力学における速度を確認する. ニュートン力学での速度 $\vec{v} = (v_x, v_y, v_z)$ は，式 (2.2) にまとめたように，空間座標軸の方向の成分 v_i $(i = x, y, z)$ をもっている. たとえば，v_x は，x 軸上に投影した物体の影の移動速度である. この成分で構成される速度 $\vec{v} = (v_x, v_y, v_z)$ の向きは，xyz 空間（ユークリッド空間）内の粒子軌道の接線方向である（付録 B.1 節参照）. 空間座標の成分だけ考えて時間座標の成分を考えない理由は，ニュートン力学では絶対時間と絶対空間を仮定するからである. そのため，物体の運動を把握するには，絶対空間としての xyz 空間に描かれる軌道曲線を考えれば十分なのである. したがって，ニュートン力学における速度 $\vec{v}$ は空間座標の成分 v_i $(i = x, y, z)$ だけ考える.

一方，特殊相対論では時間と空間を完全には区別できず，ミンコフスキー時空を考えなければならないので，物体の運動を把握するためには，ミンコフスキー時空上の世界線を考えなければならない. ミンコフスキー時空には時間座標と空間座標が存在するこ

とから，4 元速度は，空間座標軸の方向の成分だけでなく，時間座標軸の方向の成分も考えなければならない．

◎ 物体の 4 元速度

これまでの特殊相対論の議論で考えてきた，観測者が測る速度 v（あるいは $\vec{v} = (v_x, v_y, v_z)$）の定義を確認しておく．

観測者が測る速度の定義

慣性系 K:(ct, x, y, z) が測る物体の速度 $\vec{v}$ の x 成分 v_x とは，観測者が測る距離と時間で与えられる速度，つまり

$$v_x := \frac{[\text{K が測る } x \text{ 方向の移動量 } \Delta x]}{[\text{K が測る時間間隔 } \Delta t]} \tag{9.1a}$$

である．y 成分と z 成分も同様に計算でき，

$$\text{観測者 K が測る速度：} \quad \vec{v} = (v_x, v_y, v_z) \tag{9.1b}$$

である．**この観測者が測る速度には時間成分がない．**

なお，時間間隔をゼロにする極限（無限小，$\Delta t \to 0$）を考えると，移動量 Δx もゼロに近づいていくが，分数 $\Delta x / \Delta t$ はある値に近づく．それが微分である（y 成分，z 成分も同様）．したがって，慣性系 K が測る時刻 t における物体の位置を $\vec{r}(t) = \big(x(t), y(t), z(t) \big)$ として，ニュートン力学における速度 (2.2a) と同じ関係

$$\vec{v} := \frac{\mathrm{d}\vec{r}(t)}{\mathrm{d}t} = \left(\frac{\mathrm{d}x(t)}{\mathrm{d}t}, \frac{\mathrm{d}y(t)}{\mathrm{d}t}, \frac{\mathrm{d}z(t)}{\mathrm{d}t} \right) \tag{9.1c}$$

が得られる．このように，観測者が測る速度 $\vec{v}$ は，そもそも時間成分が考えられないような定義になっている．したがって，**観測者が測る速度は，時間成分を必要とする 4 元速度ではない．**4 元速度を考える際に重要な点は，どんな「距離」と「時間」を使って 4 元速度を定義するか，である．

4 元速度を考えるため，これまでと同様な単純な状況設定を考えよう（一般的な状況設定は付録 B で扱う）．図 9.2 のように，慣性系 K:(ct, x) の x 軸方向に物体 A が一定速度 v（これは観測者 K が測る速度）で運動する．物体 A と共に運動する想像上の観測者 K$'$:(ct', x') を考えれば，その K$'$ が計る時間 t' が物体 A の固有時間である．物体 A の世界線は，慣性系 K$'$ の ct' 軸と一致する．そして，物体 A の世界線上で，固有時間 t' に対応する事象を P(t') とする．事象 P(t') の座標を想像上の慣性系 K$'$ で測れば $(ct', 0)$ である．また，P(t') の座標を慣性系 K で測った値を $\big(ct_A(t'), x_A(t') \big)$ とする

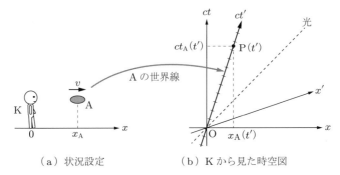

（a）状況設定　　　　　　　（b）Kから見た時空図

図 9.2 4元速度を考える単純な設定．慣性系 K:(ct, x) から見て**一定速度** v で x 軸に沿っ
て運動する物体 A の固有時間を t' とする．K が測る，物体 A の世界線上の「固
有時間 t' における事象 P(t')」の座標を $(ct_A(t'), x_A(t'))$ とする．

と，ローレンツ変換 (7.7) より，

$$ct_A(t') = \gamma\,ct', \quad x_A(t') = \gamma\,vt' \tag{9.2}$$

である．ただし，γ は観測者 K が測る速度 v を使って $\gamma = 1/\sqrt{1 - (v/c)^2}$ である．以
上の準備のもと，4元速度をつぎのように定義する．

4元速度の定義（等速直線運動の場合）

　物体の4元速度を，固有時間で測る位置（物体の世界線上の事象）の変化率，つ
まり単位固有時間あたりの移動距離と定義する．図 9.2 のように物体 A が等速運
動する設定で，A の4元速度 $\boldsymbol{u}$ の時間成分（ct 成分）を u^{ct}，空間成分（x 成分）
を u^x とすると，

$$u^{ct} := \frac{ct_A(t')}{t'} = \gamma c = \frac{c}{\sqrt{1 - (v/c)^2}} \tag{9.3a}$$

$$u^x := \frac{x_A(t')}{t'} = \gamma v = \frac{v}{\sqrt{1 - (v/c)^2}} \tag{9.3b}$$

である[*1]．

ここで，つぎの4元ベクトルの表記法にも注意されたい．

[*1] 物体が加速運動する場合には，4元速度 $\boldsymbol{u}$ の成分の計算は，式 (9.3a), (9.3b) のような割り算ではなく，固有時間
による微分 $u^{ct} = \mathrm{d}[ct_A(t')]/\mathrm{d}t'$，$u^x = \mathrm{d}x(t')/\mathrm{d}t'$ である（「変化率」の計算は正確には微分なので）．詳しく
は付録 B 参照．

---
4 元ベクトルの表記

時間成分と空間成分を合わせもつ時空のベクトルを一般に 4 次元ベクトルという．上記の 4 元速度は 4 元ベクトルの例である．そして，観測者が測る速度ベクトル $\vec{v} = (v_x, v_y, v_z)$ のように空間成分しかもたないベクトル (→ p.100) から区別するため，4 元ベクトル（たとえば上記の $\boldsymbol{u}$）をつぎのように表記しよう．

$$\boldsymbol{u} = (\, u^{ct},\, u^x\,) \tag{9.3c}$$

この表記法では，4 元ベクトル（成分をカッコでまとめたもの）を $\boldsymbol{u}$ や $\boldsymbol{F}$ のように斜字体の太字で表し，成分を表す添え字は上に付ける．

以上の 4 元速度の定義において，距離を割る時間として固有時間を使っている点が重要である．速度を測るための「時間」として，観測者とは無関係に物体だけで決まる固有時間を使うのである．なお，観測者が測る速度（の x 成分）v と 4 元速度の関係は，式 (9.3a)と (9.3b)よりつぎのようになる．

$$v = c \frac{u^x}{u^{ct}} \tag{9.4}$$

ここで，成分を表す添え字の付け方について補足する．一般相対論の研究者の習慣では，4 元ベクトル $\boldsymbol{u}$ の成分を表す添え字は u^{ct} のように右上に付ける．一方，本書では，4 元ベクトルではこの習慣に従うが，観測者が見る物体の速度 $\vec{v} = (v_x, v_y, v_z)$ など，空間成分だけのベクトルの成分を表す添え字は v_x のように右下に付ける[*1]．

◎ 物体の 4 元運動量

4 元運動量の定義はシンプルである[*2]．

---
4 元運動量の定義

物体の 4 元運動量を，固有質量と 4 元速度の積と定義する．図 9.2 のように物体 A が等速運動する設定で，物体 A の 4 元運動量 $\boldsymbol{p}$ の時間成分（ct 成分）p^{ct} と空間成分（x 成分）p^x は，

[*1] 微分幾何学を学ぶと，1 形式あるいは微分形式とよばれる概念が，時間成分をもちながらも (u_{ct}, u_x, u_y, u_z) のように添え字を右下に付けて表されることが理解できる．とくに，曲がった時空の場合で微分幾何学を適切に扱うと，4 元ベクトルと 1 形式は異なる（しかし適切な対応関係が付けられる）概念であることと，その区別を添え字の上下で表すことが便利な記号の使い方であることがよくわかる．微分幾何学については文献[14, 15] などを参照されたい．

[*2] ニュートン力学の枠組みで，運動量は物体の運動の勢いを表す物理量である（文献[1, 2]）．日常生活でも，「物体の質量が重いほど，速度が大きいほど，物体の勢いが強い」と表現するだろう．そこで，ニュートン力学における運動量を $\vec{p} := m\vec{v}$ と定義する．ここで，m は物体の質量，$\vec{v}$ は物体の速度である．

$$p^{ct} := mu^{ct} = \gamma mc = \frac{mc}{\sqrt{1-(v/c)^2}} \tag{9.5a}$$

$$p^x := mu^x = \gamma mv = \frac{mv}{\sqrt{1-(v/c)^2}} \tag{9.5b}$$

である．ただし，m は物体の固有質量，二つ目の等号で式 (9.3) を使った．なお，4元ベクトルの表記 (→p.102) に従って，$\boldsymbol{p}$ はつぎのように表せる．

$$\boldsymbol{p} = (\, p^{ct},\, p^x \,) = m\boldsymbol{u} \tag{9.5c}$$

つぎの 9.3 節で，時間成分 p^{ct} から質量エネルギーという概念を得る．

9.3 相対論的エネルギーと質量エネルギー

4元運動量から質量エネルギーという概念が得られることを示す準備として，特殊相対論的な効果をよく表す因子 $\gamma = 1/\sqrt{1-(v/c)^2}$ に注目する．まず，変数 x の関数 $f(x) = (1+x)^\alpha$ に対して，$|x| < 1$ の範囲において，純粋に数学的につぎの関係式（テイラー展開）が成立する[*1]．

$$f(x) = \sum_{n=0}^{\infty} \frac{1}{n!} \frac{\mathrm{d}^n f(\varepsilon)}{\mathrm{d}\varepsilon^n}\Big|_{\varepsilon=0} x^n = 1 + \sum_{n=1}^{\infty} \frac{\alpha(\alpha-1)(\alpha-2)\cdots(\alpha-n+1)}{n!} x^n \tag{9.6}$$

つぎに，これに $\alpha = 1/2$，$x = -(v/c)^2$ を代入すれば，観測者が測る物体の速度 v が光速 c より遅い場合（$|v/c| < 1$）に，

$$\begin{aligned}
\gamma = \frac{1}{\sqrt{1-(v/c)^2}} &= \sum_{n=0}^{\infty} \frac{1}{n!} \frac{\mathrm{d}^n (1+\varepsilon)^{-1/2}}{\mathrm{d}\varepsilon^n}\Big|_{\varepsilon=0} \Big[-\Big(\frac{v}{c}\Big)^2\Big]^n \\
&= 1 + \sum_{n=1}^{\infty} \frac{1\cdot 3\cdot 5\cdots(2n-1)}{2^n\, n!} \Big(\frac{v}{c}\Big)^{2n} \\
&= 1 + \frac{1}{2}\Big(\frac{v}{c}\Big)^2 + \frac{3}{8}\Big(\frac{v}{c}\Big)^4 + \frac{5}{16}\Big(\frac{v}{c}\Big)^6 + \cdots
\end{aligned} \tag{9.7}$$

となる．以下，この関係式を使って，4元運動量から質量エネルギーという概念が得られることを示していく．

9.2 節に続き，慣性系 K から見て物体 A が等速運動する図 9.2 の状況設定を考える．まず，4元運動量の空間成分 (9.5b) は，関係式 (9.7) より，つぎのようになる．

[*1]　$\mathrm{d}^n f(x)/\mathrm{d}x^n$ は関数 $f(x)$ の n 階微分である．

$$p^x = mv + \frac{mv}{2}\left(\frac{v}{c}\right)^2 + \frac{3mv}{8}\left(\frac{v}{c}\right)^4 + \cdots \tag{9.8}$$

物体 A の速度 v が光速 c より十分遅い（$|v/c| \ll 1$）とき，右辺第 1 項に比べて第 2 項以降は十分小さいので，$p^x \simeq mv$ と近似できる．これは，ニュートン力学における運動量（の x 成分）である．4 元運動量の空間成分は，ニュートン力学における運動量によく対応していることがわかる．仮に光速が無限に大きいとみなすと，$\lim_{c \to \infty} p^x = mv$ となり，ニュートン力学における運動量になる．

つぎに，ニュートン力学では考えられなかった時間成分 p^{ct} がニュートン力学のどんな物理量に対応するのかが問題になる．そこで，4 元運動量の時間成分 (9.5a) に関係式 (9.7) を代入してみる．すると，

$$p^{ct} = mc + \frac{mv^2}{2c} + \frac{3mc}{8}\left(\frac{v}{c}\right)^4 + \cdots \tag{9.9}$$

となり，これに光速 c を掛けると，

$$p^{ct}c = mc^2 + \frac{1}{2}mv^2 + \frac{3mc^2}{8}\left(\frac{v}{c}\right)^4 + \cdots \tag{9.10}$$

となる．この右辺第 2 項がニュートン力学における運動エネルギーの定義に等しいことが重要である[*1]．和の演算は同じ単位をもつ物理量の間だけで可能なので，式 (9.10) の右辺の全項はニュートン力学のエネルギーに対応する物理量でなければならない．つまり，4 元運動量の時間成分の光速倍 $p^{ct}c$ は，慣性系 K が測る物体 A の相対論的なエネルギーである．そして，mc^2 も物体がもつエネルギーの一形態だとわかる．

以上はつぎのようにまとめられる．

> ── 相対論的エネルギー ──
>
> 物体の 4 元運動量の時間成分 p^{ct} と，物体の相対論的エネルギー E には，つぎの関係がある．
>
> $$相対論的エネルギー：\quad E = p^{ct}c \tag{9.11}$$
>
> 相対論的エネルギーは，観測者によって異なる値をとる．図 9.2 のように物体 A が等速運動する設定では，慣性系 K が測る物体 A の相対論的エネルギーは

[*1] 高校の物理で学ぶエネルギーについて，念のため復習しておこう（文献[1, 2]）．ニュートン力学の枠組みで，エネルギーという概念が仕事という概念に根差して定義される．物体にはたらく力 $\vec{F}$ と速度 $\vec{v}$ から，力 $\vec{F}$ が単位時間あたりに物体に与える仕事（仕事率）$P(t) := \vec{F}(t) \cdot \vec{v}(t)$ が定義され（式 (B.2) 参照），時刻 t_1 から t_2 の間に物体に与えられる仕事 $W := \int_{t_1}^{t_2} P(t)\mathrm{d}t$ が定義される．仕事 W は大雑把に「力 × 距離」なので，「力が強い程かつ移動距離が長い程，仕事 W は大きくなる」ことがわかる．これより，仕事 W は力 $\vec{F}$ の頑張り具合を表す物理量だと理解できる．そして，静止している物体に力を加えて速度 $\vec{v}$ になるまで加速する間に，その力が物体に与える仕事 K を運動エネルギーとよび，$K = mv^2/2$ となることがわかっている．

$$E = \frac{mc^2}{\sqrt{1 - (v/c)^2}} \tag{9.12}$$

である．とくに，観測者に対して物体が静止している（$v = 0$）場合，

$$E = mc^2 \tag{9.13}$$

であり，これを物体の**質量エネルギー**（あるいは固有質量エネルギー，静止質量エネルギー）という．

　相対論によってはじめて，質量もエネルギーに転換できることが理解できる．しかも，光速 c の値が大きいので，わずかな質量でも莫大なエネルギーに対応する．ただし，質量をエネルギーに転換する方法は相対論だけでは考えられず，現在では量子力学などを利用して考えられている．たとえば，太陽や夜空に輝く恒星は，星の中心部分で起きている水素原子核（陽子）の核融合反応の際にその質量の一部がエネルギーに転換されることで光り輝いている．核融合反応は量子力学なしに考えられず，その際の質量エネルギーの放出は特殊相対論なしに考えられない[*1]．

◎ 9.4　ゼロ質量の粒子と光速運動する粒子の同等性

　運動の速さが光速になる場合に注目しよう．この場合，第 6 章のローレンツ収縮でわかったように，進行方向の長さがゼロに潰れて見えるので，運動する物体の大きさは考えにくい．そこで，この節では，大きさが無視できる粒子を想定する．そして，相対論的エネルギーからわかることとして，つぎの定理を証明する．

― 定理 ―
　ゼロ質量（固有質量がゼロ）の物体は必ず光速で運動し続け，かつ光速で運動する物体は必ず質量（固有質量）がゼロである．

　この定理によって，光速不変の原理がつぎのように一般化される．

[*1]　少し発展的な補足をする．重力がある場合（時空が曲がっている場合）や電磁場など重力以外の力もはたらく場合まで考えると，正確には，p.102 の脚注で述べた 1 形式の時間成分 p_{ct} や物体の 4 元運動量と観測者の 4 元速度の相対論的内積（付録 B 参照），あるいはハミルトニアンとよばれる物理量などを考える必要があり，これらの量を使って相対論的エネルギーを計算すると，質量エネルギーと運動エネルギーだけでなく，重力や電磁場のポテンシャルエネルギー（位置エネルギー）も含まれることがわかる．これらのエネルギー（や式 (9.10) の第 3 項以降のような特に名前がついていないエネルギー）が複雑に合成された量が相対論的エネルギーである．これらの取り扱いは本書の範囲をかなり逸脱するので，一般相対論を本格的に扱う文献[9–13] などで学んでほしい．

> ── ゼロ質量粒子の速さ不変の原理 ──
>
> 任意の運動をする粒子源から放射された任意のゼロ質量粒子の運動は，どんな慣性観測者が測定しても，必ず同じ速さ $c = 2.99792458 \times 10^8\,\mathrm{m/s}$ の等速直線運動である.

第 3 章で解説した同時刻の性質において光を考えてきた部分はすべて，任意のゼロ質量粒子に置き換えられる. 歴史的には，人類（というかアインシュタイン）が最初に認識したゼロ質量粒子が光（光子）だったので，相対論の基礎原理の一つが「光速」不変の原理と名付けられたのだろう. なお，**本書では，光あるいは光子といえば，任意のゼロ質量粒子**を意味する.

◎ 定理の証明

上記の定理を証明していく. まず，定理の証明で使う，エネルギーに関して物理的に妥当な要請（前提条件）を確認しておこう.

> ── 物理的要請 ──
>
> あらゆる物体の相対論的エネルギー E は必ずゼロでない有限な値をもち，その絶対値が無限大になることはない（$0 < |E| < \infty$ が成立する）.

この物理的要請を使って，まず，「ゼロ質量の物体は必ず光速で運動すること」を証明する. これを示すには，相対論的エネルギー (9.12) で固有質量がゼロの極限 $m \to 0$ を考えればよい.

$$\lim_{m \to 0} E = \frac{\lim_{m \to 0} mc^2}{\lim_{m \to 0} \sqrt{1 - (v/c)^2}} \tag{9.14a}$$

物理的要請から，この E の極限値は有限な値でなければならない. したがって，分子の極限値がゼロになることから，少なくとも分母の極限値もゼロでなければならない.

$$\lim_{m \to 0} \sqrt{1 - \left(\frac{v}{c}\right)^2} = 0 \tag{9.14b}$$

これは，ゼロ質量の物体は必ず光速 $|v| = c$ で運動することを意味する.

つぎに，「光速で運動する物体は必ずゼロ質量であること」を証明する. これを示すには，相対論的エネルギー (9.12) で物体速度が光速の極限 $|v| \to c$ を考えればよい.

$$\lim_{|v| \to c} E = \frac{\lim_{|v| \to c} mc^2}{\lim_{|v| \to c} \sqrt{1 - (v/c)^2}} \tag{9.15a}$$

物理的要請から，この E の極限値は有限な値でなければならない．したがって，分母の極限値がゼロになることから，少なくとも分子の極限値もゼロでなければならない．

$$\lim_{|v| \to c} m = 0 \tag{9.15b}$$

これは，光速で運動する物体は必ず固有質量がゼロであることを意味する．証明終わり．

Column　　**質量と等価原理**

　第 8 章までは時間，距離，速度の測定を考えてきたが，速度は本質的に距離と時間の比である．したがって，第 8 章までの議論は，特殊相対論における時間と距離，つまりミンコフスキー時空の性質であった．一方，この章では，ミンコフスキー時空の性質だけでなく，物体自身の性質の一つである固有質量という概念が登場した．そこで，固有質量を測る方法を考えておこう．

　2.2 節で述べたように，ニュートンの運動方程式（力＝質量×加速度）は相対論でも成立するので，固有質量を測る一つの方法として運動方程式を利用する方法が考えられる．

① はじめに，観測者に対して物体を静止させる．
② つぎに，その観測者から見て，物体に何らかの力 F を作用させる．
③ さらに，力を作用させた瞬間の物体の加速度 a を（何らかの手段で）測る．この一瞬は，加速度はゼロでなくても速度はゼロなので，物体は観測者に対して静止している瞬間である．
④ したがって，力 F を作用させた瞬間の加速度 a を使えば，運動方程式から固有質量 $m = F/a$ が得られる．

このように，少なくとも運動方程式を通して固有質量を測ることが可能だろう．ところで，この方法のように運動方程式に基づいて測る質量を，正確には**慣性質量**という．この方法は，観測者に対して物体が静止する状態の慣性質量を測る方法なので，この方法で測る質量を**固有慣性質量**というのがより正確かもしれない．

　一方，質量をもつ物体には重力が必ず作用することが知られているので（1.1 節），物体に作用する重力の強さから物体の質量を測ることもできる．物体に重力が作用する状況で，その重力の強さから測る質量を，正確には**重力質量**という．物体が観測者に対して静止し，かつ重力も作用する状況で，その重力の強さから物体の質量を測れば，その質量を**固有重力質量**というのがより正確かもしれない．

　実は，第 13 章で説明するように，重力に関する実験事実である**等価原理**によって，物体の**慣性質量と重力質量の値は等しい**ことが知られている．したがって，固有慣性質量と固有重力質量は区別せず，シンプルに「固有質量」といえばよい．

第10章

特殊相対論の帰結 5：
超光速の禁止と因果律の保持

この章の目的 ･･･
- 光速を超えることは不可能だという定理を理解すること．
- 光円錐を利用して，任意の二つの事象の間の因果関係や因果律を把握する
  こと．
･･

　上記の目的は，第8章と第9章で得られた帰結のいくつかを組み合わせることで達成
できる．また，光速を超えられないという定理から，過去に向かう運動は不可能（この
意味でタイムマシーンは不可能）なこともわかる．

◯ 10.1　光速は超えられない

　質量をもつ物体の最初の速度が光速以下だとして，その物体を加速して超光速運動を
させられるかどうかを問題にしよう．この問題の答えとして，つぎの定理を示す.

> **定理**
>
> 　固有質量がゼロでない物体の運動を考える．速度合成や物体に仕事を与える方法
> では，光速以下の運動から加速して光速を超える運動は不可能である．

　9.4 節の定理と合わせると，固有質量がゼロでない物体をどんなに加速しても光速に
は到達できず，ゼロ質量の物体だけが光速で運動することがわかる．つまり，固有質量
がゼロの物体もゼロでない物体も含めて，**物理的に可能な最高速は光速であり，超光速
運動は禁止される**．図 10.1 は慣性系 K:(ct, x) から見たいくつかの物体の世界線の例で
あるが，光の世界線よりも ct 軸側に傾いた世界線で表せる運動しか実現できない．光の
世界線よりも x 軸側に傾いた世界線は，超光速運動に対応するので実現不可能である．

◯ 定理の証明

　物体を加速する物理的な方法として，つぎの二つが考えられる．

① 速度合成則 (8.6) を使って，特定の観測者から見た物体の速度を増す．
② 物体に何か力をはたらかせて仕事（運動エネルギー）を与えて，速度を増す．

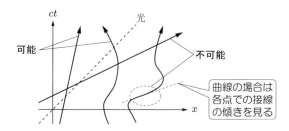

図 10.1 超光速運動は不可能. 物体の運動を表す世界線として, 光の世界線よりも時間軸
（ct 軸）の側に傾いたものしか実現できない. 光の世界線よりも空間軸（x 軸）
の側に傾く世界線は, 超光速運動に対応するので実現不可能である.

以下, これらの方法では超光速運動が実現できないことを示す.

まず, 方法 ① で超光速運動が不可能なことは, すでに 8.4 節の定理で示されている.
光速以下のどんな運動を合成しても, どんな物体だろうと決して超光速運動するように
は見えない.

つぎに, 方法 ② で超光速運動が不可能なことを示すために, 物体に仕事を与え続け
ることで加速し続ける状況を考える. この場合, 第 9 章の相対論的エネルギー (9.12) で
m を一定にしたまま極限 $v \to c$ を考えると,

$$\lim_{v \to c} E = \frac{mc^2}{\lim_{v \to c} \sqrt{1 - (v/c)^2}} = \infty \tag{10.1}$$

となり, エネルギーが無限大に発散することがわかる. これは, 方法 ② で光速に達する
には無限大のエネルギーを供給する必要があることを意味する. しかし, 9.4 節の定理
の証明で使った物理的要請から, あらゆる物体のエネルギーは無限大にならず有限な値
なので, 物体に無限大のエネルギーを供給することは不可能である[*1]. したがって, 方
法 ② によって光速に達することは不可能である. 証明終わり.

◎ 10.2 因果律と光円錐

前節で超光速運動が禁止されることが示された. この節では, 前節の定理によってミ
ンコフスキー時空上の因果関係と因果律について何がいえるかを考える. ただし, 本書
における因果関係と因果律の意味は, つぎのものとする.

[*1] 論理的に細かいことを考えると, 有限のエネルギーを与える操作を無限回行って結果的に無限大のエネルギーを供給
するという操作も（その操作に無限の時間がかかるだろうから）不可能である, というような考察まで必要だろう.
しかし, ここではそこまで詳細には考えず, 単純に「無限大のエネルギーは無理だろう」と考えておく.

- **因果関係**とは，「物理現象の原因と結果」という関係を意味し，それらの時間的な順序は問わないとする.
- **因果律**とは，物理現象の因果関係が付いたうえでの，「原因が過去に存在し結果が未来に存在するという時間順序の規則」とする.

◎ ミンコフスキー時空上の因果関係：光円錐で判断する因果関係の有無

まず，因果関係はミンコフスキー時空上のどの二つの事象の間に付けられるのかを考える．いい換えると，つぎの二つの問題を考える.

- ある事象 O で生じた何らかの現象（たとえば爆発など）は，ミンコフスキー時空上のどの事象に影響を与えられるか．つまり，事象 O に原因が存在する場合，その結果が存在可能な事象はどこにあるか.
- ある事象 O で生じた何らかの現象は，ミンコフスキー時空上のどの領域から影響を受けられるか．つまり，事象 O に結果が存在する場合，その原因が存在可能な事象はどこにあるか.

これらの問題を考えるには，事象 O を原点とする時空図を描けばよい．図 10.2 は，事象 O を原点とする慣性系 K:(ct, x) の時空図である．そして，事象 O に関する光円錐を定義すると，上記の問題を考えやすい[*1].

光円錐の定義

時空上の「事象 O を通るすべての光の世界線からなる領域」を，事象 O を頂点とする光円錐という.

光円錐の例は，2 次元ミンコフスキー時空では，図 10.2 のように，x 軸の正方向と負方向に進む 2 本の光の世界線のことである．3 次元ミンコフスキー時空では，図 5.11 のように，3 次元時空図の中で光の世界線によって描かれる円錐部分であり，これが「光円錐」という名前の由来である．4 次元ミンコフスキー時空の光円錐を想像する方法は p.58 にまとめた.

10.1 節の超光速運動の禁止定理から，事象 O を通るあらゆる物体の世界線は必ず光の世界線（物体の固有質量がゼロの場合）か，それよりも時間軸側に傾く世界線（物体が固有質量をもつ場合）である．つまり，**事象 O を通るあらゆる物体の世界線は，必ず事象 O を頂点とする光円錐の上かその内側に含まれる**．たとえば，図 10.2 には，事象

---

*1　光円錐は 5.3 節ですでに扱った．しかし，本書では 5.3 節は発展的内容という位置付けで，初学者は読み飛ばしてよい部分としたので，改めてここで光円錐の定義を明確にする.

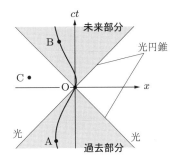

図 10.2　2 次元時空図における光円錐（2 次元では 2 本の光の世界線）．超光速運動を禁
　　　　止する定理から，事象 A, O, B の間には因果関係が付けられるが，事象 O と
　　　　C の間には因果関係を付けられない．

A, O, B を通る（固有質量をもつ）物体の世界線の一例が描かれている．この世界線
は曲線なので，速度が一定でない運動（加速運動）をする物体の世界線であるが，その
接線の傾きは常に光の世界線よりも時間軸側に傾いているので，常に光速より遅い速度
の運動である．このように，光速以下の運動をする物体の世界線は，必ず光円錐上かそ
の内側（図 10.2 の網かけ部分）に含まれる．

　ところで，10.1 節の定理は，ある事象 O で生じた任意の現象（たとえば爆発など）の
影響も必ず光速以下で伝わり，事象 O に影響を与えられる任意の現象の影響も必ず光速
以下で伝わることを意味する．したがって，つぎのことがわかる．

- 事象 O に原因が存在する場合，その結果は必ず，事象 O を頂点とする光円錐上
　かその内側の未来部分に存在する．
- 事象 O に結果が存在する場合，その原因は必ず，事象 O を頂点とする光円錐上
　かその内側の過去部分に存在する．

たとえば，図 10.2 では，事象 A に原因が存在し事象 O に結果が存在することが可能で
あり，事象 O に原因が存在し事象 B に結果が存在することが可能である．しかし，光
円錐の外側にある事象 C と事象 O の間には決して因果関係が付かない．これは重要な
のでまとめておく．

ミンコフスキー時空上の因果関係と光円錐

　任意の事象 O との間に因果関係を付けられる事象は，事象 O を頂点とする光円
錐上かその内側に含まれる事象である．その光円錐の外側の事象と因果関係を付け
ることは不可能である．

このように光円錐を考えることで，因果関係が付く事象を判断できる．図 10.3 に，光

円錐を使って因果関係の有無を判断する例を示す．事象 R は事象 Q を頂点とする光円錐の内側には含まれるが，事象 P を頂点とする光円錐の外側にある．したがって，R は，Q との間に因果関係をもつことが可能であるが，P との間には決して因果関係をもてない．両方の光円錐に囲まれる領域の事象 S は，Q とも R とも因果関係をもてる．なお，図 10.3 には，事象 Q で生じた何らかの現象の影響が事象 R に伝わっていく世界線の例も描いてある．前節の超光速運動の禁止定理から，この世界線は光速以下で運動する世界線でなければならない．

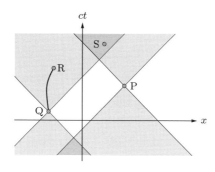

図 10.3　因果関係の判断の例．事象 R は，事象 Q との間に因果関係をもてるが，事象 P との間には因果関係をもてない．事象 S は，事象 P とも Q とも因果関係をもてる．

◎ 因果律の保持：超光速運動の禁止は過去にさかのぼる運動を禁止する

超光速運動の禁止により，光円錐の頂点と因果関係をもてるのは，光円錐上か内側にある事象だけであることがわかった．この物理的な意味を理解するために，仮に光円錐の外側の事象との間に因果関係が付くとすると何が起きるのか，という問題を考えてみる．**超光速運動の禁止定理によって何が否定されるかを理解しよう**ということである．

仮に光円錐の外側の事象と因果関係をもてるとすることは，仮に超光速運動が可能だとすることである．そこで，超光速運動によって生じる現象の例として，超光速運動を利用する過去向きの運動を取り上げる．具体的には，図 10.4 の設定を想定する．慣性系 K:(ct, x) の x 軸方向に，別の慣性系 K':(ct', x') と物体 A が等速運動しているとする．ただし，慣性系 K から見て K' は光速より遅い速度で運動し，物体 A は超光速運動をしている．さらに，物体 A の超光速運動は十分速く，その世界線は慣性系 K' の同時刻な空間（x' 軸）よりも x 軸側に傾いているとする．この状況を慣性系 K の時空図の中に描いたものが，図 10.4(a) である．

つぎに，慣性系 K の時空図で表した図 10.4(a) と同じ状況を，慣性系 K' の時空図で表したものが図 10.4(b) である．p.47 でまとめたように，この図 10.4 において物体 A

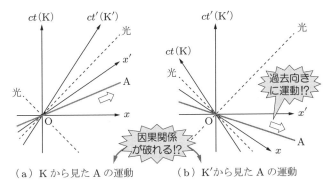

図 10.4 超光速運動を利用する過去向き運動. 仮に物体 A が超光速運動できるとする. 慣性系 K から見て物体 A は未来向きの運動だとしても ((a) の図), 物体 A が十分速い超光速で運動すれば, その世界線は別の慣性系 K′ の同時刻な空間 (x' 軸) よりも x 軸側に傾く ((b) の図).

の世界線が x' 軸と x 軸の間に挟まれるという位置関係は, 慣性系 K から見ても K′ から見ても変わらないので, 慣性系 K から見て図 10.4(a) の矢印の向きに進行する物体 A は, K′ から見ると図 10.4(b) の矢印の向きに進行する. つまり, 慣性系 K′ から見ると物体 A は「過去に向かう (時間に逆行する)」ことになる. ここで, 「**過去に向かう**」とは, **慣性系 K′ から見ると, 物体 A に関する現象は結果が過去に存在し, 原因が未来に存在する**という意味である. これは, 因果律が破れることを意味する. 慣性系 K′ から見ると, 先に結果が生じてつぎに原因が生じるという, 訳のわからない状況になる.

しかし実際には, 10.1 節の超光速運動の禁止定理によって, そのような訳のわからない現象はどんな観測者にも起こらないのである.

因果律の保持

　10.1 節の超光速運動の禁止定理によって図 10.4 のような現象が起きないので, 原因が過去で結果が未来に存在するという因果律を破る運動は不可能である. したがって, ミンコフスキー時空上の因果関係と光円錐の関係 (→ p.111) は, 因果律を保てるような運動だけが実現可能であることを意味する.

　正確には, この帰結はあくまでも「超光速運動を利用する (過去向き運動による) 因果律の破れ」が不可能だと述べているだけである. もしも超光速運動を利用せずに過去向きに運動する方法が見つかれば, その方法による因果律の破れをこれまでの議論で否定することはできない. しかし, 本書では, 超光速運動を利用せずに過去向き運動する方法はないと考え, 因果律の保持は確実だとしよう.

特殊相対論の帰結6： 波動のドップラー効果とビーミング効果

この章の目的 ···

- 波動に関して，特殊相対論におけるドップラー効果を理解し，そのニュートン力学の場合との違いを把握すること．
- 光速で伝わる波動に関して，特殊相対論におけるビーミング効果を理解し，そのニュートン力学の場合との違いを把握すること．

··

　前章までは物体を考えてきたが，この章では波動を考える．波動のドップラー効果とビーミング効果に注目する．これらの効果について導出も含めて詳しく扱った既刊書は少ないが，重要なので，本書では丁寧に詳しく扱う．少し長くなるが，ぜひ学んでほしい．

　なお，この章で扱うドップラー効果は，波動の放射源（波源），波動の媒質，観測者の3者の間の相対運動によって生じる現象である．一方，第14章では，一般相対論によってはじめて理解できる重力ドップラー効果も定性的に解説する[*1]．

◎ 11.1　ドップラー効果という用語の定義と論点 ───────────

この章の状況設定を，

① 波動を伝える媒質は慣性運動し，
② 波動を観測する観測者は媒質に対して静止し，
③ 波源は観測者や媒質に対して運動する，

とする．この状況設定で，波源の運動によって生じる波動の波長や周期などの変化がドップラー効果である．なお，まずは観測者が媒質に対して静止している場合を扱い，運動している場合についてはそのあとで補足的に説明する．また，特殊相対論による重要な事実の一つとして，光（電磁波）や重力波（第14章）のように，位相速度（波動が伝わる速さ）が光速の波動のドップラー効果は，媒質に対する観測者と波源の運動とは無関

──────────────

[*1]　この章で扱うドップラー効果は波源の運動によって生じる現象なので，重力ドップラー効果と区別して，運動論的ドップラー効果などというのが正確だろう．しかし，「運動論的」をいちいち付けると面倒なので，誤解の恐れがない限り，単にドップラー効果といえば運動論的ドップラー効果を意味するとしよう．

係であり，波源と観測者の相対運動だけで決まることも示す．

　本書では，ドップラー効果という用語を，以下のように定義する．

> **── 本書のドップラー効果の定義 ──────────**
>
> 　「観測者が測る波長，周期，周波数」と「波源（と共に運動する想像上の観測者）
> が測る波長，周期，周波数」の関係を，本書ではドップラー効果と定義する．

　また，ドップラー効果として，つぎの「別定義」も考えられる．

> **── ドップラー効果の別定義 ──────────**
>
> 　「波源が観測者に対して運動する場合に観測者が測る波長，周期，周波数」と「波
> 源が観測者に対して静止している場合に観測者が測る波の波長，周期，周波数」の
> 関係を考えることもできる．本書では，この関係をドップラー効果の別定義とする．

　ドップラー効果の本書の定義と別定義に関して，つぎの二つもこの章で明らかにして
いく．

- ドップラー効果の別定義における周期と周波数の関係式は，本書のドップラー効
  果の定義における周期と周波数の関係式と同じになること．
- ドップラー効果の別定義における波長の関係式は，一般的には本書のドップラー
  効果の定義における波長の関係式とは異なること．

このように，上記の定義と別定義の違いは，波長のドップラー効果には現れて，周期と
周波数のドップラー効果には現れない．

◎ 11.2　ドップラー効果：単純な設定の場合

◎ 単純な状況設定：波源の速度が観測者方向の場合

　任意の波動を考える．位相速度は光速でもよいし，光速より遅くてもよい．

　ドップラー効果の本質を理解するのに適した単純な状況設定として，図 11.1 のよう

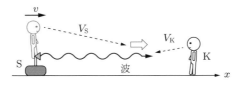

図 11.1　ドップラー効果を考えるための単純な状況設定．慣性観測者 K は媒質に対して
静止し，波源 S が観測者 K に向かって運動する．

に，慣性系 K:(ct, x) の x 軸上を波源 S が運動する場合を考える．観測者 K は媒質に対して静止している．観測者 K が測る波源 S の速度を v とし，v は観測者 K が測る位相速度より遅いとする（v は「観測者が測る速度（→ p.100）」であり，4 元速度 (9.3) ではない）．

波源 S は，観測者 K が計る時刻 $t = 0$ で原点 O を通過すると同時に，波動を放射し始める．また，観測者 K の位置は，$x > 0$ の側で原点から十分離れており，少なくとも 1 波長分の波を観測する間に波源 S が観測者 K の位置を通過することはない．これは，速度 v の符号を，**波源 S が観測者 K に近づく場合に** $v > 0$，**波源 S が観測者 K から離れる場合に** $v < 0$ とすることを意味する．

この設定で観測者 K が測る波の波長を λ_K，周期を T_K，周波数を f_K，位相速度を V_K（$|v| < |V_K| \leq c$）とすると，これらの定義から，つぎの波動の基本関係式が成立する[*1]．

$$\lambda_K = V_K T_K, \quad f_K = \frac{1}{T_K} \tag{11.1}$$

また，波源 S（と共に運動する想像上の観測者）が測る波の波長を λ_S，周期を T_S，周波数を f_S，位相速度を V_S とする．波源 S から見た観測者 K の速度が $-v$ であることに注意して，波源 S から観測者 K へ伝わる波について，速度合成則 (8.6) より，

$$V_S = \frac{-v + V_K}{1 - vV_K/c^2} \tag{11.2}$$

が成立する（波動として光を考える場合は，$V_K = V_S = c$ となる）．この位相速度を使って，波源 S が測る波についても，つぎの基本関係式が成立する．

$$\lambda_S = V_S T_S, \quad f_S = \frac{1}{T_S} \tag{11.3}$$

ところで，11.1 節で述べたドップラー効果の別定義に関する論点のために，仮に波源 S が観測者 K に対して静止する場合を想定したら観測者が測るはずだった波の波長を $\lambda_{静止}$，周期を $T_{静止}$，周波数を $f_{静止}$ としよう．波源 S は，媒質に対する運動とは無関係に，波源 S の時間で計って同じ周期で波動を放射する装置であり，

$$T_{静止} = T_S, \quad f_{静止} = f_S \left(= \frac{1}{T_S} \right) \tag{11.4a}$$

が成立する．したがって，T_K（f_K）と $T_{静止}$（$f_{静止}$）の関係式は，T_K（f_K）と T_S（f_S）の関係式と同じになることは明らかである．さらに，波源 S が運動しても静止しても，

[*1]　ニュートン力学か相対論かに関係なく，波の周期 T（媒質が 1 回振動する時間），周波数 f（単位時間に媒質が振動する回数），波長 λ（波の形の最小単位の長さ），位相速度 V（波が伝わる速さ）には，式 (11.1) や (11.3) と同様な関係 $\lambda = VT$（距離 ＝ 速さ × 時間），$T = 1/f$（例：$T = 1/2$ [s] の場合 $f = 2$ [回/s] $= 1/T$）が成立する．

観測者 K が測る位相速度は同じ値 V_K であることから，

$$\lambda_{静止} = V_K T_{静止} (= V_K T_S) \tag{11.4b}$$

が成立することがわかる．したがって，$\lambda_{静止} \neq \lambda_S (= V_S T_S)$ なので，ドップラー効果の別定義における波長の関係式は，本書のドップラー効果の定義における波長の関係式とは異なることがわかる．具体的な違いは以下で導く．

◎ 単純な設定でのドップラー効果

図 11.1 の設定で波源 S が放射する 1 波長分の波動に注目しよう．この 1 波長が伝わる様子を表す時空図が図 11.2 である．図 11.2 には，慣性系 $K:(ct, x)$ の他に，波源 S（と共に運動する想像上の観測者）の慣性系 $S:(ct', x')$ の座標軸も描いてある．図 11.2 の網かけ部分は，波源 S が放射した 1 波長の世界面（時空図上で時々刻々と掃いていく領域）である[*1]．その世界面の幅を「観測者に対する同時刻の空間に沿って測った長さ」が，その観測者が測る波長（1 波長の先頭と尻尾の間の距離）である．この理解に基づいて波長のドップラー効果を導いていく．

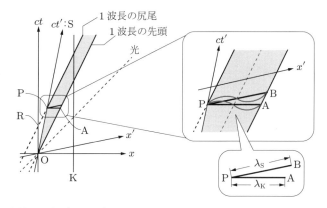

図 11.2 単純な設定（図 11.1）の時空図．網かけ部分は 1 波長分の波動の世界面．慣性系 $K:(ct, x)$ で測る波長 λ_K と波源の慣性系 $S:(ct', x')$ で測る波長 λ_S は，それぞれの同時刻の空間上で測る世界面の幅である．

図 11.2 の事象 P，A，B に注目する．事象 P は波源 S がちょうど 1 波長を放射し終える瞬間の事象である．事象 P から 1 波長の尻尾の世界線が始まる．一方，1 波長の先頭の世界線上の事象 A は，慣性系 K から見て事象 P と同時刻な事象である．同様に，1 波長の先頭の世界線上の事象 B は，波源 S から見て事象 P と同時刻な事象である．こ

[*1] 放射の開始時刻 $t = 0$ とすると，放射の終了時刻は，観測者 K が測る波動の周期 T_K ではなく，慣性系 S の時間で計る周期 T_S（に対応する事象）である．T_K は観測者 K に 1 波長の先頭と尻尾が到達する時刻の差である．

れらの事象を使うと，波長についてつぎの関係を得る．

$$\lambda_\mathrm{K} = s_\mathrm{PA}, \quad \lambda_\mathrm{S} = s_\mathrm{PB} \tag{11.5}$$

ただし，s_PA は事象 P と A の間の時空距離，s_PB は事象 P と B の間の時空距離である[*1]．この式 (11.5) から波長のドップラー効果（λ_K と λ_S の関係式）が導ける．

　事象 P，A の座標を求める．まず，事象 P は，波源 S が 1 波長を放射し終える瞬間，つまり波源 S の時間 t' で計ってちょうど 1 周期 T_S だけ時間経過した事象である．よって，波源 S の慣性系で測る事象 P の座標 $(ct'_\mathrm{P}, x'_\mathrm{P})$ は，

$$ct'_\mathrm{P} = cT_\mathrm{S}, \quad x'_\mathrm{P} = 0 \tag{11.6a}$$

である．これとローレンツ変換 (7.7) から，慣性系 K で測る P の座標 $(ct_\mathrm{P}, x_\mathrm{P})$ は，

$$ct_\mathrm{P} = \gamma cT_\mathrm{S}, \quad x_\mathrm{P} = \gamma vT_\mathrm{S} \tag{11.6b}$$

となる．ただし，$\gamma = 1/\sqrt{1-(v/c)^2}$ である．つぎに，慣性系 K で測る事象 A の座標 $(ct_\mathrm{A}, x_\mathrm{A})$ は，観測者 K から見て事象 P と同時刻な空間上にあること $(ct_\mathrm{A} = ct_\mathrm{P})$，1 波長の先頭の世界線 $ct = (c/V_\mathrm{K})x$ の上にあること（ $ct_\mathrm{A} = cx_\mathrm{A}/V_\mathrm{K}$ ）から，

$$ct_\mathrm{A} = \gamma cT_\mathrm{S}, \quad x_\mathrm{A} = \gamma V_\mathrm{K}T_\mathrm{S} \tag{11.7}$$

と求められる．したがって，式 (11.5) より，慣性系 K で測る波長は，

$$\lambda_\mathrm{K} = s_\mathrm{PA} = x_\mathrm{A} - x_\mathrm{P} = \gamma(V_\mathrm{K} - v)T_\mathrm{S} \tag{11.8}$$

となる．これに式 (11.2) と (11.3) を代入して，波長のドップラー効果が得られる[*2]．

$$\boxed{\begin{array}{l}\text{波長のドップラー効果}\\(\text{図 11.1 の設定})\end{array}} : \quad \lambda_\mathrm{K} = \gamma\Big(1 - \frac{vV_\mathrm{K}}{c^2}\Big)\lambda_\mathrm{S} \tag{11.9a}$$

同様に，式 (11.1)，(11.3)，(11.8) から周期と周波数のドップラー効果も得られる．

$$\boxed{\begin{array}{l}\text{周期のドップラー効果}\\(\text{図 11.1 の設定})\end{array}} : \quad T_\mathrm{K} = \frac{\lambda_\mathrm{K}}{V_\mathrm{K}} = \gamma\frac{V_\mathrm{K} - v}{V_\mathrm{K}}T_\mathrm{S} \tag{11.9b}$$

[*1] 事象 P と A は空間的に離れているので，時空距離の 2 乗は正 $(s_\mathrm{PA}^2 > 0)$ である（→p.47）．したがって，その平方根 s_PA は（虚数でなく）正の実数にできる．時空距離 s_PB も同様である．

[*2] ドップラー効果で波長が伸びる場合を赤方偏移，波長が縮む場合を青方偏移という．この用語は，人間の目に見える可視光の波長が長いほうが赤色で，短いほうが紫（青）色であることに由来する．

$$\text{周波数のドップラー効果} \atop (\text{図 11.1 の設定}) \quad : \quad f_K = \frac{1}{T_K} = \frac{1}{\gamma}\frac{V_K}{V_K - v}f_S \qquad (11.9c)$$

以上が，図 11.1 の単純な設定におけるドップラー効果である．なお，ドップラー効果の別定義に従った波長の関係式は，式 (11.4b) と (11.8) より，つぎのようになる．

$$\lambda_K = \gamma\frac{V_K - v}{V_K}\lambda_{\text{静止}} \qquad (11.10)$$

また，仮に光速が無限に大きい（$c \to \infty$）とみなすと，特殊相対論のドップラー効果 (11.9) から，つぎのニュートン力学のドップラー効果が再現される．

$$\text{ニュートン力学の} \atop \text{ドップラー効果} \quad : \quad \lambda_K = \lambda_S, \quad T_K = \frac{V_K - v}{V_K}T_S, \quad f_K = \frac{V_K}{V_K - v}f_S \quad (11.11)$$

特殊相対論における単純な設定のドップラー効果 (11.9) と，ニュートン力学における単純な設定のドップラー効果 (11.11) を比べると，波長のドップラー効果の違いは因子 $\gamma(1 - vV_K/c^2)$ であり，周期と周波数のドップラー効果の違いは因子 γ だとわかる．これらの因子が，ドップラー効果に現れる特殊相対論的な効果である．

◎ ローレンツ収縮 (6.5) との関連

ドップラー効果の状況設定の図 11.2 とローレンツ収縮 (6.5) の状況設定の図 6.4(a) を比べると，波の位相速度と波源 S の速度が等しい極限 $V_K \to v$ で，波長のドップラー効果 (11.9a) はローレンツ収縮 (6.5) に帰着するはずだとわかる．実際，式 (11.9a) から，これが確かめられる．

$$\text{ローレンツ収縮} \atop \text{の再現} \quad : \quad \lim_{V_K \to v}\lambda_K = \gamma\left[1 - \left(\frac{v}{c}\right)^2\right]\lambda_S = \lambda_S\sqrt{1 - \left(\frac{v}{c}\right)^2} \qquad (11.12)$$

◎ 単純な設定で，観測者 K も運動する場合

観測者 K が媒質に対して速度 v_K で運動する場合を考える．v はこの場合でも K が測る波源 S の速度とする．$V_{\text{媒質}}$ を媒質（に対して静止する想像上の観測者）が測る位相速度とすると，速度合成則 (8.6) から，K が測る位相速度はつぎのようになる．

$$V_K = \frac{v_K + V_{\text{媒質}}}{1 + v_K V_{\text{媒質}}/c^2} \qquad (11.13)$$

これをドップラー効果 (11.9) に代入すればよい[*1]．

[*1]　v を媒質が測る波源 S の速度とする場合は，速度合成則から，v を $(v + v_K)/(1 + vv_K/c^2)$ に置き換える必要もある．

◎ 単純な設定で，位相速度が光速の波動（光）に限定した場合

波動として光（位相速度が光速の波動）を考える．図 11.1 の設定（観測者 K は媒質に対して静止）におけるドップラー効果は，式 (11.9) で $V_K = c$ とすればよい．さらに，観測者 K が媒質に対して運動する場合，媒質に対する位相速度 $V_{媒質} = c$ とすればよいので，式 (11.13) は $V_K = c$ となる．以上から，**光速で伝わる波動では，観測者 K が媒質に対して運動していても静止していても，ドップラー効果は式 (11.9) で $V_K = c$ とすればよいことがわかる．また，位相速度が光速なので $V_K = V_S = c$ となり，式 (11.9a) と (11.10) は同一の波長のドップラー効果になる．

$$\lambda_K = \gamma \left(1 - \frac{v}{c}\right)\lambda_S, \quad \lambda_S = \lambda_{静止} \tag{11.14}$$

ただし，11.4 節の一般的な設定では，位相速度が光速でも $\lambda_S \neq \lambda_{静止}$ である．

◎ 11.3 ドップラー効果：一般的な設定の場合 1（短波長近似）────

◎ 一般的な状況設定：波源の速度が任意の向き

任意の波動を考える．位相速度は光速でもよいし，光速よりも遅くてもよい．

11.2 節の状況を一般化して，波源 S の速度の向きを任意の向きにする．慣性系 K:(ct, x, y, z) の空間座標は図 11.3（上側）のように波源 S が xy 面上を運動する設定として，K が測る S の速度 $\vec{v}$ はつぎのようになる（式 (9.1) 参照）．

$$\vec{v} = (v_x, v_y, 0) = (v\cos\alpha, v\sin\alpha, 0) \tag{11.15}$$

前節と同様に，波源 S は時刻 $t = 0$ で原点を通過すると同時にあらゆる方向に波動を放射し始めるとし，観測者 K は x 軸上で $x = L$ の位置に静止しているとする．式 (11.15) の角 α は「x 軸（波源が波動を放射し始める位置から観測者 K を結ぶ空間方向）と速度 $\vec{v}$ の間の角」を観測者 K の同時刻な空間上で測った値である．また，慣性系 K が測る波動に関する量には式 (11.1) が成立する．

一方，波源 S が測る波動に関する量には注意が必要である．周期と周波数は定義より，

$$f_S = \frac{1}{T_S} \tag{11.16a}$$

が成立する．しかし，波長と周期の関係は単純ではない．波源 S の運動によって（波源 S の同時刻な空間上で）波源 S から観測者 K に向かう方向が時々刻々と変化することを考慮して，つぎの積分による関係が必要となる．

$$\lambda_S(t') = \int_0^{T_S} V_{S\to K}(t')\, dt' \tag{11.16b}$$

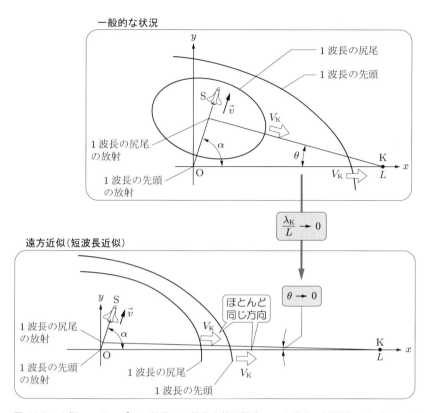

図 11.3 上側は，ドップラー効果の一般的な状況設定．この場合，観測者 K に向かって 1 波長の先頭が伝わる方向と，1 波長の尻尾が伝わる方向は異なる．下側は，観測者 K と波源 S の距離が十分遠い場合（遠方近似）．これは，波長が十分短い場合（短波長近似）と同等である．この近似では，観測者 K に向かって 1 波長の先頭が伝わる方向と尻尾の伝わる方向はほとんど同じになる．なお，**観測者 K が見る波面が楕円形になっているが，これはローレンツ収縮によるものである．ただし，光速で伝わる波動の場合は，光速不変の原理から，波面は円形になる．さらに，ニュートン力学ではローレンツ収縮がないので，位相速度によらず波面は常に円形である．**

ただし，t' は波源 S が計る時間（波源 S の固有時間）であり，$V_{S \to K}(t')$ は波源 S が測る位相速度の「波源 S の時刻 t' での同時刻な空間における波源 S から観測者 K の方向成分」である[*1]．また，一般には $\lambda_S \neq \lambda_{静止}$ であり，11.2 節の式 (11.14)のように，本書の定義のドップラー効果と別定義のドップラー効果が一致することはない（ただし，以下の短波長近似のもとで，光では $\lambda_S = \lambda_{静止}$ となる）．

[*1] 少なくとも $V_{S \to K}(t')$ は速度合成則の一般的表現 (8.19)を使って計算できるが，本書ではそこまで踏み込まず，興味のある読者への挑戦問題として残す．

◯ 短波長近似と遠方近似

この節では，観測者 K が測る波源 S との間の空間的な距離が，波長 λ_K に比べて十分長い場合を考える．図 11.3（上側）に示すように，「1 波長の先頭が K へ伝わる方向（x 軸方向）」と「1 波長の尻尾が K へ伝わる方向」の間の角を θ とする．観測者 K が測る波源 S との間の空間的な距離 L を λ_K に比べてどんどん大きくしていくと，図 11.3（下側）に示すように，角 θ がどんどん小さくなってゼロに近づいていく．同様に，波長 λ_K が距離 L に比べて十分短い場合でも，角 θ がゼロに近づいていく．つまり，λ_K/L がゼロに近づくと，θ もゼロに近づく．

$$\lim_{\lambda_K/L \to 0} \theta = 0 \tag{11.17}$$

この場合，1 波長の先頭が伝わる方向と尻尾が伝わる方向はほとんど同じになり，1 波長の（先頭だけでなく）尻尾も近似的に x 軸上を伝わるとみなせる．以下，この節では，1 波長の先頭も尻尾も x 軸上を伝わると考えて（近似して）ドップラー効果を導く．このように，極限 (11.17) でドップラー効果を近似することを，ドップラー効果の**短波長近似**あるいは**遠方近似**ということにする．

◯ 短波長近似のドップラー効果

以上の短波長近似はつぎのことを意味する．

▶ **短波長近似の扱い ①**：波源 S の速度 $\vec{v}$ の x 成分だけを考えればよい．

▶ **短波長近似の扱い ②**：波源 S が測る物理量の値は，波源 S が原点 O にいる瞬間（1 波長の先頭を放射する瞬間）に測る値を使えばよい．

この扱いに従って，短波長近似のドップラー効果を導いていく．まず，短波長近似の扱い ① より，11.2 節の単純な設定における式 (11.8) がつぎのように修正される．

$$\lambda_K = \gamma(V_K - v_x)T_S \tag{11.18}$$

ただし，因子 γ は速度の向きにはよらず大きさだけで決まるので，つぎのようになる．

$$\gamma = \frac{1}{\sqrt{1-(v/c)^2}}, \quad v^2 = v_x^2 + v_y^2 + v_z^2 \tag{11.19}$$

つぎに，短波長近似の扱い ② より，式 (11.16b) に現れる位相速度 $\vec{V}_{S \to K}$ は，波源 S が原点を通過する瞬間に測る位相速度 $\vec{V}_S$ となる．この $\vec{V}_S$ を，図 11.4 のように x 軸上を運動する想像上の物体 A（観測者 K に届く光の代替物）の速度とみなし，波源 S の慣性系で測る空間成分を $\vec{V}_S = (V_{Sx}, V_{Sy}, V_{Sz})$ とする．また，K が測る物体 A の速度

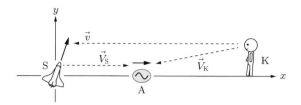

図 11.4 短波長近似における速度の関係．1 波長の先頭と同じ速度で x 軸上を運動する物体 A を想定する．観測者 K が測る物体 A の速度 $\vec{V}_\mathrm{K}$ と，波源 S が測る物体 A の速度 $\vec{V}_\mathrm{S}$ は，観測者 K が測る波源 S の速度 $\vec{v}$ による速度合成則 (8.19) で関係が付く．

（の x, y, z 成分）は，図 11.4 の設定から $\vec{V}_\mathrm{K} = (V_\mathrm{K}, 0, 0)$ である．よって，速度合成則の一般的表現 (8.19) から，つぎの関係を得る[*1].

$$(v_x , v_y , 0) = \Big(\frac{V_\mathrm{K} - V_{\mathrm{S}x}}{1 - V_\mathrm{K} V_{\mathrm{S}x}/c^2} , \frac{1}{\gamma_\mathrm{K}} \frac{-V_{\mathrm{S}y}}{1 - V_\mathrm{K} V_{\mathrm{S}y}/c^2} , \frac{1}{\gamma_\mathrm{K}} \frac{-V_{\mathrm{S}z}}{1 - V_\mathrm{K} V_{\mathrm{S}z}/c^2} \Big) \tag{11.20a}$$

ただし，$\gamma_\mathrm{K} = 1/\sqrt{1 - (V_\mathrm{K}/c)^2}$ である．これを $\vec{V}_\mathrm{S}$ について解くと，次式を得る．

$$V_{\mathrm{S}x} = \frac{V_\mathrm{K} - v_x}{1 - v_x V_\mathrm{K}/c^2}, \quad V_{\mathrm{S}y} = \frac{-\gamma_\mathrm{K} v_y}{1 - \gamma_\mathrm{K} v_y V_\mathrm{K}/c^2}, \quad V_{\mathrm{S}z} = 0 \tag{11.20b}$$

そして，観測者 K に届く波動は（短波長近似では）x 軸上を伝わる波動なので，この x 成分 $V_{\mathrm{S}x}$ が式 (11.16b) の被積分関数 $V_{\mathrm{S}\to\mathrm{K}}$ である．したがって，つぎの関係を得る．

$$\lambda_\mathrm{S} = V_{\mathrm{S}x} T_\mathrm{S} = \frac{V_\mathrm{K} - v_x}{1 - v_x V_\mathrm{K}/c^2} T_\mathrm{S} \tag{11.21}$$

以上から，式 (11.18) に式 (11.21) を代入することで，短波長近似における波長のドップラー効果が得られる．

> **波長のドップラー効果**
> **（図 11.3 の短波長近似）** $: \lambda_\mathrm{K} = \gamma \Big(1 - \frac{V_\mathrm{K} v \cos\alpha}{c^2} \Big) \lambda_\mathrm{S}$ $\qquad$ (11.22a)

同様に，式 (11.1)，(11.16a)，(11.18) から周期と周波数のドップラー効果も得られる．

> **周期のドップラー効果**
> **（図 11.3 の短波長近似）** $: T_\mathrm{K} = \frac{\lambda_\mathrm{K}}{V_\mathrm{K}} = \gamma \frac{V_\mathrm{K} - v \cos\alpha}{V_\mathrm{K}} T_\mathrm{S}$ $\qquad$ (11.22b)

[*1] 式 (8.19) において，$v \to V_\mathrm{K}$，$\vec{w} \to \vec{v}$，$\vec{w}' \to -\vec{V}_\mathrm{S}$ と置き換えれば，速度合成則の図 8.4 と短波長近似の図 11.4 の設定が対応する．

$$\boxed{\text{周波数のドップラー効果}\atop(\text{図 11.3 の短波長近似})} : \quad f_\mathrm{K} = \frac{1}{T_\mathrm{K}} = \frac{1}{\gamma}\frac{V_\mathrm{K}}{V_\mathrm{K} - v\cos\alpha}f_\mathrm{S} \qquad (11.22\mathrm{c})$$

以上が，図 11.3 の短波長近似によるドップラー効果であり，図 11.1 の単純な設定のドップラー効果で因子 γ 以外に現れる波源の速度 v を $v_x\,(=v\cos\alpha)$ に置き換えた式になっている．ドップラー効果の別定義による波長のドップラー効果も，式 (11.10) で因子 γ 以外に現れる v を $v\cos\alpha$ に置き換えればよい．また，式 (11.22) をいったん波源の速度の大きさ v と角 α で表してしまえば，波源の速度が xy 平面に沿った方向でなく任意の向き（z 成分ももつ場合）であっても，ドップラー効果の短波長近似は式 (11.22) で表せる．

特殊相対論のドップラー効果とニュートン力学のドップラー効果の違いが顕著に表れる例として，波源 S の速度 $\vec{v}$ が観測者 K の方向（x 軸）と直交する場合，つまり $v_x=0$（$\alpha=\pi/2$）の場合を考えると，つぎのようになる．

$$\alpha = \frac{\pi}{2} \text{ の場合：} \quad \lambda_\mathrm{K} = \gamma\lambda_\mathrm{S}, \quad T_\mathrm{K} = \gamma T_\mathrm{S}, \quad f_\mathrm{K} = \frac{1}{\gamma}f_\mathrm{S} \qquad (11.23)$$

ニュートン力学の極限（$c\to\infty \Leftrightarrow \gamma\to 1$）では，$\alpha=\pi/2$ の場合にドップラー効果が消える（$\lambda_\mathrm{K}=\lambda_\mathrm{S}$，$T_\mathrm{K}=T_\mathrm{S}$，$f_\mathrm{K}=f_\mathrm{S}$ となる）が，特殊相対論では，式 (11.23) に示すように因子 γ がドップラー効果として残る．これは，波源 S の運動方向が観測者 K の視線方向に直交して「横」方向に移動するように見える状況設定であることから，特殊相対論の横ドップラー効果といわれることがある．

◎ 短波長近似で，観測者 K も運動する場合

観測者 K が媒質に対して x 軸方向の速度 $\vec{v}_\mathrm{K} = (v_\mathrm{K},0,0)$ で運動する場合を考える．11.2 節の単純な設定と同様に，$\vec{v}$ はこの場合でも K が測る波源 S の速度とする．$V_{媒質}$ を媒質（に対して静止する観測者）が測る位相速度の大きさとすると，式 (11.13) をドップラー効果 (11.22) に代入すればよい．

◎ 短波長近似で，光（位相速度が光速の波動）に限定した場合

波動として光（位相速度が光速の波動）を考える場合も，11.2 節の単純な設定と同様に考えられる．図 11.3（下側）の設定（観測者 K は媒質に対して静止した場合の短波長近似）におけるドップラー効果は，式 (11.22) で $V_\mathrm{K}=c$ とすればよく，単純な設定の場合の式 (11.14) で因子 γ 以外に現れる v を $v\cos\alpha$ に置き換えるだけである．さらに，観測者 K が媒質に対して x 軸方向に速度 v_K で運動する場合も，単純な設定の場合と同じ議論が成立する．また，位相速度が光速であることから $V_\mathrm{K}=c$ になり，式 (11.20b) か

ら $V_{Sx} = c$ である．よって，式 (11.21) から $\lambda_S = cT_S = V_K T_S = \lambda_{静止}$ だとわかり，つぎの関係を得る．

$$\lambda_K = \gamma\Big(1 - \frac{v_x}{c}\Big)\lambda_S, \quad \lambda_S = \lambda_{静止} \tag{11.24}$$

なお，短波長近似しない一般的な設定では $\lambda_S \neq \lambda_{静止}$ であることが，次節でわかる．

◯ 11.4　ドップラー効果：一般的な設定の場合 2（近似なし）**発展**

　この節では，図 11.3（上側）の状況設定を考える．前節の短波長近似はせず，正確に一般的な設定のドップラー効果を導く．

　図 11.5 に一般的な設定の時空図を示す．これは，観測者 K から見て波源 S が xy 面上を運動するとし（そのように空間座標を設定し），z 成分を省略した慣性系 K:(ct, x, y) の 3 次元時空図である．波源 S は原点の事象 O で 1 波長の先頭をあらゆる方向に放射する．K には，ローレンツ収縮によって 1 波長の先頭は xy 平面上で楕円状に広がっていくように見えるので，1 波長の先頭は，時空図の中で原点 O を頂点とする楕円錐状の世界面を描く．同様に，波源 S が 1 波長の尻尾を放射する事象を P とすると，1 波長の尻尾は時空図の中で事象 P を頂点とする楕円錐状の世界面を描く[*1]．図 11.5 には，1 波長の先頭と尻尾の楕円錐状世界面と，波源 S と観測者 K の世界線を描いてある．ただし，波源 S が光を放射する場合は，光速不変の原理から，1 波長の先頭も尻尾も（楕円錐状でなく）円錐状の世界面，つまり光円錐を描く．また，観測者 K の世界線は ct 軸

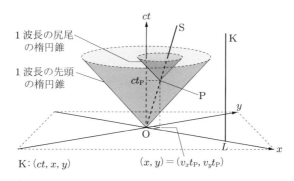

図 11.5　ドップラー効果の一般的な設定における，z 方向を省略した慣性系 K:(ct, x, y) の 3 次元時空図．波源 S は，原点の事象 O で 1 波長の先頭をあらゆる方向に放射し，事象 P で 1 波長の尻尾をあらゆる方向に放射する．観測者 K と波源 S の世界線も示してある

[*1]　実際には，xyz 空間の中で回転楕円面（ラグビーボールのような面）状に広がっていく．その回転楕円面を xy 平面で切った断面は楕円であり，その楕円の挙動を表す時空図が図 11.5 である．

に平行である（なぜなら時間座標 ct は K が計る時間だから）.

そして，図 11.5 からドップラー効果を導くのに必要なものを取り出した図が，図 11.6 である．図 11.6 を理解するには，図 11.5 から時間発展を読み取ればよい.

- 図 11.5 の時空図を時間方向に発展させると，1 波長の先頭の楕円錐世界面と観測者 K の世界線が交わる．この交わり事象 A は，観測者 K が 1 波長の先頭を観測する瞬間に対応する.
- さらに時間方向に発展させると，今度は 1 波長の尻尾の楕円錐世界面と観測者 K の世界線が交わる．この交わり事象 B は，観測者 K が 1 波長の尻尾を観測する瞬間に対応する.

これらの事象 A，B が図 11.6 に描いてある．そして，時空図（図 11.6）の**直線 OA** は **1 波長の先頭が観測者 K に向かって伝わっていく世界線**であり，**直線 PB は 1 波長の尻尾が観測者 K に向かって伝わっていく世界線**である.

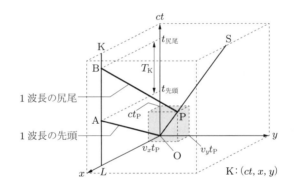

図 11.6　時空図 11.5 から，1 波長の先頭と尻尾が観測者 K まで伝わっていく世界線 OA と PB を抽出．線分 OA は 1 波長の先頭の楕円錐世界面に乗り，ctx 面上にも乗る直線．線分 PB は 1 波長の尻尾の楕円錐世界面に乗る $ctxy$ 空間内の直線．観測者 K が 1 波長の先頭を観測する時刻 $t_{先頭}$ と尻尾を観測する時刻 $t_{尻尾}$ の差が，K が計る周期 T_K である（立体視の補助のため，大小二つの直方体も描いた．また，図 11.5 とは見込む向きを変えた）.

以上の設定で周期のドップラー効果から求めていく．観測者 K が 1 波長の先頭を観測する時間を $t_{先頭}$，尻尾を観測する時間を $t_{尻尾}$ とすると，K が測る事象 A と B の座標は（空間座標は観測者 K と同じであることに注意して），

$$
\text{慣性系 K:}(ct, x, y) \text{ で測る事象 A の座標：} \quad (ct_{先頭}, L, 0)
$$
$$
\text{慣性系 K:}(ct, x, y) \text{ で測る事象 B の座標：} \quad (ct_{尻尾}, L, 0)
$$

$$(11.25)$$

である．そして，観測者 K が計る周期は，つぎのように与えられる.

$$T_{\mathrm{K}} = t_{尻尾} - t_{先頭} \tag{11.26}$$

$t_{先頭}$ と $t_{尻尾}$ を T_{S} に比例する形に整理すれば，周期のドップラー効果を得る．

まず $t_{先頭}$ を求める．図 11.6 から，観測者 K の世界線と 1 波長の先頭の世界線の交点を求めれば $t_{先頭}$ が得られることがわかる．どちらの世界線も ctx 面上にあることと，観測者 K が測る位相速度の大きさが V_{K} であることから，次式を得る．

$$\begin{cases} x = L & ：観測者 K の世界線 \\ ct = \dfrac{c}{V_{\mathrm{K}}}x & ：1 波長の先頭の世界線（直線 OA） \end{cases} \tag{11.27}$$

この連立方程式の解が慣性系 K で測る事象 A の座標であり，$t_{先頭}$ を与える．

$$t_{先頭} = \frac{L}{V_{\mathrm{K}}} \tag{11.28}$$

つぎに，$t_{尻尾}$ を以下の 3 段階の手順で求める．

① 慣性系 K で測る事象 P の座標を求める．
② 1 波長の尻尾の世界線（直線 PB）の方程式を立てる．
③ K の世界線と直線 PB の交点（連立方程式の解）として事象 B の座標を求める．
　その時間座標が $t_{尻尾}$ である．

手順 ① ：事象 P は波源 S の世界線上にあることと，観測者 K が測る波源 S の速度が式 (11.15) であることから，K が測る事象 P の座標は（後の計算のため 4 次元で表して）つぎのようになる．

$$\mathrm{K}{:}(ct, x, y, z) が測る事象 P の座標：\quad (\, ct_{\mathrm{P}} \, , \, v_x t_{\mathrm{P}} \, , \, v_y t_{\mathrm{P}} \, , \, 0 \,) \tag{11.29}$$

時間 t_{P} がわかれば，P の座標が決まる．そこで，この座標に速度 (11.15) で与えられるローレンツ変換 (7.23) を施すと，波源 S の慣性系で測る P の座標 $(ct'_{\mathrm{P}}, x'_{\mathrm{P}}, y'_{\mathrm{P}}, z'_{\mathrm{P}})$ になることに注目する．その時間座標の計算は，

$$ct'_{\mathrm{P}} = \gamma \Big(ct_{\mathrm{P}} - \frac{v_x^2 t_{\mathrm{P}} + v_x^2 t_{\mathrm{P}}}{c} \Big) = \gamma \Big(1 - \frac{v^2}{c^2} \Big) ct_{\mathrm{P}} = \frac{ct_{\mathrm{P}}}{\gamma} \tag{11.30}$$

となる．ただし，$\gamma = 1/\sqrt{1 - (v/c)^2}$，$v^2 = v_x^2 + v_y^2 + v_z^2$（いまは $v_z = 0$）である[*1]．さらに，事象 P は 1 波長の尻尾を放射する事象なので，$t'_{\mathrm{P}} = T_{\mathrm{S}}$ である．したがって，K が測る事象 P の時間座標が，つぎのように求められる．

[*1]　これは時間の遅れ (6.2) と同じであり，第 6 章では ctx 座標の 2 次元時空図で時間の遅れを導いたが，この章では 3 次元（あるいは 4 次元）時空の設定なので，ローレンツ変換の一般表現 (7.23) に基づいて時間の遅れを導き直した．

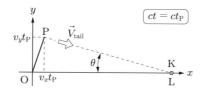

図 11.7 図 11.6 の時空図で，慣性系 K で時間座標が ct_{P} の同時刻な xy 面．この時刻で
ちょうど事象 P が現れるので，この図に事象 P が描かれる．観測者 K が測る 1
波長の尻尾の位相速度 $\vec{V}_{\text{尾尾}}$ の向きは，この図に示す矢印の向き．この図の角 θ
は，図 11.3 の角 θ と同じ．t_{P} は式 (11.31) で与えられる．

$$t_{\mathrm{P}} = \gamma T_{\mathrm{S}} \tag{11.31}$$

手順 ② : 観測者 K が測る 1 波長の尻尾の位相速度 $\vec{V}_{\text{尾尾}}$ は，図 11.6 から「K から見
て時間座標が ct_{P} の同時刻な xy 面」を描き出せば読み取れる．その同時刻な xy 面を図
11.7 に示す．この図と，位相速度の大きさ $|\vec{V}_{\text{尾尾}}| = V_{\mathrm{K}}$ であることから，

$$\vec{V}_{\text{尾尾}} = (\,V_{\text{尾尾},x}\,,\,V_{\text{尾尾},y}\,,\,V_{\text{尾尾},z}\,) = (\,V_{\mathrm{K}}\cos\theta\,,\,-V_{\mathrm{K}}\sin\theta\,,\,0\,) \tag{11.32a}$$

となる．ただし，

$$\cos\theta = \frac{L - v_x t_{\mathrm{P}}}{\sqrt{(L - v_x t_{\mathrm{P}})^2 + (v_y t_{\mathrm{P}})^2}}, \quad \sin\theta = \frac{v_y t_{\mathrm{P}}}{\sqrt{(L - v_x t_{\mathrm{P}})^2 + (v_y t_{\mathrm{P}})^2}} \tag{11.32b}$$

である[*1]．観測者 K が測る 1 波長の尻尾の位相速度がわかったので，時空図（図 11.6）
の直線 PB（1 波長の尻尾の世界線）の方程式は，つぎのように書ける．

$$\text{直線 PB :} \quad ct - ct_{\mathrm{P}} = \frac{c}{V_{\text{尾尾},x}}(x - v_x t_{\mathrm{P}}) = \frac{c}{V_{\text{尾尾},y}}(y - v_y t_{\mathrm{P}}) \tag{11.33}$$

ただし，t_{P} は式 (11.31) で，$V_{\text{尾尾},x}$ と $V_{\text{尾尾},y}$ は式 (11.32) で与えられる．

手順 ③ : 慣性系 K:(ct, x, y) の 3 次元時空図 11.6 における K の世界線の方程式は，
$x = L$ かつ $y = 0$（かつ ct は任意）である．これと式 (11.33) の連立方程式の解は，K
が測る事象 B の座標なので，$t_{\text{尾尾}}$ がつぎのように求められる．

$$t_{\text{尾尾}} = \gamma T_{\mathrm{S}} + \frac{\sqrt{(L - \gamma v_x T_{\mathrm{S}})^2 + (\gamma v_y T_{\mathrm{S}})^2}}{V_{\mathrm{K}}} \tag{11.34}$$

したがって，式 (11.15)，(11.26)，(11.28)，(11.34) から，観測者 K が測る周期 T_{K}，
つまり周期のドップラー効果が得られる．

[*1] 同時刻な空間の中に限定すれば，2 点間の時空距離は三平方の定理で計算できることに注意されたい．

周期のドップラー効果（図 11.3 の一般的設定）：

$$T_K = t_{\text{尻尾}} - t_{\text{先頭}}$$

$$= \left[\sqrt{\left(\frac{L}{T_S}\right)^2 + (\gamma v)^2 - 2\gamma \frac{L\,v}{T_S}\cos\alpha} + \gamma V_K - \frac{L}{T_S} \right] \frac{T_S}{V_K}$$

(11.35a)

さらに，式 (11.3) と (11.16a) より，周波数と波長のドップラー効果を得る．

周波数のドップラー効果（図 11.3 の一般的設定）：

$$f_K = \frac{1}{T_K}$$

$$= \left[\sqrt{\left(\frac{L}{T_S}\right)^2 + (\gamma v)^2 - 2\gamma \frac{L\,v}{T_S}\cos\alpha} + \gamma V_K - \frac{L}{T_S} \right]^{-1} V_K f_S$$

(11.35b)

波長のドップラー効果（図 11.3 の一般的設定）：

$$\lambda_K = V_K T_K$$

$$= \left[\sqrt{\left(\frac{L}{T_S}\right)^2 + (\gamma v)^2 - 2\gamma \frac{L\,v}{T_S}\cos\alpha} + \gamma V_K - \frac{L}{T_S} \right] T_S$$

(11.35c)

　以上が図 11.3（上側）の一般的な設定におけるドップラー効果である．波長のドップラー効果 (11.35c) については，λ_S が式 (11.16b) の複雑な形なので，λ_S に比例する形にまでは式変形していない．一方，ドップラー効果の別定義に従った波長の関係式は，式 (11.4) が一般的な設定でも成立することから，つぎのようになる．

$$\lambda_K = \left[\sqrt{\left(\frac{L}{T_S}\right)^2 + (\gamma v)^2 - 2\gamma \frac{L\,v}{T_S}\cos\alpha} + \gamma V_K - \frac{L}{T_S} \right] \frac{\lambda_{\text{静止}}}{V_K}$$

(11.35d)

なお，以上のように，式 (11.35) をいったん波源の速度の大きさ v と角 α で表示してしまえば，波源の速度が xy 平面に沿った方向でなく，任意の向き（z 成分ももつ場合）であっても，ドップラー効果は式 (11.35) で表せる．

◎ 短波長近似 (11.22) の再現

　慣性系 K で測る観測者 K と波源 S との間の空間的距離 L が波長 λ_K に比べて十分長いという条件 $\lambda_K/L \to 0$ は，1 周期の間の波源 S の移動距離が L より十分短いといい換えられる．そこで，つぎのパラメータ

$$\delta_x = \frac{\gamma v_x T_S}{L}, \quad \delta_y = \frac{\gamma v_y T_S}{L} \tag{11.36a}$$

を導入すると，短波長近似はつぎの不等式を満たす場合として表せる．

$$|\delta_x| \ll 1, \quad |\delta_y| \ll 1 \tag{11.36b}$$

この微小量 δ_x，δ_y の定義では波源 S が計る周期 T_S を使っているが，慣性系 K で計る周期 T_K でも構わない．どちらの周期による微小量を使っても本書で得られる結果は同じだが，T_S で微小量を定義するほうが計算がいくらか楽になる．

条件 (11.36b) は $|-2\delta_x + \delta_x^2 + \delta_y^2| < 1$ も意味するので，ドップラー効果 (11.35) に現れる因子が，つぎのように近似できる．

$$\begin{aligned}
\sqrt{\left(\frac{L}{T_S} - \gamma v_x\right)^2 + (\gamma v_y)^2} &= \frac{L}{T_S}\sqrt{1 - 2\delta_x + \delta_x^2 + \delta_y^2} \\
&= \frac{L}{T_S}\left[1 + \frac{-2\delta_x + \delta_x^2 + \delta_y^2}{2} - \frac{(-2\delta_x + \delta_x^2 + \delta_y^2)^2}{8} + \cdots\right] \\
&\simeq \frac{L}{T_S}\left(1 - \delta_x + \frac{\delta_y^2}{2}\right) = \frac{L}{T_S} - \gamma v_x + \frac{L}{2T_S}\delta_y^2
\end{aligned} \tag{11.37}$$

ただし，二つ目の等号でテイラー展開 (9.6)（で $\alpha = 1/2$，$x = -2\delta_x + \delta_x^2 + \delta_y^2$ としたもの）を使い，三つ目の近似等号 $\simeq$ では「δ^n は n が大きいほど小さな値になる」ことから δ^2 より高次の小さな項を無視する近似を行った．この近似のもとで，ドップラー効果 (11.35) はつぎのように近似できる．

$$T_K \simeq \gamma \frac{V_K - v_x}{V_K} T_S + \frac{L}{2V_K}\delta_y^2 \tag{11.38}$$

$$f_K \simeq \frac{1}{\gamma} \frac{V_K}{V_K - v_x} f_S - \frac{V_K L f_S^2}{2\gamma^2 (V_K - v_x)^2}\delta_y^2 \tag{11.39}$$

$$\lambda_K \simeq \gamma(V_K - v_x)T_S + \frac{L}{2}\delta_y^2 \tag{11.40}$$

この近似の第 1 項は，短波長近似のドップラー効果 (11.22) である．したがって，微小量の 2 次以上を無視する近似で，短波長近似 (11.22) が正しいことがわかる．なお，波長のドップラー効果は式 (11.18) と対応する．

◎ 一般的な設定で，観測者 K も運動する場合

ドップラー効果 (11.35) は媒質に対して静止している観測者 K を想定している．K が媒質に対して運動する場合のドップラー効果は，$t_{先頭}$ の式 (11.28) と $t_{尻尾}$ の式 (11.34) の中の V_K に，「媒質に対する位相速度」と「媒質に対する観測者 K の速度」を合成した

速度（速度合成則の一般的表現 (8.19) を適切に使って計算した速度）を代入すればよい．しかし，$t_{先頭}$ と $t_{尻尾}$ では波動が伝わる方向が異なるので，V_K に代入する値が異なる．以下，この V_K を求める．

　媒質に対する観測者 K の速度は x 軸方向で，$\vec{v}_K = (v_K, 0, 0)$ とする．式 (11.15) の速度 $\vec{v}$ はあくまでも（媒質に対して運動する）観測者 K が測る波源 S の速度とする．また，媒質（に対して静止する観測者）が測る位相速度の大きさを $V_{媒質}$ とする．この設定で，観測者 K が 1 波長の先頭を観測する時間 $t_{先頭}$ を計算する際の V_K は，x 軸方向の運動だけ考えればよいので，11.2 節の式 (11.13) で与えられる．

$$「t_{先頭}\text{ の式 (11.28) の }V_K」= V_{K\,先頭} = \frac{v_K + V_{媒質}}{1 + v_K V_{媒質}/c^2} \tag{11.41a}$$

　観測者 K が 1 波長の尻尾を観測する時間 $t_{尻尾}$ を計算する際の V_K は，少し複雑になる．まず，図 11.7 で，観測者 K が 1 波長の尻尾を観測する位置は $x = L$ からずれて別の位置（$x = \widetilde{L}$ とする）になることに注意する．図 11.7 の点 P から新たな $x = \widetilde{L}$ の位置を結ぶ方向で，11.2 節の式 (11.13) と同様に考えればよい．そこで，観測者 K の速度 $\vec{v}_K$ の「点 P から $x = \widetilde{L}$ の位置の方向成分」を $v_{K\|}$ とすると，

$$「t_{尻尾}\text{ の式 (11.34) の }V_K」= V_{K\,尻尾} = \frac{v_{K\|} + V_{媒質}}{1 + v_{K\|} V_{媒質}/c^2} \tag{11.41b}$$

である．以上の $V_{K\,先頭}$ と $V_{K\,尻尾}$ をそれぞれ式 (11.28) と (11.34) に代入すれば，式 (11.26) から T_K が求められる．ただし，$V_{K\,先頭} \neq V_{K\,尻尾}$ なので，周期のドップラー効果 (11.35a) を計算する際に V_K で括り出す計算には十分注意しなければならない．

　波長のドップラー効果は，もはや四則演算では計算できず，観測者 K が測る位相速度を時間の関数 $V_K(t)$ として表し，その時間積分 $\lambda_K = \int_{t_{先頭}}^{t_{尻尾}} V_K(t)\,dt$ として計算する．この $V_K(t)$ は $V_{K\,尻尾}$ と同様な計算を 1 波長の先頭から尻尾の間の波動，つまり「図 11.6 の事象 O，P，B，A で囲まれる世界面」上で行うことで得られる（本書ではそこまで詳しくは扱わず，興味のある読者への挑戦問題として残す）．

◎ 一般的な設定で，位相速度が光速の波動（光）に限定した場合

　波動として光（位相速度が光速の波動）を考える．図 11.3（上側）の設定で観測者 K が媒質に対して静止した場合におけるドップラー効果は，式 (11.35) で $V_K = c$ とすればよい．さらに，観測者 K が媒質に対して x 軸方向の速度 $\vec{v}_K = (v_K, 0, 0)$ で運動する場合，式 (11.41) で $V_{媒質} = c$ とすればよいので，$V_{K\,先頭} = V_{K\,尻尾} = c$ となる．その結果，式 (11.35) で $V_K = c$ としたものでドップラー効果が与えられる．したがって，光速で伝わる波動の場合は，**観測者 K が媒質に対して運動していても静止していても，ドッ**

プラー効果は式 (11.35) で $V_K = c$ とすればよい.

11.5　光速で伝わる波動のドップラー効果は媒質の運動に依存しない ──

　波動は物体が飛んでいく現象ではなく，物理量の変位（たとえば，弦の上下位置の変動，空気密度の平均値からの変動など）が伝わる現象である．波動には物理量の変位を担う媒質が必要で，その媒質（に対して静止する観測者）から測る「波が伝わる速度」が位相速度である．そのため，11.1 節で述べた状況設定で，媒質に対する観測者 K と波源 S の運動を規定した．ニュートン力学で扱う波動では必ず，媒質，波源，観測者，そして波動そのものの 4 者の間の相対速度を考える必要がある．特殊相対論でも，位相速度が光速より遅い場合には同じ必要性がある.

　しかし，特殊相対論で位相速度が光速の場合，p.120，p.124，p.132 で示したように，つぎの帰結が得られた.

> ── 光速で伝わる波動のドップラー効果の特徴 ──
>
> 　光など位相速度が光速の波動のドップラー効果は，波源と観測者の相対運動だけで決まり，媒質に対する観測者や波源の速度には無関係である.

　この帰結は前節までに判明したことだが，波動と媒質の関係において重要な相対論効果なので，この節を設けて明確にまとめた.

　なお，特殊相対論からいえることは，上記の四角囲みの帰結であり，光速で伝わる波動の媒質が存在するかどうかは判断できない．仮に光速で伝わる波動の媒質が存在したとしても，その存在が上記の帰結に影響を与えなければ，特殊相対論には矛盾しない．光速で伝わる波動の媒質が存在するかどうかは，媒質そのものの性質にかかわる問題であり，そのような媒質の存在が特殊相対論だけでなく，他のあらゆる物理理論や実験事実に矛盾しないかどうかを考えなければならない.

11.6　光速で伝わる波動のビーミング効果 ──

　波源が静止している場合と比べて，波源が運動する場合は，波が運ぶエネルギーが波源の速度方向に集中することがわかる．これをビーミング効果という．ビーミング効果はドップラー効果に基づいて理解できる.

◎ 状況設定
　位相速度が光速の波動のビーミング効果を扱う．位相速度が光速の場合，ドップラー

効果の計算で媒質を考える必要がなく（11.5 節），ビーミング効果の計算がいくらか楽になる．さらに，ドップラー効果の扱いをいくらか簡単化するため，11.3 節の短波長近似を考えて，1 波長の先頭と尻尾の伝播方向は同じとする．

位相速度が光速の波動の波源 S を光源 S ということにする．図 11.8(b) のように，慣性系 K:(ct, x, y, z) の x 軸方向に光源 S が一定速度 v で運動する場合を考える．前節までと同様，光源 S は観測者 K が計る時刻 $t = 0$ で原点 O を通過すると同時に波動を放射し始める．光源 S と共に運動する慣性系 S:(ct', x', y', z') から見て，観測者 K は x' 軸方向に一定速度 $-v$ で運動する．なお，光源 S は，光源の慣性系 S から見てあらゆる方向に常に同じ振幅と周波数の波動（球面波）を放射する．

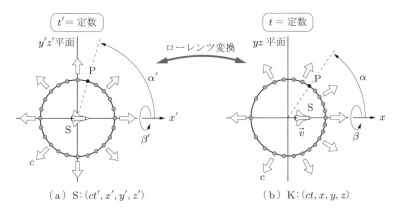

（a）S:(ct', x', y', z')　　　　（b）K:(ct, x, y, z)

図 11.8　ビーミング効果の状況設定．光源 S が放射する球面波のローレンツ変換を考えるための，光子分布（式 (11.42) の前後参照）によるモデル．光源 S から見て（(a) の図）角 α', β' の方向に放射された光子 P は，観測者 K から見て（(b) の図）角 α, β の方向に運動する．この (α', β') と (α, β) の関係はローレンツ変換で求められる．なお，光速不変の原理より，放射された光子の分布は慣性系 K から見ても S から見ても球面状の分布になる．

◎ 光子（位相速度が光速の波動）とエネルギー

ビーミング効果を扱うには，「波が運ぶエネルギー」を明確にする必要がある．位相速度が光速の波動として電磁波（光）を考えると，電磁波が運ぶエネルギーを古典論（章末コラム参照）で正確に扱うには，電磁気学のポインティング・ベクトルという量を考える必要がある．しかし，この 11.6 節では，（ポインティング・ベクトルよりも）数学的な扱いを楽にするため，量子論（章末コラム参照）における**光子**を考えることにする．

量子論では，光子には波動の性質（波長や振幅などが定義できるという意味）と粒子の性質（一つ二つと個数を数えられる粒子の集合とみなせるという意味）が兼ね備わっ

ていることがわかっている．**光速で伝わる波動は，光子の集団が流れている状況として理解できる**[*1]．その様子を図 11.9 に示す．そして，光子の粒子としての性質に注目すると，一つの光子がもつエネルギー ε は次式で与えられる[*2]．

$$\text{光子一つのエネルギー：} \quad \varepsilon = h\nu \tag{11.42}$$

ここで，h はプランク定数で，$h = 6.626 \times 10^{-34}$ J$\cdot$s であり，ν は光子の波動性に対する周波数である．また，光子の波動性から，周期 T と波長 λ を使って，式 (11.1) や (11.3) と同じ関係式（次式）が成立する．

$$\nu = \frac{1}{T} = \frac{c}{\lambda} \tag{11.43}$$

図 11.9 のように，光子の集団が流れる状況（光速の波動が伝わる状況）で，光子の集団が占める空間領域における光子の個数密度（単位は 個$/\mathrm{m}^3 = 1/\mathrm{m}^3$）を n とすると，単位面積を単位時間あたりに通過する光子の個数 μ（単位は 個$/\mathrm{m}^2\cdot\mathrm{s} = 1/\mathrm{m}^2\cdot\mathrm{s}$）は，底面積 $1\,\mathrm{m}^2$ で高さ $c\,[\mathrm{m}]$ の柱状領域内の光子が底面を通って流れる様子を考えて，$\mu = nc$ で与えられる．これに一つの光子のエネルギー (11.42) を掛けて，**エネルギー流速 F**（単位時間に単位面積を通過するエネルギー量，単位は $\mathrm{J}/\mathrm{m}^2\cdot\mathrm{s}$）を得る．

$$\text{光子のエネルギー流速：} \quad F = \varepsilon\mu = h\nu cn = h\nu^2 \lambda n \tag{11.44}$$

最後の等号では式 (11.43) を使った．

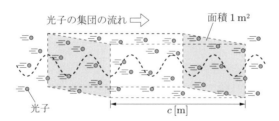

図 11.9 光速で伝わる波動は，光子の集団の流れとして理解できる．単位時間に単位面積を通過する光子のエネルギーが，エネルギー流速である．

[*1] 「光子」は電磁波（光）の量子論的な粒子描像をイメージした言葉であるが，電磁波に限らず，どんな「光速で伝わる波動」であっても，式 (11.42) や (11.44) が適用できる量子論的な粒子的描像が成立する．本書で光子といえば，電磁波に限らず，あらゆる「光速で伝わる波動」の量子論的な粒子描像を意味するとしてよい．

[*2] このように個数が数えられる粒子としての光子とそのエネルギーという考え方は，まだ量子論が発見される前に，アインシュタインがさまざまな実験事実から見抜いた物理的な事実である．特殊相対論と同じ 1905 年に，光電効果に関する論文で発表された．このアインシュタインによる光子という考え方は，量子論の幕開けとなる極めて鋭い物理的洞察であった．アインシュタインの洞察の鋭さについては，文献[4] を参照．

以上の準備を基にビーミング効果を導こう．ただし，特殊相対論では，11.3 節のドップラー効果と共に，光源 S からさまざまな方向に放射された光子の「方向分布のローレンツ変換」も考える必要がある．そこで，はじめに光子の放射方向分布のローレンツ変換を導き，つぎに周波数のドップラー効果を考慮して，ビーミング効果を導く．

◎ 光子の放射方向分布のローレンツ変換

光子の放射方向分布のローレンツ変換を考えるために，光源 S から見てすべての方向の面密度（球面上の密度）が等しくなるように光子を放出する．短波長近似のもとでは，この光子が光の 1 波長に相当すると考えてよい．図 11.8 に，これらの光子の振る舞いの様子を示している．

光源 S と共に運動する慣性系 S で測る光子分布を，図 11.8(a) に示すような「慣性系 S の同時刻な空間内」で測る角 α'，β'（α' は x' 軸から測る角，β' は x' 軸まわりの回転角）を使って表そう．ある角 $(\alpha'_{\mathrm{P}}, \beta'_{\mathrm{P}})$ の方向の光子 P の位置座標 $(ct'_{\mathrm{P}}, x'_{\mathrm{P}}, y'_{\mathrm{P}}, z'_{\mathrm{P}})$ は，

$$
\begin{array}{c}
\text{慣性系 S が測る} \\
\text{光子 P の位置}
\end{array}
:
\begin{pmatrix}
ct'_{\mathrm{P}} \\
x'_{\mathrm{P}} \\
y'_{\mathrm{P}} \\
z'_{\mathrm{P}}
\end{pmatrix}
=
\begin{pmatrix}
ct'_{\mathrm{P}} \\
ct'_{\mathrm{P}} \cos \alpha'_{\mathrm{P}} \\
ct'_{\mathrm{P}} \sin \alpha'_{\mathrm{P}} \cos \beta'_{\mathrm{P}} \\
ct'_{\mathrm{P}} \sin \alpha'_{\mathrm{P}} \sin \beta'_{\mathrm{P}}
\end{pmatrix}
\tag{11.45}
$$

と表せる．原点 O とこの事象を結ぶ直線が，光子 P の世界線である．事象 OP 間の時空距離はゼロ（$-(ct'_{\mathrm{P}})^2 + x'^2_{\mathrm{P}} + y'^2_{\mathrm{P}} + z'^2_{\mathrm{P}} = 0$）であり，光子 P は光の世界線上を運動する．そして，$0 \leq \alpha'_{\mathrm{P}} \leq \pi$，$0 \leq \beta'_{\mathrm{P}} < 2\pi$ の範囲を考えれば，式 (11.45) は慣性系 S が測る光子分布を表す[*1]．

式 (11.45) より，慣性系 S の同時刻な空間内で $x'^2_{\mathrm{P}} + y'^2_{\mathrm{P}} + z'^2_{\mathrm{P}} = (ct'_{\mathrm{P}})^2$ となり，慣性系 S から見て半径 ct'_{P} の球面上に光子が分布していることがわかる．慣性系 S から見てこの球面上に N 個の光子が均等に分布する状況設定から，光子分布の面密度 σ_{S}（単位は 個/m² = 1/m²）は，つぎのようになる．

$$
\sigma_{\mathrm{S}} = \frac{N}{4\pi (ct'_{\mathrm{P}})^2}
\tag{11.46}
$$

以下，光子 P の位置座標 $(ct'_{\mathrm{P}}, x'_{\mathrm{P}}, y'_{\mathrm{P}}, z'_{\mathrm{P}})$ と面密度 σ_{S} を，慣性系 K が測る位置座標 $(ct_{\mathrm{P}}, x_{\mathrm{P}}, y_{\mathrm{P}}, z_{\mathrm{P}})$ と面密度 σ_{K} に変換しよう．

まず，位置座標を変換する．慣性系 K が測る位置座標は，つぎのように，座標 (11.45) に対して x' 軸方向に速度 $-v$ のローレンツ変換 (7.7) を施して得られる．

[*1] 式 (11.45) は，ミンコフスキー時空の中で原点 O を頂点とする光円錐を，慣性系 S の座標系で表したものである．

$$ct_{\mathrm{P}} = \gamma\left(ct'_{\mathrm{P}} + \frac{v}{c}x'_{\mathrm{P}}\right) = \gamma\, ct'_{\mathrm{P}}\left(1 + \frac{v}{c}\cos\alpha'_{\mathrm{P}}\right)$$

$$x_{\mathrm{P}} = \gamma\left(\frac{v}{c}ct'_{\mathrm{P}} + x'_{\mathrm{P}}\right) = \gamma\, vt'_{\mathrm{P}} + \gamma\, ct'_{\mathrm{P}}\cos\alpha'_{\mathrm{P}}$$

$$y_{\mathrm{P}} = y'_{\mathrm{P}} = ct'_{\mathrm{P}}\sin\alpha'_{\mathrm{P}}\,\cos\beta'_{\mathrm{P}} \tag{11.47}$$

$$z_{\mathrm{P}} = z'_{\mathrm{P}} = ct'_{\mathrm{P}}\sin\alpha'_{\mathrm{P}}\,\sin\beta'_{\mathrm{P}}$$

これらの式の第 3 辺は慣性系 S の時間座標 ct'_{P} を含むので，このままでは慣性系 K が測る座標の把握には不便である．そこで，ct'_{P} を消去するために式 (11.47) の時間座標に注目すると，

$$ct'_{\mathrm{P}} = \frac{\psi(\alpha'_{\mathrm{P}})}{\gamma}\, ct_{\mathrm{P}}, \quad \psi(\alpha'_{\mathrm{P}}) := \left(1 + \frac{v}{c}\cos\alpha'_{\mathrm{P}}\right)^{-1} \tag{11.48}$$

を得るので，式 (11.47) をつぎのように整理できる．

$$\begin{matrix}\text{慣性系 K が測る} \\ \text{光子 P の位置}\end{matrix} : \begin{pmatrix} ct_{\mathrm{P}} \\ x_{\mathrm{P}} \\ y_{\mathrm{P}} \\ z_{\mathrm{P}} \end{pmatrix} = \begin{pmatrix} ct_{\mathrm{P}} \\ \psi\, ct_{\mathrm{P}}\cos\alpha'_{\mathrm{P}} + \psi\, vt_{\mathrm{P}} \\ \dfrac{\psi}{\gamma}ct_{\mathrm{P}}\sin\alpha'_{\mathrm{P}}\,\cos\beta'_{\mathrm{P}} \\ \dfrac{\psi}{\gamma}ct_{\mathrm{P}}\sin\alpha'_{\mathrm{P}}\,\sin\beta'_{\mathrm{P}} \end{pmatrix} \tag{11.49}$$

二つの事象間の時空距離は観測者を変えても（ローレンツ変換を施しても）変化しないので（第 5 章），慣性系 K から測っても，原点 O と座標 (11.49) の光子 P を結ぶ世界線の時空距離は（座標 (11.45) の場合と同じ）ゼロである．実際，式 (11.47) あるいは (11.49) を使って直接計算しても，$-(ct_{\mathrm{P}})^2 + x_{\mathrm{P}}^2 + y_{\mathrm{P}}^2 + z_{\mathrm{P}}^2 = 0$ であることがわかる．これは，原点 O と光子 P を結ぶ世界線が確かに光の世界線であることを意味する[*1]．また，関係式 $x_{\mathrm{P}}^2 + y_{\mathrm{P}}^2 + z_{\mathrm{P}}^2 = (ct_{\mathrm{P}})^2$ が成立するので，慣性系 K から見て半径 ct_{P} の球面上に光子が分布していることがわかる．

つぎに，光子分布の面密度を，慣性系 S が測る σ_{S} から慣性系 K が測る σ_{K} へ変換する．図 11.8(b) に示すような「慣性系 K の同時刻な空間内」で測る角 (α, β) を使うと（α は x 軸から測る角，β は x 軸まわりの回転角），光子 P の座標 (11.49) の空間座標は次式で表せなければならない．

$$x_{\mathrm{P}} = ct_{\mathrm{P}}\cos\alpha_{\mathrm{P}}, \quad y_{\mathrm{P}} = ct_{\mathrm{P}}\sin\alpha_{\mathrm{P}}\cos\beta_{\mathrm{P}}, \quad z_{\mathrm{P}} = ct_{\mathrm{P}}\sin\alpha_{\mathrm{P}}\sin\beta_{\mathrm{P}} \tag{11.50}$$

ただし，角の範囲は $0 \leq \alpha_{\mathrm{P}} \leq \pi$，$0 \leq \beta_{\mathrm{P}} < 2\pi$ である．式 (11.50) と (11.49) から，

[*1] 式 (11.49) は，ミンコフスキー時空の中で原点 O を頂点とする光円錐を，慣性系 K の座標系で表したものである．

同一の光子 P の位置の角度座標について，慣性系 S が測る値 $(\alpha'_{\mathrm{P}}, \beta'_{\mathrm{P}})$ と慣性系 K が測る値 $(\alpha_{\mathrm{P}}, \beta_{\mathrm{P}})$ の関係が求められる．

$$\cos \alpha_{\mathrm{P}} = \frac{(v/c) + \cos \alpha'_{\mathrm{P}}}{1 + (v/c) \cos \alpha'_{\mathrm{P}}}, \quad \beta_{\mathrm{P}} = \beta'_{\mathrm{P}} \tag{11.51}$$

そして，この光子 P の周りで，つぎのように与えられる十分小さな角度の範囲を考える．

$$\text{慣性系 K から見て} \begin{cases} \alpha_{\mathrm{P}} - \dfrac{1}{2}\mathrm{d}\alpha_{\mathrm{P}} < \alpha < \alpha_{\mathrm{P}} + \dfrac{1}{2}\mathrm{d}\alpha_{\mathrm{P}} \\ \beta_{\mathrm{P}} - \dfrac{1}{2}\mathrm{d}\beta_{\mathrm{P}} < \beta < \beta_{\mathrm{P}} + \dfrac{1}{2}\mathrm{d}\beta_{\mathrm{P}} \end{cases}$$
$$\text{慣性系 S から見て} \begin{cases} \alpha'_{\mathrm{P}} - \dfrac{1}{2}\mathrm{d}\alpha'_{\mathrm{P}} < \alpha' < \alpha'_{\mathrm{P}} + \dfrac{1}{2}\mathrm{d}\alpha'_{\mathrm{P}} \\ \beta'_{\mathrm{P}} - \dfrac{1}{2}\mathrm{d}\beta'_{\mathrm{P}} < \beta' < \beta'_{\mathrm{P}} + \dfrac{1}{2}\mathrm{d}\beta'_{\mathrm{P}} \end{cases} \tag{11.52}$$

この角度範囲に含まれる光子の個数 $\mathrm{d}N$ に注目すると，「同一の角度範囲に含まれる光子数 $\mathrm{d}N$ は，慣性系 S と K のどちらで数えても同じである」ことから，つぎの関係式が成立する[*1]．

$$\mathrm{d}N = \sigma_{\mathrm{K}} (ct_{\mathrm{P}})^2 \sin \alpha_{\mathrm{P}} \, \mathrm{d}\alpha_{\mathrm{P}} \, \mathrm{d}\beta_{\mathrm{P}} = \sigma_{\mathrm{S}} (ct'_{\mathrm{P}})^2 \sin \alpha'_{\mathrm{P}} \, \mathrm{d}\alpha'_{\mathrm{P}} \, \mathrm{d}\beta'_{\mathrm{P}} \tag{11.53}$$

ただし，慣性系 K から見て半径 ct_{P} の球面上で，式 (11.52) の角度範囲の面積が $(ct_{\mathrm{P}})^2 \sin \alpha_{\mathrm{P}} \, \mathrm{d}\alpha_{\mathrm{P}} \, \mathrm{d}\beta_{\mathrm{P}}$ であること（慣性系 S から見ても同様）と，この面積は十分小さく「面積 × 密度」で個数 $\mathrm{d}N$ が与えられることを使った．この式 (11.53) の第 3 辺は，

$$\sigma_{\mathrm{K}} (ct_{\mathrm{P}})^2 \sin \alpha_{\mathrm{P}} \, \mathrm{d}\alpha_{\mathrm{P}} \, \mathrm{d}\beta_{\mathrm{P}} = \sigma_{\mathrm{S}} (ct'_{\mathrm{P}})^2 \sin \alpha'_{\mathrm{P}} \frac{\mathrm{d}\beta'_{\mathrm{P}}}{\mathrm{d}\beta_{\mathrm{P}}} \frac{\mathrm{d}\alpha'_{\mathrm{P}}}{\mathrm{d}\alpha_{\mathrm{P}}} \, \mathrm{d}\alpha_{\mathrm{P}} \, \mathrm{d}\beta_{\mathrm{P}} \tag{11.54}$$

のように計算できるので，式 (11.51) の関係も使うと，半径 ct_{P} の球面上における光子の面密度 σ_{K} は，

$$\sigma_{\mathrm{K}} = \frac{\mathrm{d}\beta'_{\mathrm{P}}}{\mathrm{d}\beta_{\mathrm{P}}} \frac{\mathrm{d}\alpha'_{\mathrm{P}}}{\mathrm{d}\alpha_{\mathrm{P}}} \frac{(ct'_{\mathrm{P}})^2 \sin \alpha'_{\mathrm{P}}}{(ct_{\mathrm{P}})^2 \sin \alpha_{\mathrm{P}}} \sigma_{\mathrm{S}} = \frac{-1}{\sin \alpha_{\mathrm{P}}} \frac{\mathrm{d}\cos \alpha'_{\mathrm{P}}}{\mathrm{d}\alpha_{\mathrm{P}}} \frac{(ct'_{\mathrm{P}})^2}{(ct_{\mathrm{P}})^2} \sigma_{\mathrm{S}} \tag{11.55}$$

と与えられる[*2]．さらに，式 (11.51) から $\cos \alpha'_{\mathrm{P}} = [-(v/c) + \cos \alpha_{\mathrm{P}}]/[1 - (v/c) \cos \alpha_{\mathrm{P}}]$ であることと式 (11.46) を使うと，つぎの結果を得る．

$$\sigma_{\mathrm{K}}(\alpha_{\mathrm{P}}) = \frac{N}{4\pi(ct_{\mathrm{P}})^2} \frac{1}{\gamma^2 [1 - (v/c) \cos \alpha_{\mathrm{P}}]^2} \tag{11.56}$$

[*1] ここでは，光子の生成消滅，つまり光速で伝わる波動の発生と吸収はないと考えている．

[*2] この計算で基礎的な微分を使っているが，微分に不慣れな場合は，とにかく式 (11.51) と (11.53) から式 (11.56) が得られると天下り的に思って進んでほしい．

この式から，光源 S の進行方向（$\alpha_P = 0$）で光子密度が最大になり，光源 S の進行方向と逆（$\alpha_P = \pi$）で光子密度が最小になることがわかる．なお，ニュートン力学の極限（光速を無限大とみなす極限 $c \to \infty$）では，$\lim\limits_{c\to\infty} \sigma_K = \sigma_S$ となり，慣性系を変えても光子の分布状況は変化しないことがわかる．つまり，**慣性系を変えると光子分布の面密度も変化することは，特殊相対論的な効果である**．

　光子の面密度の「慣性系 S で測る σ_S」から「慣性系 K で測る σ_K」へのローレンツ変換の様子を図 11.10 に示す．図 11.10（左上）では，慣性系 S から見た等方的な光子放射を表す時空図を，z' 軸を省略し 3 次元的に視覚化した．その慣性系 S から見た時空

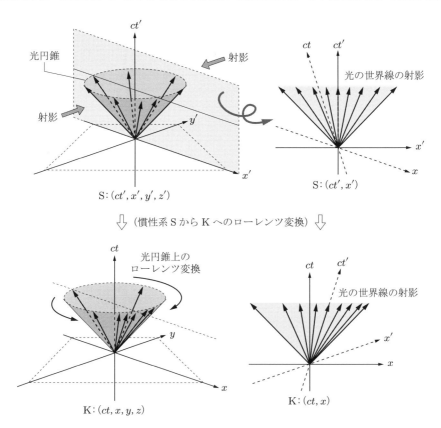

図 11.10　光子分布のローレンツ変換の様子．左上は，慣性系 S から見た等方的な光子放射を表す（z' 軸を省略し 3 次元的に視覚化）．左下は，左上を慣性系 K から見た図に変換したものを表す．**光円錐は慣性系 S と K に対して同一だが，光円錐上の光の世界線の分布が観測者によって異なる**．その分布の違いは，右上と右下の図（それぞれ左側の 3 次元時空図の 2 次元への射影）でわかる．第 5 章の図 5.12 に示す時空図の挙動から，慣性系 K で測る光の世界線の分布は光源 S の進行方向へ偏ることが視覚的に理解できる．

図を，慣性系 K から見た時空図に変換したものが図 11.10（左下）である．光速不変の原理から光円錐は観測者 S と K に対して同一であるが，その光円錐上における光の世界線の分布状況が観測者によって異なる．その分布状況の違いは，図 11.10 の右上と右下（それぞれ左側の 3 次元時空図を 2 次元時空図に射影した図）を見るとわかる．図 5.12 に示すような，ctx 面と $ct'x'$ 面の関係を想像しながら慣性系 S から K へローレンツ変換を施すと，光の世界線と ct 軸そして ct' 軸の相対的な位置関係は慣性系 S でも K でも同じであることから[*1]，慣性系 K で測る光の世界線の分布は光源 S の進行方向へ偏ることが視覚的に理解できる．

◎ 光子（位相速度が光速の波動）のビーミング効果

慣性系 S で測る光子の個数の面密度 σ_S に，式 (11.42) から得られる慣性系 S で測る光子のエネルギー $\varepsilon_S = h\nu_S$ を掛ければ，慣性系 S で測る光子のエネルギー面密度 E_S（単位は J/m^2）になる．

$$E_S(t'_P) = h\nu_S\sigma_S = \frac{Nh}{4\pi(ct'_P)^2}\nu_S \tag{11.57}$$

また，光子分布は光速で広がる球面上に分布しているので，エネルギー流速 (11.44) も考えられる．いまの光子分布は，半径 ct'_P で厚さが 1 波長 λ_S の薄い球殻の体積内の分布と考えられて，式 (11.44) に現れる（慣性系 S で測る）光子の個数密度は $n_S = \sigma_S/\lambda_S$ である．よって，慣性系 S で測るエネルギー流速 F_S は次式になる．

$$F_S(t'_P) = h\nu_S^2\lambda_S n_S = \frac{Nh}{4\pi(ct'_P)^2}\nu_S^2 \tag{11.58}$$

ところで，光子数 N は直接的に測れる量だとは考えにくい．そこで，慣性系 S で測る光源 S から放射された全エネルギー $\mathcal{E}_S$ と，放射の継続時間 $\delta t'_S$ を使って，N の値はつぎの関係式を満たすことに注目する．

$$\mathcal{E}_S = \int_0^{\delta t'_S} dt'_P \int_0^\pi d\alpha'_P \int_0^{2\pi} d\beta'_P\, (ct'_P)^2 \sin\alpha'_P\, F_S(t'_P, \alpha'_P) \tag{11.59a}$$

この右辺の積分を実行すると，N の表式として次式を得る．

$$N = \frac{\mathcal{E}_S}{h\nu_S^2\delta t'_S} \tag{11.59b}$$

以上の考察を慣性系 K で繰り返すと，慣性系 K で測る光子のエネルギー面密度 E_K と

[*1] 光の世界線が ct 軸より左側に 3 本，ct 軸と ct' 軸の間に 1 本，ct' 軸に重なって見えるものが 1 本，ct' 軸より右側に 4 本，という相対的な配置は慣性系 S でも K でも同じである．p.47 の，さまざまな事象の相対的な位置関係に関する注意点も参照．

エネルギー流速 F_K は, 光子分布 (11.56)とドップラー効果 (11.22c)で $V_K = c$, $f_S = \nu_S$ としたものから, つぎのようになる.

光子のビーミング効果 （エネルギー面密度）:
$$E_K(t_P, \alpha_P) = h\nu_K \sigma_K$$
$$= \frac{Nh\nu_S}{4\pi(ct_P)^2} \frac{1}{\gamma^3[1 - (v/c)\cos\alpha_P]^3} \tag{11.60a}$$

光子のビーミング効果 （エネルギー流速）:
$$F_K(t_P, \alpha_P) = h\nu_K^2 \lambda_K \frac{\sigma_K}{\lambda_K}$$
$$= \frac{Nh\nu_S^2}{4\pi(ct_P)^2} \frac{1}{\gamma^4[1 - (v/c)\cos\alpha_P]^4} \tag{11.60b}$$

以上から, エネルギー面密度もエネルギー流速も, 光源 S の進行方向 （$\alpha_P = 0$）で最大になり, 光源 S の進行方向と逆 （$\alpha_P = \pi$）で最小になることがわかる. このように, 光子が運ぶエネルギーが光源の速度方向に集中する現象がビーミング効果である. ここでは光子を考えたが, ビーミング効果は光子だけでなく, 任意の波動にも生じる現象である.

ビーミング効果によるエネルギーの集中度を表す指標として, 慣性系 K が測る光子のエネルギー流速の最小値と最大値の比 R_K を考えると, 式 (11.60b)から次式を得る.

ビーミング効果の集中度: $R_K = \dfrac{F_K(t_P, 0)}{F_K(t_P, \pi)} = \left(\dfrac{c + v}{c - v}\right)^4$ \hfill (11.61)

光源の速さが光速に近いほど （$v \to c$）, 集中度 R_K は大きくなる.

◎ ニュートン力学の枠組みにおけるビーミング効果との比較

相対論の枠組みにおけるビーミング効果は, 式 (11.60b)のエネルギー流速が $F_K = h\nu_K^2 \sigma_K$ となり, 光子の周波数の 2 乗 ν_K^2 と光子分布の面密度 σ_K が角度 α_P に依存することから計算できた. しかし, ニュートン力学の枠組みでは, 式 (11.56)の下でわかったように, 光子分布の面密度はどの観測者で測っても同じになってしまう. したがって, ニュートン力学の枠組みにおけるビーミング効果は, 周波数の 2 乗だけで決まる[*1]. ニュートン力学における波動のエネルギー流速 F_{Newton} は, ニュートン力学における周波数のドップラー効果 （の短波長近似）[*2] から, つぎの比例式になる.

[*1] ニュートン力学の枠組みでも, 位相速度の大きさによらず, 波動が運ぶエネルギー流速は周波数の 2 乗に比例することが導ける. 詳しくは波動を専門的に扱う参考書を参照してほしい.

[*2] 式 (11.22c)の極限 $c \to \infty$ の周波数, つまり次式である.
$$f_{K, Newton} := \lim_{c \to \infty} f_K = \frac{V_K}{V_K - v\cos\alpha} f_S$$

$$F_{\text{Newton}}(t_{\text{P}}, \alpha_{\text{P}}) \propto \frac{f_{\text{S}}^2}{(V_{\text{K}}t_{\text{P}})^2[1 - (v/V_{\text{K}})\cos\alpha_{\text{P}}]^2} \tag{11.62}$$

ただし，V_{K} は波動の位相速度であり，球面波の半径は速さ V_{K} で広がる（半径 $V_{\text{K}}t_{\text{P}}$ の球面である）．この式から，ニュートン力学の波動のビーミング効果によるエネルギー流速の集中度 R_{Newton} は，つぎのようになる．

$$R_{\text{Newton}} = \frac{F_{\text{Newton}}(t_{\text{P}}, 0)}{F_{\text{Newton}}(t_{\text{P}}, \pi)} = \left(\frac{V_{\text{K}} + v}{V_{\text{K}} - v}\right)^2 \tag{11.63}$$

この式からも，相対論の場合の集中度 (11.61) と同様に，波源の速さ v が波動の位相速度に近いほど（$v \to V_{\text{K}}$），集中度 R_{Newton} は大きいことがわかる．しかし，相対論の場合の集中度 (11.61) は「1 より大きい値 $(c+v)/(c-v)$ の 4 乗」で与えられるのに対して，ニュートン力学の場合の集中度 (11.63) は「1 より大きい値 $(V_{\text{K}}+v)/(V_{\text{K}}-v)$ の 2 乗」である．したがって，ニュートン力学の場合よりも相対論の場合のほうが，ビーミング効果による「波源の速度方向へのエネルギー流速の集中度」は高いことがわかる．

なお，1 より大きな値の 4 乗（相対論の場合）と 2 乗（ニュートン力学の場合）という違いは，光子分布のローレンツ変換の有無で生じている．

以上は光子のビーミング効果の計算であったが，光速より遅く伝わる波動であっても，量子論的な粒子描像を考えれば，同様の計算（ただし媒質に対する速度も考慮が必要）が成立し，相対論の場合のほうがニュートン力学の場合よりもビーミング効果の集中度は高くなる．

Column　　古典論，量子論，現代物理学の課題の一つ
••

　ビーミング効果の解説で，古典論的な波動としての電磁波でなく量子論的なエネルギー粒子として光子を扱ったので，古典論と量子論の大雑把な輪郭を筆者の私見に基づいてまとめておこう．ついでに，現代物理学の課題の一つも挙げる．

古典論
　古典論とは，原子スケール（大雑把に 10^{-10} m）の微細な誤差は無視する近似で成立する物理理論の総称である．古典論の大前提（仮説）は，粒子の位置は空間内の 1 点に確定でき，粒子の軌道はニュートンの運動方程式 (2.1) によって唯一の曲線に確定できるという仮説である．マックスウェル方程式に基づく電磁気学や，本書で解説する相対論（11.6 節の光子は除く）は，この古典論といわれる考え方に基づいている．

量子論

　原子スケール（大雑把に 10^{-10} m）より微細な構造も区別するような精度の実験事実から，原子スケールの粒子の振る舞いは，ニュートンの運動方程式 (2.1) で求められる軌道運動では説明できないこと（**不確定性原理**）がすでに判明している．粒子の軌道は唯一つには定められないのである．そして，軌道が定まらないので，（原子スケールの精度では）粒子の振る舞いは確率的に決まると考えることで，原子スケールのさまざまな実験事実がうまく説明できることがわかっている（**確率解釈**）．また，その確率自体の時間変動は，波動のように振る舞うこと（**物質波**あるいは**波動関数**で表されること）もわかっている．このように，「自然界の本性は波動のように振る舞う確率的な存在形態だと考える」ことを基礎とする物理理論の総称が**量子論**である．

　量子論では，電子や光子などの存在確率は波動のように振る舞うものの，いったんその位置が測定されると（ある位置に存在する確率が実現すると），その測定の瞬間だけは存在確率が空間内のたった 1 点に 100%集中する（**波動関数の収縮**）．この瞬間だけは，あたかも古典論のように位置が確定し，古典論の粒子のように見える．しかし，つぎの瞬間からは存在確率が波動の振る舞いに従って空間内に広がっていき，再び位置測定が行われる瞬間にだけ波動関数の収縮が起きて，空間内の 1 点に存在確率が 100%集中する．このような過程の繰り返しで，光を量子論的に扱う**光子**は，エネルギー的にはあたかも光速で運動する古典論の粒子のようにみなせる．11.6 節では，この光子を考えている．

現代物理学の課題の一つ

　特殊相対論は数学的に量子論と整合性が取れること（専門用語で**場の量子論**といわれる枠組み）がわかっているが，一般相対論（重力の古典論）は数学的に量子論と整合性が取れないこともわかっている．現代物理学は，重力理論と量子論を両立させた理解ができない状況である．重力理論と量子論の両者を矛盾なく説明できる物理理論はいまだ不明であり，その理論の解明は現代物理学の極めて重要な課題の一つである．

特殊相対論の補足：
加速運動する観測者

この章の目的 ・・・
- 加速運動する観測者（非慣性観測者）の基礎事項を理解すること．
- その理解に基づき，双子のパラドクスという相対論に対する誤解を解消すること．
・・

前章まで慣性観測者を想定してきた．「非」慣性観測者は，一般相対論を扱う既刊書では扱われる場合も多いが，特殊相対論を扱う既刊書ではあまり扱われていないと思う．そこで，特殊相対論における非慣性観測者の基礎事項をまとめる．

12.1 加速運動する観測者：「非」慣性観測者

慣性観測者と非慣性観測者の区別

特殊相対性原理（3.2 節）で規定される慣性観測者とは，何の力もはたらいていない（複数の力がはたらく場合はそれらの合力がゼロの）状況の観測者である．そして，二人の慣性観測者の間の相対速度は一定（一方の慣性観測者が測るもう一方の慣性観測者の運動は等速直線運動）である．

一方，観測者に何らかの力がはたらくと，その観測者は**非慣性観測者**である．そして，運動方程式に従って，非慣性観測者は（慣性観測者から見て）加速運動する[*1]．以上から，慣性観測者と非慣性観測者の区別方法として，つぎの二つが考えられる．

① 観測者にはたらく力（の和）がゼロかどうかを調べる（ゼロでなければ非慣性観測者）[*2]

② すでに慣性観測者 K がいる場合には，K から見て別の観測者 A の運動が等速直線運動か加速運動かを調べる（加速運動なら非慣性観測者）

[*1] 相対論でもニュートンの運動方程式（力 ＝ 質量 × 加速度）は継承されるので（第 2 章），何らかの力がはたらく観測者には加速度が発生する．なお，運動方程式の相対論的な扱いについては付録 B を参照．

[*2] 観測者にはたらく力とは，重力や電磁気力，圧力など「実在する力」である．そして，区別 ① では，そのような「実在する力」と，観測者が加速運動することであたかも存在するかのごとく見えてしまう「慣性力」が，何らかの実験を通して区別できることを前提にしている．

◎ 慣性観測者の固有時間と非慣性観測者の固有時間の関係

以上のような方法で慣性観測者 K と非慣性観測者 A を区別したうえで，それぞれの観測者が張る座標の間の関係を考える．慣性系 K:(ct, x) の座標の物理的な意味は，3.1 節の定義 (→ p.15) に従って，K が持つ時計で計る時間 t と K が持つ定規で測る空間距離 x である*1．この時間 t は，慣性観測者 K の固有時間 (→ p.98) である．そこで，非慣性観測者 A に対しても，A の固有時間 τ を A の時間座標として採用する．以下，非慣性観測者 A の固有時間 τ と慣性観測者 K の固有時間 t の関係を導く．

慣性系 K:(ct, x) が測る非慣性観測者 A の速度 $v(t)$ は一定でなく，時間 t の関数であり，K の時空図上で A は曲線の世界線を描く．その様子を図 12.1（左側）に示す（図 9.1 も参照）．図 12.1 の $(\, ct_{\mathrm{A}}(\tau), x_{\mathrm{A}}(\tau)\,)$ は，慣性系 K で測る観測者 A の位置座標であり，A の固有時間 τ の関数として表せる．そして，図 12.1（右側）に示すように，慣性系 K が測る観測者 A の速度 $v(t)$ の変化が無視できるほど十分短い時間間隔 δt に注目しよう*2．その δt に対応する十分短い固有時間間隔 $\delta\tau$ における観測者 A の世界線は，実際の曲線の世界線の接線（図 12.1（右側）の太い破線）に置き換えて考えられる．これは，十分短い時間間隔 $\delta\tau$ の間だけは，観測者 A を慣性観測者とみなせることを意味する．したがって，9.2 節の 4 元速度の時間成分 (9.3a) から，つぎの関係式を得る．

$$\frac{\delta\tau}{\delta t} = \sqrt{1 - \left(\frac{v(t)}{c}\right)^2} \quad \left(= \frac{c}{u^{ct}}\right) \tag{12.1}$$

ただし，右辺の $v(t)$ は慣性系 K で測る観測者 A の速度 $v(t)$ である．この式と $|v(t)| < c$

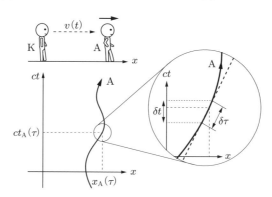

図 12.1 慣性系 K:(ct, x) から見た非慣性観測者 A の運動（曲線の世界線）．慣性系 K で計る十分短い時間間隔 δt に対応する十分短い固有時間間隔 $\delta\tau$ を考えると，時間の遅れと同じ議論が適用できる．

---

*1　正確には，時計は時間的に等間隔に時を刻み，定規の目盛りは距離的に等間隔であることも重要である．時計が時を刻む間隔や定規の目盛り間隔が一定でない場合は，ここでは考えない．

*2　数学的に，より正確には，極限 $\delta t \to 0$ を考える．

より，つぎの不等式を得る．

$$\delta\tau < \delta t \tag{12.2}$$

さらに，式 (12.1) の左辺は極限 $\delta t \to 0$ を考えることで微分になり，$d\tau/dt = \sqrt{1-(v(t)/c)^2}$ と表せる．よって，非慣性観測者 A の固有時間 τ は，慣性観測者の固有時間 t の関数として，つぎのように与えられる[*1]．

$$\tau(t) = \int_0^t \sqrt{1-\left(\frac{v(t)}{c}\right)^2}\,dt \tag{12.3}$$

ただし，$t=0$ で $\tau=0$ とした．右辺の被積分関数は $\sqrt{1-(v(t)/c)^2}<1$ を満たすので，式 (12.2) と同様な不等式

$$\tau(t) < t \tag{12.4}$$

を得る．なお，式 (12.3) で速度 v が一定の場合（観測者 A も慣性観測者の場合）には，$\tau = t\sqrt{1-(v/c)^2}$ となり，6.1 節の時間の遅れ（式 (6.2)）が再現される．

◎ 12.2 双子のパラドクスと非慣性観測者 ────

非慣性観測者を考えないと陥る間違いの一例として，「双子のパラドクス」といわれる論題についてまとめる．

◎ 不十分な議論（パラドックス）がどこで生じるか？

慣性観測者 K ともう一人の観測者 A による以下の実験を考えよう．

① はじめ，観測者 A は慣性観測者 K と同じ位置に留まっており，A と K の時計の時刻は合っている．

② あるとき，観測者 A は，慣性観測者 K から見て x 軸方向に等速直線運動を始めて，K から遠ざかっていく．

③ しばらくしてから，観測者 A は，慣性観測者 K から見て速度の向きを逆方向に変えて，等速直線運動で K へ向かって戻ってくる．

④ その後，観測者 A は観測者 K の位置に戻り，K に対して静止する．そして，お互いの時計の時刻を比べる．（はたして，K と A の時計は同じ時刻を指すのか，あるいはどちらかの時計が遅れているのか？）

[*1] 積分の計算に不慣れで式 (12.3) がよくわからなければ，この式は読み飛ばして，天下り的に式 (12.2) が式 (12.4) を意味すると思って構わない．

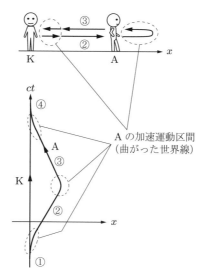

図 12.2 慣性観測者 K と観測者 A の固有時間を比較する実験．過程 ① から ④ の切り替わりで，観測者 A が加速運動する（A が非慣性観測者になる）時間帯があることを考えないと，誤った結論を導いてしまう．

この実験の様子を表す時空図を図 12.2 に示す．実験過程 ② と ③ それぞれにおいて，6.1 節と同様の議論で時間の遅れが考えられる．しかも，観測者 K は「A の時間が K の時間よりゆっくり進む」と認識し，観測者 A は「K の時間が A の時間よりゆっくり進む」と認識する．この認識の違いは，観測者 K と A が再会することがなければ問題とはならず，6.1 節で議論したように，観測者 K と A の同時刻な空間が異なるだけのことである．

　しかし，過程 ④ で観測者 K と A が再会する場合，特殊相対論の考え方を慎重に使うことを怠ると，つぎのような矛盾に陥る．

▶ **不十分な議論（双子のパラドクス）**：過程 ② と ③ において観測者 K と A のどちらも「相手の時間のほうがゆっくり進む」と認識するので，過程 ④ で K と A が再会すると，「どちらの時計も相手の時計より遅れた時刻を指す」という矛盾した結論になってしまう．

このような（特殊相対論の議論の適用が不十分であるために誤って導いてしまった）矛盾のことを「双子のパラドクス」という．なぜ「双子」かというと，この不十分な議論は元々，「観測者 K と A が双子として，A が帰ってきたら双子のどちらが若いのかわからなくなる」という例え方がされたからである．

◎ 正しい議論

双子のパラドクスの議論で不十分な点は，**過程 ①，②，③，④ の切り替わりで観測者 A が非慣性観測者になる**時間帯があることを考えていない点である．すでに前の 12.1 節の式 (12.2) や (12.4) でわかったように，非慣性観測者の固有時間のほうが慣性観測者の固有時間より遅れるのである．したがって，特殊相対論の議論を正しく適用すると，双子のパラドクスはつぎのように解決される．

▶ **正しい議論（双子のパラドクスの解決）**：① から ④ の各過程の切り替わりで観測者 A は加速運動をし，A は非慣性観測者になる．したがって，式 (12.2) や (12.4) から，慣性観測者 K の時間よりも観測者 A の時間がゆっくり進む．そして，過程 ④ で K と A が再会してお互いの時計を比べると，A の時計のほうが遅れていることになる（仮に K と A が双子だったとすると，加速運動を経験した A のほうが年齢が若くなる）．

なお，観測者 K と A の固有時間の差の具体的な値は，観測者 A の運動の仕方，つまり，K が測る A の速度 $v(t)$ の具体的な関数形によって異なる．関数 $v(t)$ が特定できれば，式 (12.4) の積分を実行することで，A と K の固有時間の差の値が得られる．

以上の双子のパラドクスという論点は，特殊相対論には（慣性観測者を使って説明される現象が多いものの）非慣性観測者を考えないと解決できない問題もある，ということを示す教訓だといえるだろう．

一般相対論の基本仮説と重力：
なぜ曲がった時空か？

> **この章の目的** ···
> ● 特殊相対論と等価原理から，重力も考慮すると曲がった時空という考え方が
>   自然に導入されることを理解すること．
> ···

　前章まで重力がない場合の特殊相対論を扱ってきた．第13章と第14章では，重力が
ある場合の一般相対論の基礎的な考え方を定性的に解説する．

13.1　重力の理解にどう迫るか？

　一般相対論における重力の理解の仕方に迫るため，重力に関する実験事実と特殊相対
論を組み合わせて議論する．特殊相対論は，現在の人類の技術水準による実験精度で自
然現象を正しく説明できることが確認されている（第3章の冒頭を参照）．特殊相対論に
基づくつぎの事実が，この章で必要である．

> ▶ **特殊相対論に基づく事実**：無重力状態の時空はミンコフスキー時空である．ミンコフ
>   スキー時空上で，光（ゼロ質量粒子）はあらゆる物質が実現可能な速度の最高速
>   （光速 $c = 2.99792458 \times 10^8 \, \mathrm{m/s}$）で等速直線運動する．

　光（ゼロ質量粒子）は「無重力状態で直線上を最高速で進む」という特別な性質をもっ
ている．そこで，重力をどう理解するか，という問題を，「重力がある場合の光の振る舞
い」を頼りに考えていく．この章の構成はつぎのとおりである．

> ▶ 13.2節（実験事実1）：光を考える前の準備として，重力に関する最も基礎的な実験
>   事実から得られる**等価原理**についてまとめる．
> ▶ 13.3節（実験事実2）：等価原理と特殊相対論を組み合わせて推察される「重力があ
>   る場合の光の振る舞い」として，**重力レンズ効果**についてまとめる．
> ▶ 13.4節（実験事実に基づく仮説）：以上の実験事実に基づき，「重力がある場合の時空
>   を（ミンコフスキー時空でなく）**曲がった時空**として理解する」という一般相対

論の基本仮説を導入する．曲がった時空の定性的な解説も行う[*1]

◎ 13.2 実験事実 1：等価原理

質量はエネルギーの一種であること（9.3 節参照）と質量に重力が作用すること（1.1節参照）を合わせると，物体（質量をもつもの）や光（質量はもたないがエネルギーをもつもの）は重力の源となり，かつその物体や光にも重力がはたらくことがわかる．実際，物体や光は互いに常に（微弱な強さであっても）重力を及ぼし合っている．そして，物体や光が重力の作用だけで（重力の他に力を受けず）運動するとき，その運動を**自由落下運動**という．自由落下運動を利用した重力の実験事実として，つぎのことに注目しよう．

▶ **基礎的な実験事実**：質量が異なる物体 A と B を，同一の重力で自由落下運動させると，A と B の加速度は常に等しい．

これは，たとえば図 13.1 のように，地上で鉄球 A と羽毛 B を鉛直に立てた十分細い真空管の中で同時に初速ゼロで自由落下させると，鉄球 A と羽毛 B はまったく同じ運動をして同時に着地するという実験事実である[*2]．これは，鉄球 A と羽毛 B が自由落下を始める位置と時間が同一であれば，どんな観測者が測っても A と B は同一の位置に同時に着地する（A と B は時空上で同一の世界線上を運動する）ことを意味する．この**基礎的な実験事実は観測者の選び方によらない実験事実**である．この事実の内容を以下の 3 段階で吟味すると，等価原理という事実を認識できる．

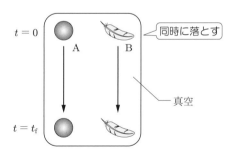

図 13.1 基礎的な実験事実．地上で鉛直に立てた真空管の中で，鉄球 A と羽毛 B を同じ高さから同時（時刻 $t = 0$）に初速ゼロで落とすと，同時（時刻 $t = t_f$）に着地する．この運動は重力だけ作用する運動（自由落下運動）である．この実験事実は観測者の選び方によらない事実である．

---

*1　2 次元であれば，ミンコフスキー時空は「平面」に相当し，曲がった時空は「曲面」に相当する．そして，時空の曲がり具合が重力であると考えるのが一般相対論の基本仮説である．

*2　真空管は十分細く，鉄球 A と羽毛 B に同一の重力がはたらいているとみなせる．

◎ 基礎的な実験事実の吟味 1：重力の有無による物体の運動の違い

上記の基礎的な実験事実を吟味するうえで必要な**補助的事実**を確認する．まず，図 13.2（左側）のように，観測者 K が無重力状態で慣性観測者になっている場合を考える．そして，観測者 K が物体 A を打ち出し，その後の A に何の力もはたらかないとする．この場合，観測者 K には物体 A が等速直線運動しているように見える．これは 3.2 節の特殊相対性原理（の第 2 文）の状況である．

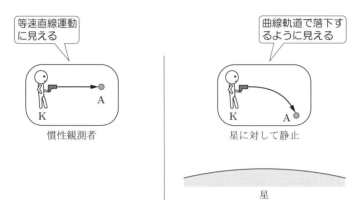

図 **13.2**　基礎的な実験事実を吟味するための補助的事実．観測者 K が無重力空間の慣性観測者の場合（左側）と，観測者 K が星（重力源）から一定の距離に静止する場合（右側）では，K が打ち出した物体 A の運動が明らかに異なる．

つぎに，図 13.2（右側）のように，観測者 K が星（重力源）からの空間距離が一定の位置に静止している場合を考える．たとえば，地上に立っている人はこの観測者 K に該当する．観測者 K が打ち出した物体 A が自由落下運動をすると，K には A が図 13.2（右側）のように星に向かって曲線軌道を描いて落下していくように見える．この事実は誰もが知っているだろう．

◎ 基礎的な実験事実の吟味 2：自由落下で無重力状態を体験できる

図 13.2 の補助的事実と基礎的な実験事実 (→p.149) を組み合わせるために，図 13.2（右側）の実験で観測者 K も物体 A と共に自由落下する場合を考える[*1]．この場合の観測者 K と物体 A の運動の様子を図 13.3 に示す．なお，観測者の自由落下運動による加速度の向きは，運動方程式[*2] によって重力と同じ向きであることを，以下の議論のため

[*1]　念のため確認しておくが，自由落下運動するということは，観測者 K にも物体 A にも空気抵抗などははたらかず，重力だけがはたらくことを意味する．

[*2]　ニュートン力学の枠組みでは式 (2.1)，特殊相対論の枠組みでは付録 B の式 (B.26) である．同様に，重力がある場合の一般相対論でも，「力」＝「質量」×「加速度」という形で物体の運動方程式を整理できる．

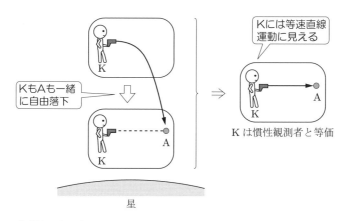

図 13.3　基礎的な実験事実 (→ p.149) と補助的事実 (→ p.150) が示すこと．観測者 K も物体 A も（空気抵抗など重力以外の力ははたらかないとして）星の重力に逆らわず自由落下運動すれば，観測者 K が見る物体 A の運動は等速直線運動になる．

に指摘しておく．

　基礎的な実験事実の図 13.1 における鉄球と羽毛を図 13.3 の観測者 K と物体 A に対応させれば，「観測者 K と星の距離」と「物体 A と星の距離」は（どちらも短くなっていくものの）常に等しいことがわかる．一方，観測者 K と物体 A の間の空間的な距離（重力に直交する方向，つまり水平方向の距離）は一定速度で離れていく[*1]．したがって，「**自由落下する観測者 K**」から見る「**自由落下する物体 A**」の運動は等速直線運動である．

　この自由落下する観測者 K が観測する状況は，図 13.2（左側）や 3.2 節の特殊相対性原理（の第 2 文）と同じ状況である．これは，**観測者が自由落下運動すると，その観測者には（自由落下を引き起こしている）重力が打ち消されているように見える**ことを意味する．たとえば，ジェットコースターが急斜面を落下[*2]する際に身体がフワッと浮くような感覚になるが，それが「重力が打ち消されているように感じる状態」，つまり無重力状態の感覚である．また，飛行機が上空でエンジンを止めて落下すれば，落下中の機内では無重力状態を体験できる[*3]．この事実は宇宙飛行士の無重力状態の作業訓練に利用されている．

◎ 基礎的な実験事実の吟味 3：十分小さな時空領域で重力は打ち消せる

　観測者が自由落下運動することで，その自由落下を引き起こす重力が打ち消されるよ

[*1]　水平方向には何の力もはたらいていないので，運動方程式より物体 A の速度の水平成分は一定（加速度の水平方向成分はゼロ）である．

[*2]　車両とレールの摩擦が十分弱く，かつブレーキを掛けなければ，ジェットコースターの急斜面の落下はほぼ自由落下だと考えてよいだろう．

[*3]　機体にはたらく空気抵抗は無視できるとする．

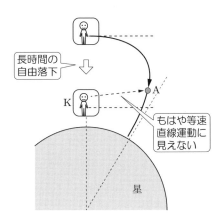

図 **13.4**　基礎的な実験事実の注意点．観測者も物体も自由落下して「観測者が見る物体の
　　　　運動が等速直線運動になる」ためには，観測者のまわりの十分狭い空間領域かつ
　　　　十分短い時間間隔に限定して（時空上で局所的に）考える必要がある．

うに見えることがわかった．しかし，この事実には一つ注意点がある．その注意点が顕
著に表れる状況設定を図 13.4 に示す．

　図 13.4 は，星のまわりで観測者 K と物体 A の自由落下を長い時間継続させる状況で
ある．あまり長い時間が経過すると，観測者 K と物体 A の間の空間距離も広がり，観
測者 K と物体 A にはたらく重力の向きや大きさが同一ではなくなる．そうすると，運
動方程式から K と A の加速度も異なってしまうので，もはや観測者 K から見た物体 A
の運動は等速直線運動ではなくなる．したがって，あまり長い時間，そして広い空間領
域にわたっては，自由落下による重力の打ち消しは必ずしも可能ではない．いい換える
と，**自由落下による重力の打ち消しは，十分短い時間間隔かつ十分狭い空間領域に限定
すれば必ず実現される**[*1]．

◯ 基礎的な実験事実のまとめ：等価原理

　自由落下による重力の打ち消しは「十分短い時間間隔かつ十分狭い空間領域に限定し
て実現される」のだが，これを少しいい換えると「時空上で一つの事象のまわりの（時
間的にも空間的にも）狭い範囲で実現される」となる．これを数学的な用語では「時空

[*1]　このように短い時間間隔と狭い空間領域を考えなければいけないことは，重力の向きと強さが時空上で一様ではない
　　からである．たとえば，図 13.4 のような球形の星を源とする重力の向きは星の中心向きであり，重力の強さは星か
　　ら遠ざかるほど弱くなる．一方，たとえば，十分広い板を宇宙に浮かべると，その板を源とする重力の向きと大きさ
　　は割と広い範囲で一様になり，自由落下による重力の打ち消しが長時間かつ広範囲で実現できるかもしれない．しか
　　し，いまの我々の議論で注目したいのは，広い板のように特別な設定だけに限った事実ではなく，**任意の重力源を想
　　定した一般的な状況設定に通用する普遍的な事実**である．そのような普遍的な事実の認識に適すると思われる例が，
　　図 13.4 の状況設定である．

上で局所的に実現される」と簡潔にいい表す[*1]. 以上をまとめると，p.149 の基礎的な実験事実は，つぎの等価原理という事実を意味することがわかる.

等価原理

　任意の重力がはたらく状況で自由落下運動する観測者にとって，十分小さな（局所的な）時空領域は無重力状態に見える．つまり，自由落下運動の加速度によって（その自由落下を引き起こす）重力が打ち消されるように見える.

　この実験事実は，重力とその重力が引き起こす自由落下の加速度が「等価」だということを意味しているので，等価原理という．上記の等価原理の記述内容は「重力が時空上に存在する場合に，どのような観測者に対して（自分自身や周囲の物体にはたらく）重力が打ち消されるように見えるか」という内容である．一方，自由落下の加速度と重力の等価性をさらに一歩進めて考えると，「重力が時空上に存在しない場合に，任意の加速運動をする観測者には（自分自身やまわりの物体に）どんな重力がはたらいているように見えるか」という内容にいい換えることもできる．このいい換えを理解するために，図13.5 の状況を考えよう.

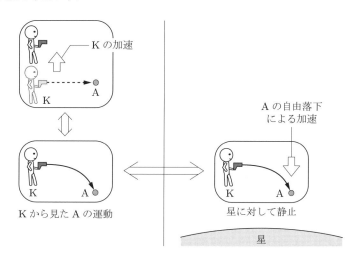

図 13.5　等価原理のいい換え．重力がない場合で加速運動する観測者（非慣性観測者）とつぎの観測者は，まわりの物体の運動が同じに見えるという意味で同等である：「非慣性観測者の加速度と同じ大きさで逆向きの自由落下の加速度を引き起こすような重力の中で，その重力源から一定の空間距離に留まる観測者」.

[*1]　局所的とは，十分狭い範囲という意味である．数学的に正確には，時空上の一つの事象の「近傍」という概念で定義できるが，その正確な意味を知りたい場合は，微分幾何学や一般相対論の本格的な解説書で学んでほしい（文献[8–15]など）.

図 13.5（左上）は，図 13.2（左側）の観測者 K が物体 A を射出した直後に上向きに加速運動を始めた場合である．そして，図 13.5（左下）は，その観測者 K が見る物体 A の運動の様子である．つまり，図 13.5（左上と左下）は，重力がない状況（特殊相対論の状況）で加速運動する観測者 K が，慣性運動する物体 A を観測する状況である．この場合，観測者 K が物体 A の速度を測ると，**K の加速度とは逆方向（図 13.5 の下向き）の速度成分が時間と共に増加するように見える**，つまり K の足元に向かって落ちていく曲線軌道を描くように見える．

一方，図 13.5（右側）の状況を考えよう．この状況設定では，観測者 K の足元に重力源（たとえば星）があるとし，かつ「その星が観測者 K に及ぼす重力によって生じる自由落下の加速度」が「図 13.5（左側）の加速運動の加速度と同じ大きさで逆向き」に等しいとする．そして，K が星から一定の距離に留まりながら物体 A を射出する．この場合，等価原理（重力とその重力による自由落下の加速度が等価であること）から，図 13.5（右側）の観測者 K が測る A の自由落下運動は図 13.5（左下）の観測者が測る物体 A の運動と同じである．

以上の事実の身近な具体例は，電車が駅ホームから発車後の加速中に，電車の加速方向と逆向きに引っ張られるように感じることであろう[*1]．図 13.5 に基づく考察は込み入っていると感じた読者もいると思うが，電車が発車する際のことを思い出せば，よく知られた実験事実が等価原理と結びついていることがわかる．

以上から，等価原理（→p.153）は，局所的に成立する事実であることに注意して，つぎのようにいい換えられる[*2]．

> **― 等価原理のいい換え ―**
>
> 重力がない状況で任意の加速運動する観測者が測る周囲のあらゆる物体の運動は，「その加速度と同じ大きさで逆向きの自由落下運動を引き起こす重力源（たとえば，ちょうどよい大きさと質量の星）」から一定の空間距離に留まる観測者が測る周囲のあらゆる物体の運動と，局所的に同じである．

このいい換えは，電車が発車する際の経験などから，すでに実験的に確認されている事実である．以下，等価原理とそのいい換えを基にした推論と，その推論の正しさを裏付ける実験事実から，曲がった時空という考え方に迫っていく．

[*1] 加速中の電車内の人が，図 13.5（左側）の加速する観測者 K に対応する．さらに，強いていえば，電車内の人の手足が慣性運動（しようとする）物体 A に対応するだろう．その手足が慣性運動しようとするのを（電車の加速によって）無理やり引っ張ることで，「電車の加速方向と逆向きに引っ張られるように感じる」ことになる．

[*2] 等価原理のいい換えも局所的に考えないと，そこに登場する二人の観測者が測る「あらゆる物体の運動」が一致することは不可能である．p.152 の脚注と同様に考えるとわかる．

13.3 実験事実 2：光の軌道の屈曲

　ニュートンの重力理論では，重力がはたらく状況であっても，光の軌道は空間（ニュートン力学で想定する 3 次元ユークリッド空間）内の直線になる．しかし，一般相対論ではそうならない．この節では，光速不変の原理に基づく光の運動と等価原理から，「重力の影響によって光の軌道が曲がる（**重力レンズ効果**）」という結論を導く．その結論に至る考察を 2 通り示し，その結論が観測的に確認されていることもまとめる．

◎ 考察 1：非慣性観測者が測る光の軌道と重力の影響

　重力がない場合，つまり特殊相対論の枠組みで，観測者 A が観測する光の軌道を考察する．A が観測する光は，別の慣性観測者 K が放射したとする．この様子を図 13.6 に示す．この状況で A が観測する光の特徴をとらえたあと，等価原理と組み合わせて，光の軌道に対する重力の影響を考える．

　まず，観測者 A が慣性観測者の場合を考えよう．光速不変の原理（→ p.17 あるいは p.106）から，慣性観測者 K が放射した光は，K から見て等速直線運動である（図 13.6 上側）．そして，いま注目している慣性観測者 A が同じ光を測定すると，K と A の相対速度（この速度は一定）によって光の進行方向は K が測る場合とは異なるものの（図 13.6 左下），光速 c の等速直線運動であることは変わらない．

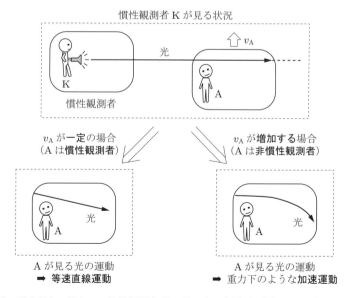

図 13.6　重力がない場合に，慣性観測者 K が見る光の軌道（上側）と観測者 A が見る光の軌道（下側）．

つぎに，観測者 A が加速運動する非慣性観測者の場合を考える．図 13.6（右下）には，慣性観測者 K が測る観測者 A の速度 v_A が増加する場合を示す．この場合，観測者 A が光の運動を測定すると，光の速度の「A の加速度とは逆方向の成分（図 13.6 の下向き成分）」が実効的に増加しているように見える．その結果，A には光の軌道も曲がって見える[*1][*2]．

以上の事実は，重力がない場合における，観測者 A の運動の違いによる光の運動の見え方の違いである．この事実に等価原理のいい換え（→p.154）を組み合わせると，つぎのような重力源（たとえば，ちょうどよい大きさと質量の星）が想定できる．

▶ **想定する重力源**：その星の表面での重力が任意の物体に引き起こす自由落下運動の加速度は[*3]，図 13.6（右下）の非慣性観測者 A の加速度と同じ大きさで逆向きである．

このような星を想定すれば，その星の表面に観測者 A が立った状況（自由落下はせず重力に逆らって星の表面に留まる状況）は，図 13.6（右下）の非慣性観測者 A とまったく同一であることを等価原理は意味する．したがって，その星の表面に立つ観測者 A にも，光の軌道は曲がって見えなければならない．つまり，その星の重力は，光の軌道を星に向かって引っ張る方向に曲げると結論される（図 13.7（左側）を参照）．さらに，図 13.6（右下）の観測者 A の加速度が大きいほど光の軌道が曲がる角度も大きくなるので，重力が強いほど光の軌道は大きな角度で曲げられることになる．

◎ 考察 2：自由落下する観測者から見た光の軌道と重力の影響

考察 1 では，はじめに重力がない状況（特殊相対論）を考察してから，等価原理を組み合わせることで，「重力によって光の軌道が曲がる」という結論に到達した．ここでは，はじめから重力がある状況を考察しても，等価原理と特殊相対論を組み合わせることで，同じ結論に到達することを示す．そのための状況設定が図 13.7 である．これは，星の表面に立つ観測者 A が光を放ち，その光を自由落下する観測者 K も観測する状況である．図 13.7（左側）は観測者 A から見た状況で，図 13.7（右側）は自由落下する観測者 K から見た状況である．

---

*1 光速不変の原理は，慣性観測者が測る光の速度が一定だといっているのであり，非慣性観測者が測る光の速度は時間的に変化しても構わない．そして，図 13.6（右下）は，非慣性観測者 A が測る光の軌道が曲がる例である．

*2 ニュートン力学の枠組みでは光速は無限大だと考えるので，光の速度の「A の加速度とは逆方向の成分」などという有限な速度成分を考えても意味はなく，観測者 K が光を発した瞬間に無限の彼方まで直線状の光線が現れることになる．そのため，ニュートン力学の枠組みでは，非慣性観測者 A にも光の軌道は直線に見えなければならない．したがって，相対論において非慣性観測者 A から見た光の軌道が曲がって見えるのは，光が有限の速さで運動するからである．

*3 星の表面に穴を掘って落とす実験などを考えればよい．

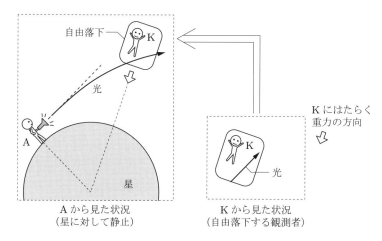

自由落下

光

A

星

A から見た状況
（星に対して静止）

K にはたらく
重力の方向

光

K から見た状況
（自由落下する観測者）

図 13.7 光の軌道に対する重力の影響.

　まず，観測者 K から見た状況，図 13.7（右側）を考える．観測者 K は自由落下しているので，等価原理によって，局所的に無重力状態（特殊相対論と同じ状況）になる．つまり，等価原理と特殊相対論（光速不変の原理）から，観測者 K には光が光速 c で等速直線運動しているように見えなければならない．

　つぎに，観測者 A から見た状況，図 13.7（左側）を考える．星の表面に立つ観測者 A から見ると，上述のとおり，「自由落下する観測者 K から見た光の軌道が局所的に直線」になるように，光の軌道が曲がって見えなければならない．その光線の曲がり方は，ちょうど観測者 K の自由落下運動の加速度を打ち消して，「観測者 K には局所的に光が光速 c で等速直線運動する（局所的に光速不変の原理に従う）ように見える」という曲がり方である．つまり，星の重力は，光の軌道を星に向かって引っ張る方向に曲げると結論される．さらに，運動方程式より，図 13.7 の星の重力が強いほど観測者 K の自由落下の加速度も大きいので，重力が強いほど光の軌道が曲がる角度も大きくなければならない．

◎ 実験事実：重力レンズ効果

　以上の考察 1 と 2 によって，等価原理と特殊相対論に基づく考察を重力がある場合から始めても，重力がない場合から始めても，「重力によって光の軌道が曲がる」という結論に至ることがわかった．重力が光の軌道を曲げることを，**重力レンズ効果**という．重力が強いほど重力レンズ効果が強い，つまり光の軌道が曲がる角度が大きくなる．さらに，この重力レンズ効果が現実に起きていること，つまり等価原理と特殊相対論から得た結論が正しいことは，さまざまな天体観測によって確かめられている．以下，その一

例を紹介する.

図 13.8 は，日本のすばる望遠鏡によって撮影された重力レンズの画像である．中心の明るい銀河は地球から約 70 億光年の距離にあり，この銀河が重力レンズ効果を引き起こしている（以下，この銀河を「レンズ銀河」という）．このレンズ銀河を取り囲むように見えている円弧状の像は，二つの銀河の像が重なったものである[*1]．その二つは約 90 億光年の距離にある銀河と約 105 億光年の距離にある銀河であり，それぞれの銀河の像はレンズ銀河による重力レンズ効果で円弧状に歪んで見えている（図 13.9）．その二つの円弧状の銀河像が重なったものが，図 13.8 のレンズ銀河を取り囲む円弧状の像である．その様子が，国立天文台で作成された図 13.9 に描かれている.

図 13.8 重力レンズ効果の画像（©国立天文台）．中心の明るい銀河は地球から約 70 億年の距離にあり，この銀河によって重力レンズ効果が引き起こされている．この「レンズ銀河」を取り囲む円弧上の像は，約 90 億光年の距離にある銀河と約 105 億光年の距離にある銀河の二つの像が重力レンズ効果によって円弧状に歪んで重なったもの．この重力レンズ天体の報告論文：田中賢幸 他, The Asrtophysical Journal Letters, 826; L19(6pp), 2016 August 1.

[*1] 望遠鏡で観測された光にはさまざまな波長の光が混ざっているが，どの波長の光がどれだけ含まれているかを分析（分光解析）することで，二つの銀河の重力レンズ像であることがわかった.

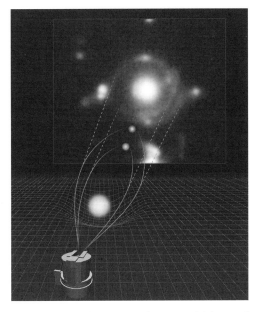

図 13.9　重力レンズ効果（図 13.8）の解説図（©国立天文台）．手前の望遠鏡の絵は，
　　　　すばる望遠鏡．奥にある二つの銀河が発した光が，その手前のレンズ銀河の重力
　　　　レンズ効果によって軌道が曲がり，すばる望遠鏡に届く様子が描かれている．さ
　　　　まざまな角度から，曲がった軌道を通過した光が望遠鏡に届くことで，銀河の像
　　　　が円弧状に歪んで観測される．

　このように，重力レンズ効果は，等価原理と特殊相対論の組み合わせで結論される論
理的帰結であると共に，実際に天文観測によって確かめられている実験事実でもある（章
末コラム参照）．なお，ここまでの重力レンズ効果の議論は，重力で光の軌道が曲がると
いう性質の議論（定性的な議論）である．光の軌道の屈曲角度の値など数値化した議論
（定量的な議論）の概要は，第 14 章で解説する．その前に，つぎの 13.4 節では，これま
での実験事実を踏まえて，いかに重力の本質を捉える仮説を立てるかという議論に進む．

13.4　実験事実に基づく仮説：曲がった時空と重力

重力レンズ効果が提起する論点

　高校までに学修する数学や，大学でも現代数学が必要な一部の専門分野を除いた多く
の分野では，「平行な 2 直線」を空間内のどこにでも描けることは当然だと考えているだ
ろう．平行線の性質はつぎのようにまとめられる．

　▶ 平行線の性質：任意の 2 点から同じ向きに 2 直線を引いていくと，お互いの距離は

永遠に一定に保たれ，遠ざかることも近づくこともなく，ましてやその 2 直線が
交わることはない．

「平行な 2 直線が空間内のどこにでも存在できる」という性質は，「平坦な空間」の重要
な特徴である．そして，重力がない場合のミンコフスキー時空は平坦であり，時空上の
どこにでも平行な 2 直線（世界線）が存在できる．それを示す物理的な状況として，無
重力状態で異なる 2 点（異なる観測者の位置）から同じ速度で 2 物体（二つの光子でも
よい）を射出すれば，それらの世界線が平行線を描くことが挙げられる．

この節では，**重力レンズ効果によって，我々の宇宙の時空には必ずしも平行な 2 直線
を引くことができないことを示す**．そのために図 13.10 の設定に注目する．

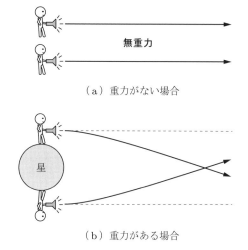

（a）重力がない場合

（b）重力がある場合

図 13.10 重力レンズ効果による，平面上の平行線の性質の破綻．(a) は，重力がない場合
に 2 本の光線を同じ向きに放射する実験．ミンコフスキー時空は平坦な時空な
ので，この 2 本の光線は平行線を描く．(b) は，重力がある場合に 2 本の光線
を同じ向きに放射する実験．この 2 本の光線は，重力レンズ効果により平行線
を描かない．

図 13.10(a) は，重力がない場合（特殊相対論の枠組みのミンコフスキー時空）で，相
対速度がゼロの二人の慣性観測者が同じ向きに光を放つ実験である．13.1 節の特殊相対
論に基づく事実のとおり，ミンコフスキー時空上では光の軌道（世界線の「同時刻な空
間」への射影）は直線である．そして，無重力状態で図 13.10(a) の実験を行うと，2 本
の光線は平行線を描く．

つぎに，図 13.10(b) は，二人の観測者が星の北極と南極から「星がなければ 2 本の平
行な光線を描くはずの方向」に光を放つ実験である．この実験では，星の重力による重

力レンズ効果で 2 本の光線は曲がって平行線は描かない（図 13.9）．ところで，等価原理から，光線上の任意の位置で自由落下運動する観測者には（局所的には）光線は直線に見えるので，光は（重力があろうがなかろうが）局所的には常に直線を描きながら進行する．したがって，局所的には直線を描く光線が図 13.10(b) のように重力で曲がること（重力レンズ効果）から，重力がはたらく時空は「平行線がどこにでも存在できることを前提にした数学」では理解し切れないことがわかる[*1]．この問題をどう克服するかが，重力を正確に理解するカギを握る論点である．

◎ 曲がった時空という考え方の導入と等価原理

　図 13.10 で提起された論点への挑戦を，平坦な時空の整理から始めよう．以下の本書の議論で注目する平坦な時空の性質は，「その時空のあらゆる領域に 2 本の平行線を引ける」という性質である[*2]．したがって，図 13.10(a) の実験事実は，ミンコフスキー時空が平坦な時空（の一つ）であることに由来する．これを踏まえ，図 13.10(b) の実験事実を理解するうえで最も自然で単純な考え方は，「**重力がある場合の時空は平坦ではない，つまり曲がった時空である**」という考え方だろう（章末コラム参照）．

　曲がった時空をいきなり 4 次元で想像するのは困難だが，2 次元の場合からイメージ形成を始めるとよいだろう．また，時間方向と空間方向の違いを始めから考えるのも困難かもしれない．そこで，曲がった 2 次元空間，つまり曲面を考えることから始めるのがよいだろう．そして，曲がった時空への導入として曲面を紹介する際に，いくつか適切な例があると思うが，本書ではイメージ形成の観点から図 13.11 を例として考えよう．

　図 13.11(a) は，点 A と B から同じ向きに引き始めた 2 直線が，平行線を描かずに近寄って交わるような曲がり方の例を示す[*3]．このような曲面の構成方法はいくつかあるが，ここでは「平面の一部を切り取り，その切り口を貼り合わせる」ことで構成している．また，図 13.11(b) は，点 A と B から同じ向きに引き始めた 2 直線が，平行線を描かずに離れていくような曲がり方の例を示す．このような曲面の構成方法はいくつかあるが，ここでは「平面の一部を切り開き，その開いた隙間を別の曲面の一部分で埋める」

[*1] 一般相対論や微分幾何学をすでに知っている読者は，時空上の異なる 2 点から測る「向き（が同じ）」の定義が曖昧だと指摘するはずである．正確には，「平行移動」や「リー移動」など，離れた 2 点で測る向きの比較方法を定義する必要がある．ここでは，重力が存在する時空ではミンコフスキー時空の性質が必ずしも保持されないことを強調するために，あえて不正確さが残る記述をした，と理解してこの先を見てほしい．

[*2] 微分幾何学では，時空や空間の曲がり具合を定量的に扱う量として「曲率」が定義され，曲率が時空上のあらゆる点でゼロの時空が平坦な時空だと定義する（文献[14, 15] など参照）．ミンコフスキー時空は，そのように定義される平坦な時空の代表例である．本書ではそこまで踏み込まない．

[*3] 平面上の直線に対応する曲面上の線を測地線という．測地線は，その曲面上の各点において「局所的に直線」であるような線だといえるが，これでは漠然として具体的にどういうことか疑問に思うだろう．測地線の定義を明確に理解することも楽しみにしながら，本書のあとに一般相対論や微分幾何学を扱う他書に進んでもらうとよいだろう（文献[6-15] など）．

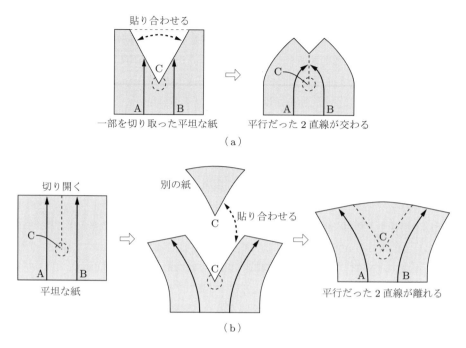

図 13.11 2 次元の場合の曲がった空間は曲面である．(a) は，2 点 A と B から同じ向き
に描いた直線が平行にならず，近寄って交わるような曲がり方．この曲面上で
点 C のまわりの角度は 360° より小さい．(b) は，2 点 A と B から同じ向きに
描いた直線が平行にならず，離れていくような曲がり方．この曲面上で点 C の
まわりの角度は 360° より大きい．

ことで構成している．このように切り貼りして作った 2 次元面の特徴として，たとえば，
図 13.11 の点 C のまわりを一周した際の回転角が挙げられる．図 13.11(a) の点 C を囲
む一周の角度は，平面を切り取って縮めた分だけ 360° より小さい．また，図 13.11(b)
の点 C を囲む一周の角度は，平面を切り開いて継ぎ足した分だけ 360° より大きい．こ
のように，空間の曲がり方として，一周の回転角が 360° からずれるような曲がり方が
可能だとわかる．他にも，曲面上に描く三角形の内角の和が，図 13.11(a) では 180° よ
り大きくなり，図 13.11(b) では 180° より小さくなることもわかる．

　また，図 13.11 の（切り貼りする前の）元の平面にゴムシートのように伸び縮みする
性質があるとして，「平行線を引いた平面の一部を縮めたり広げたり」する方法で，「（元
の平面上では平行だった）2 直線間の距離が短くなったり長くなったりする曲面」も構
成できる．このように「伸縮」によって構成した曲面（に描く図形）は，図 13.11 の「切
り貼り」で作った曲面（に描く図形）と必ずしも同じ性質をもつとは限らないが，その
詳細は微分幾何学や一般相対論の本格的な解説書に譲る．

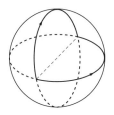

図 13.12 球面上では，任意の 1 点から異なる方向に描きだした直線が球面の反対側で交わる．平坦な平面上では，こんなことは決してあり得ない．曲面上の幾何は，通常の教育課程の数学で学習する「平面幾何」とは随分と異なる様相を示す．

　他に，平面の切り貼りや伸縮で作る曲面とは別の例として，球面が考えられる．球面では，図 13.12 に示すように，任意の 1 点から異なる方向に引き始めた 2 直線が球面の反対側で交わる．一方，平面では同一点から異なる方向に引いた 2 直線が再び交わることはあり得ない．このように，球面上のさまざまな図形の性質は平面上の図形の性質とは異なる．

　ここでのポイントは「曲面上の図形の性質は必ずしも平面上の図形の性質と同じとは限らない」ということである．このような曲がった空間を 3 次元や 4 次元で扱うことに慣れつつ，かつ時間方向と空間方向の違い（時空距離の 2 乗の符号の違い）も考え合わせることで，一般相対論の曲がった時空の数学的な扱いに慣れていけるだろう．その詳細は文献[5] や一般相対論を本格的に扱う他書（文献[6–13] など）に譲る．

　話を戻して，本書のこの段階で強調しておきたいことは，図 13.10 で提起された重力に関する論点を克服するための，アインシュタインによるつぎの仮説の導入である．

> **重力を理解するための定性的な仮説（曲がった時空）**
>
> 　物質（質量やエネルギー）が存在すると時空が曲がる，つまり時空の曲がり具合が重力であると仮定する．なお，等価原理により，時空の曲がり方は，局所的には（任意の事象のまわりの十分狭い時空領域では）平坦なミンコフスキー時空だとみなせるような曲がり方でなければならない．

　この仮説は，重力と時空と物質の関係の性質だけを記述するものである．具体的にどれだけのエネルギー密度に対してどれだけ時空が曲がるかという定量的な仮説（アインシュタイン方程式）は，つぎの第 14 章で概要をまとめる．

　上記の定性的な仮説の第 2 文の「局所的にはミンコフスキー時空とみなせる」という部分を，2 次元時空の場合で描いたものが図 13.13 である．この仮説によれば，物質が存在する場合，図 13.13（左側）に示すように時空を広い範囲で見れば，曲がるのであ

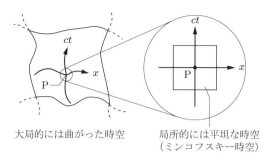

大局的には曲がった時空   局所的には平坦な時空
（ミンコフスキー時空）

図 13.13 一般相対論の時空の，2 次元の場合のイメージ．時空全体は（大域的には）曲がっている．しかし，等価原理より，各事象の十分近くは（局所的には）平坦な時空（ミンコフスキー時空）とみなせる．時空上で「尖るような場所（紙の折り目）」があるとすると，そこでは局所的に平坦ではなくなり，等価原理が成り立たなくなってしまう．そのような場所は「時空特異点」（→ p.181, 185）の一例であるが，いまだ時空特異点の存在は実験的にも観測的にも確認されていない．

る．これを「物質が存在する時空は**大域的には**曲がる」といい表そう[*1]．そして等価原理は，図 13.13（右側）の拡大図に示すように時空を局所的に見れば，平坦なミンコフスキー時空とみなせることを意味する．上記の定性的な仮説をいい換えると，「**時空は局所的には平坦であるものの，物質が存在することで大域的に曲がる**」といえる．これは，局所的に特殊相対論が成立する平坦な時空（図 13.13 の右側の ctx 面上に描いた正方形部分）を「小さなタイル」として，この小さなタイルを物質分布に応じて貼り合わせていくことで大域的に曲がった曲面（つまり重力が存在する時空）を組み上げるようなイメージである．その小さなタイルを具体的にどう貼り合わせるかは，第 14 章で紹介するアインシュタイン方程式で決まる．

◎ 3 次元や 4 次元の時空について 発展

3 次元や 4 次元の時空を把握するための思考方法の一つは，5.3 節で説明したように，図 13.13 の x 軸が実は xy 面（3 次元時空の場合）あるいは xyz 空間（4 次元時空の場合）だと思い込む，という方法である．この xy 面あるいは xyz 空間は，ある観測者が設定する座標系 (ct, x, y, z) での時間一定（同時刻）の面あるいは空間である．そして，物質が存在して時空が大域的に曲がっている場合には，この時間一定の面あるいは空間も平坦ではなく，曲がった空間となるのが一般的な状況だろう．

図 13.14 に 3 次元時空のイメージを示す．左側は，3 次元時空そのもののイメージであり，この中の ct 軸はある観測者の世界線である．x 軸と y 軸は，その観測者の座標で

[*1] **大域的**とは，十分広い範囲という意味で，局所的の対義語である．

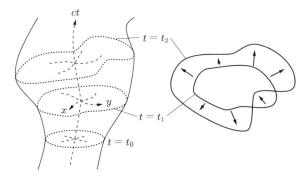

図 13.14 3 次元時空のイメージ．左側は，3 次元時空そのもののイメージ．右側は，いまの観測者の同時刻な面の時間発展のイメージ．ct 軸はある観測者の世界線，x 軸と y 軸はその観測者の同時刻な面上の空間座標軸である．どの座標軸も，時空の曲がり方に応じて曲線で描いてある．

同時刻な曲面上の空間座標軸である．どの座標軸も，観測者の座標 (ct, x, y) のとり方によっては曲線になる．そして，右側は，この観測者に対する同時刻な曲面が時々刻々と形を変える様子である．たとえば，この観測者の時刻 t_0 でほぼ平坦だった同時刻な曲面が，つぎの時刻 t_1 では（時空内に存在するであろう物質の重力の影響などで）別の形に変形し，さらにつぎの時刻 t_2 でも別の形に変形するように見える．

物質分布と時空の曲がり方の例として，3 次元時空のある観測者に対する同時刻な曲面が，どの時刻で見ても常に図 13.11(a) の曲面だとしよう[*1]．これは，同時刻な曲面は時間的に形が変化しないように見えるものの，3 次元時空としては曲がっている状況である．この時空では，実は点 C に何か物質が存在しており，その重力によって光線が曲がることで観測者には図 13.11(a) の曲線のような光線が見える，と考えるのが妥当に思われる．つぎに，どの時刻で見ても常に同時刻な曲面が図 13.11(b) の曲面だとしよう．この時空では，点 C ではなく，点 A と B を通る二つの曲線の左右両側に物質が存在しており，それぞれ光線は近い方の重力源に引かれて 2 本の光線が離れるように見える，と考えるのが妥当に思われる．このように時空の曲がり方と物質分布が互いに関係するという主張が，アインシュタインが導入した定性的な仮説 (→ p.163) である．そして，3 次元時空全体の形あるいは同時刻な面の時間発展の様子を具体的に決めるのが，第 14 章で紹介するアインシュタイン方程式である．

最後に，4 次元時空を視覚化することを少し考えよう．たとえば，図 13.14 の同時刻な xy 曲面を実は「xyz 空間（の z 軸を省略して描いた図）」だと思い込めば，図 13.14 は 4 次元時空を表したものだと思い込むことになる．この思考方法は，

[*1] この 3 次元時空の形は，底面が図 13.11(a) の曲面の柱体である．

- 4 次元図形を 2 次元（紙面）や 3 次元（立体図）の「スクリーン」に投影する，

あるいは

- 4 次元図形を切った際の切り口としての「3 次元図形（3 次元断面）」，さらにその 3 次元断面の切り口としての「2 次元断面」を描く

ことである．さまざまな方向への投影図形や，さまざまな切り口の断面図形をいくつも並べることで，実際の 4 次元図形がどんなものか想像する方法である．図 13.15 に，この思考方法で描ける図形の様子を示した．この思考方法には，つぎの注意が必要だろう．

- 図 13.15（左側）は，中央の 4 次元時空を 2 次元スクリーンに投影する様子である．4 次元時空の同時刻な空間が，2 次元スクリーン上では 1 本の曲線に投影されている．この投影図から 4 次元時空を把握する際には，投影図上の 1 点には 4 次元時空の無数の事象が重なっていることに注意されたい．
- 図 13.15（右側）は，中央の 4 次元時空のある同時刻な空間という 3 次元断面だけを切り出す様子である．当然，この同時刻の断面図形には他の時刻の事象は入ってない．断面図形から 4 次元時空を把握する際には，その断面から他の時刻の事象は見えないことに注意されたい．

　以上のような注意点を踏まえながら投影図形や断面図形を扱っていくうちに，4 次元時空を扱えるようになるだろう．詳しくは，微分幾何学や一般相対論を本格的に扱う他書（文献[5–15] など）を参照してほしい．とくに，文献[5] では，4 次元胞体（4 次元版の立方体）の想像の仕方が解説されている．

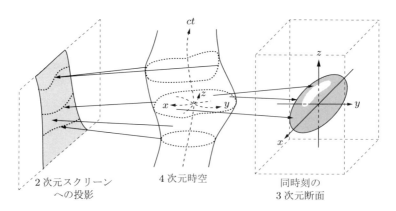

図 13.15　4 次元時空の視覚化．中央を 4 次元時空と思ってほしい．左側は 2 次元スクリーンへの投影であり，右側は同時刻な 3 次元の断面図形である．

Column 一般相対論と重力研究

　この章では，ニュートンの重力理論よりも正確な重力理論である一般相対論に注目するキーワードとして，重力レンズ効果（→p.157）と曲がった時空という考え方（→p.163）が登場した．これらのキーワードから見た現代の重力研究の状況を，少しだけまとめよう．

重力レンズ効果

　図 13.8 で現在では重力レンズ効果が実験事実として認識できることを説明したが，アインシュタインが一般相対論を構築する際（1915 年頃）には，重力レンズ効果はまだ実験事実ではなく，等価原理と特殊相対論から導かれる予測の一つだった．1919 年にアーサー・エディントンによって，太陽の重力レンズ効果による星の位置の変動が測定されたことは，一般相対論がきっと正しいだろうと考えられるようになった最初の要因の一つであった．なお，重力レンズ効果の他に，水星の近日点移動を正確に説明できたことも，一般相対論がきっと正しいと考えられるようになった最初の要因の一つだった．現在では，太陽系内の人工衛星実験や太陽と同程度の質量をもつ天体の観測によって，一般相対論の妥当性がより強い支持を得ている．一方，遠方宇宙のさまざまな観測事実は必ずしも一般相対論に基づくシンプルなモデルでは説明できず，暗黒物質や暗黒エネルギーなどとよばれる正体不明の物質の存在を認めるか，あるいは一般相対論ではない重力の理論を考える必要性が検討されている．重力の研究は一般相対論を基軸としつつも，現在でも多くの謎に挑戦している最中である．

曲がった時空

　図 13.10(b) の実験事実の理解の仕方として，曲がった時空を導入した．しかし，曲がった時空が唯一の理解の仕方ではない．たとえば，テレパラレル重力といわれる考え方は，平坦な時空上のさまざまな量の微分の性質をうまく変更して，図 13.10(b) の実験事実を説明する．とはいえ，重力研究の主流は，曲がった時空による理解が実験的に否定されない限り，曲がった時空で図 13.10(b) の実験事実を理解するのが自然だという考え方である．この考え方を導入したのはアインシュタインである．

　ところで，曲がった時空という考え方は図 13.10 の (a) と (b) を比較することで導入されたので，図 13.10(a) の実験的検証は「曲がった時空という考え方の根拠を実験的に裏付ける」という意味をもち，重要である．図 13.10(a) の実験事実を地上（地球の重力がはたらく状況）で確認するには，等価原理より，十分短い時間で十分狭い領域において（局所的に）自由落下する実験装置の中で 2 本の光線が平行線を描くことを確認すればよい．しかし，地球の重力は弱く，普通の建物の部屋くらいの領域で重力レンズ効果は測定できるほど効かない．したがって，自由落下せずとも，普通の部屋の中に留まって二つのレーザーポインターで放つ光線が（ほぼ）平行線を描くことを確認すれば，それなりに納得できる実験事実だろう．なお，本当に十分小さな実験装置を自由落下させて，その中で 2 本

の光線が平行線を描くことを精密測定する実験は，時空の基礎的性質の精密検証として面白い研究テーマだと思う．

一般相対論の構成と帰結の例

この章の目的 ·
- アインシュタイン方程式の定性的な意味を把握すること.
- それに基づいて，ブラックホール時空の構造を定性的に把握すること.
· ·

この章では，微分幾何学を使わず，一般相対論の構成と展開の定性的な解説を試みる．14.1 節で一般相対論の基本原理をまとめ，14.2 節で重力を記述する仮説としてのアインシュタイン方程式の定性的な意味を解説する．14.3 節で一般相対論の帰結の代表例としてブラックホールを定性的に解説し，14.4 節でその他の例として重力波と膨張宇宙に簡潔に触れる．

14.1 　一般相対論の基本原理

第 13 章で，特殊相対論と等価原理が，少なくとも現在の人類の実験精度の範囲では正しいことがわかった．13.2 節の等価原理は，**重力がある場合でも局所的に特殊相対論が正しい**という実験事実である．そのため，**特殊相対論の基本原理（3.2 節）を等価原理に従って局所的な原理に修正すれば**，重力がある場合の時空に関する基本原理となる．

> ― **一般相対性原理** ―
>
> 　任意の観測者から見て，任意の二つの物体の間の相対速度を測ることは可能だが，局所的には個々の物体の絶対速度を測ることは不可能である．また，局所的には二つの自由落下運動をする物体の間の相対速度は一定である．

> ― **局所的光速不変の原理** ―
>
> 　任意の運動をする光源から放射された光（ゼロ質量粒子，9.4 節参照）の運動は，どんな**自由落下系で局所的に測定しても**，必ず同じ速さ $c = 2.99792458 \times 10^8 \, \mathrm{m/s}$ の等速直線運動である．

以上の二つが，基礎的な実験事実から得られる重力と時空に関する基本原理である．この原理だけでは重力の具体的な振る舞いはわからないので，**重力を理解するための定性的な仮説** (→ p.163) がアインシュタインによって導入された．この仮説は，**時空が曲**

がることで**重力が生じる**という定性的な仮説であり，図 13.13 に示すように，局所的には平坦な曲がり方という条件は付くものの，重力の強さなどの定量的な計算はできない．そこで，重力の定量的な扱いのためにアインシュタインが導入した仮説が，次節で扱う**アインシュタイン方程式**である．そして，アインシュタイン方程式という仮説を採用した重力理論が一般相対性理論である（章末コラム参照）．

14.2　アインシュタイン方程式の定性的な意味

アインシュタイン方程式を正確に理解するには，曲がった時空を扱う数学として微分幾何学が必要である．しかし，本書では微分幾何学は使わず，アインシュタイン方程式の意味を定性的に解説する[*1]．そのためには，時空あるいは空間の**曲率**という概念の定性的な把握が必要である．そして，曲率の定性的な把握には，**曲率半径のイメージ**を把握することが欠かせない．

曲率半径と曲率の定性的なイメージ

曲率半径のイメージ形成のため，曲線（曲がった 1 次元空間）と曲面（曲がった 2 次元時空）を考えよう．

図 14.1 は，曲線の曲率半径のイメージ図である．たとえば，この曲線上の点 P_1 に注目する．点 P_1 周辺の狭い範囲での曲線の曲がり具合（カーブの「きつさ」）を保ったまま延長して得られるであろう円を考えよう．この円をひとまず，「点 P_1 での曲線の曲がり具合に適合する円」とよんでおく．この円の半径 L_1 が，点 P_1 での曲率半径である．また，同じ曲線上の他の点 P_2，P_3 などでも，「それぞれの点での曲線の曲がり具合に適合する円」を考えて，その円の半径 L_2，L_3 がそれぞれの点での曲率半径である．曲率半径の定性的な理解のポイントは，**曲線の曲がり方が急になるほど小さな値になること**

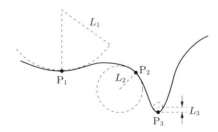

図 14.1　曲がった 1 次元空間（曲線）の曲率半径のイメージ図．曲線上の点ごとに，その点での曲がり具合に最も合う円の半径が曲率半径である．

[*1]　定量的な仮説を定性的に説明するという微妙な話であるが，イメージの理解を優先するためにこのようにしている．p.163 の定性的な仮説よりは詳しく重力の扱いを説明するが，数学的な正確さには欠ける説明である．

である.

つぎに，図 14.2 は，曲がった 2 次元時空の曲率半径のイメージ図である[*1]．この時空上の事象 P に注目する．事象 P 周辺の狭い範囲において，異なる方向（たとえば x 軸方向と ct 軸方向）の時空の曲がり具合を保ったまま延長した際に得られる円を二つ考える．これら二つの円の半径 L_x，L_{ct} の相乗平均 $\sqrt{L_x L_{ct}}$ が事象 P における曲率半径である．なお，事象 P での曲がり方には図 14.2 の (a) と (b) に示す 2 通りの曲がり方があり，微分幾何学ではこの 2 通りを，積 $L_x L_{ct}$ に符号 ± を付けて区別する．しかし，本書ではそのような区別にまで踏み込まない[*2]．また，2 次元の場合も，1 次元の場合と同様な「時空の曲がり具合に適合する円」を考えるので，**時空の曲がり方が急になるほど小さな値になるように曲率半径は定義される**ことがわかる．3 次元でも 4 次元でも同様だが，本書では 3，4 次元の曲がった時空までは踏み込まない．

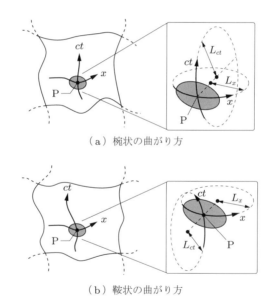

（ a ）椀状の曲がり方

（ b ）鞍状の曲がり方

図 14.2　曲がった 2 次元時空の曲率半径の大雑把なイメージ．異なる向きに接する円を二つ考えればよい．ただし，数学的に**正確には図 14.4 に示すような洗練されたイメージに基づいて理解**しなければならない．この図は曲率を把握するための入門的イメージと思ってほしい．

[*1] 本書は相対論の解説書なので，2 次元時空を考えているが，図 14.2 で表す曲率半径のイメージは，2 次元時空でなく 2 次元空間（時間方向はなく空間方向が二つ）でも適用できる．しかし，一般相対論を数学的に正確に扱う際に，時空なのか空間なのかという区別を気にすることが必要な場合もある．この曲率のイメージの解説では，時空と空間の区別にまで踏み込まない．

[*2] このような相乗平均による曲率半径の定義は**ガウス曲率半径**という．一方，相加平均 $(L_x + L_{ct})/2$（ただし，図 14.2(b) の場合，L_x あるいは L_{ct} の一方の符号はマイナスとする）で定義する**平均曲率半径**も考えられる．これらの曲率半径の定義の違いに興味ある読者は，文献[15] など微分幾何学の参考書を見てほしい．

　時空の事象 P での曲率半径 $L(P)$ を基にすると，時空の事象 P での曲がり具合を評価する曲率 $R(P)$ という量の定性的な意味は「$L(P)$ の逆 2 乗」である．

$$\text{曲率の定性的な意味：} \quad R(P) \sim \frac{1}{L(P)^2} \tag{14.1}$$

ここで，記号 $\sim$ は「左辺の値の桁数と右辺の値の桁数が同程度」という意味として使っている．曲率と曲率半径の定性的な関係のポイントは，時空の曲がり方が緩やかで曲率半径 $L(P)$ が大きいと曲率 $R(P)$ は小さくなり，時空の曲がり方が急で曲率半径 $L(P)$ が小さいと曲率 $R(P)$ は大きくなることである．この式 (14.1) は決して数学的に正確な関係式ではないが，ひとまず，本書における定性的な一般相対論の解説では，曲率と曲率半径の関係はこの式で表せると思ってよい[*1]．つぎのアインシュタイン方程式の解説のあとに，曲率について少し進んだ補足（曲率の正確な理解につながる洗練されたイメージ）をまとめる．

◎ アインシュタイン方程式の定性的な意味

　重力がない（物質やエネルギーがない，あるいは十分少なく無視できる）場合は特殊相対論が成立し，時空は平坦なミンコフスキー時空である（これは実験事実）．しかし，物質やエネルギーが存在すれば重力がはたらき（1.1 節で述べたように，これも事実），その重力は時空が曲がることで生じる（これは p.163 の定性的仮説）．さらに，アインシュタインは，「時空上の物質やエネルギーの密度」が「時空の曲率」に等しいという仮説（アインシュタイン方程式）を導入した．その定性的な意味はつぎのように表せる．

$$\text{アインシュタイン方程式} \atop \text{の定性的な意味} \quad : \quad R(P) \sim \frac{G}{c^2}\,\rho(P) \tag{14.2}$$

ただし，$R(P)$ $[1/\mathrm{m}^2]$ は事象 P での時空の曲率，$\rho(P)$ $[\mathrm{kg/m}^3]$ は事象 P での質量密度である[*2]．なお，右辺の係数 G/c^2（G はニュートン定数，c は光速）によって，式 (14.2) の両辺の単位は $1/\mathrm{m}^2$ で，同じになる．正確なアインシュタイン方程式はテンソルという数学的な概念を使わないと理解できないが，定性的な意味は式 (14.2) で表せる．ちなみに，アインシュタイン方程式を正確に扱うと，重力が十分弱くかつ物質の運動速度が光速より十分遅い状況で，一般相対論で計算される重力はニュートン重力（第 2 章

[*1]　微分幾何学における曲率の正確な定義は，テンソルという概念（ベクトルの拡張概念）を使って定義される．しかし，その正確な定義の定性的な意味は式 (14.1) である．実際，一般相対論の研究者は，時空の曲率や曲率半径の値を大雑把に見積もる際に式 (14.1) を使うことが多い．

[*2]　エネルギーも存在する場合は，質量の単位をもつ [エネルギー $/c^2$] も $\rho(P)$ に加える．

末コラム）で十分よく近似できることがわかっている*1.

◎ 曲率の少し進んだ補足 発展

式 (14.1)では，曲率の定性的な意味を説明するために，時空の曲がり具合に適合する円を考えた．この円は，図 14.2 に示すように，2 次元時空を 3 次元時空の中に描いたときに，その 3 次元時空の中で考察対象の 2 次元時空と一部接する円である．そうすると，2 次元時空を含む 3 次元時空が平坦か曲がっているかも決める必要がある．そのためには，3 次元時空を 4 次元時空の中に描き，4 次元時空の中で 3 次元時空と一部接する円を考える必要がある．そのような 4 次元時空が必要なら，その曲率を決めるために 5 次元時空の中で考える必要がある．そのような 5 次元時空が必要なら，その曲率を決めるために 6 次元時空の中で考える必要がある．そのような 6 次元時空が必要なら･･･，と無限に繰り返してしまい，定義が決まらない．したがって，時空の曲率を正確に定義するためには，高次元の時空は使わないほうがよい．

以上は数学的な考察だが，物理的に考えても，曲率の定義に高次元の時空を使うことが妥当とは思えない．なぜなら，あらゆる物理量は，物理的に実在するものだけで定義することが妥当だろうと思うからである．実在する時空が 4 次元であるなら，その 4 次元時空の中だけで曲率も定義するのが物理学として妥当であり，実在しないであろう 5 次元を想定して曲率を定義しても物理的な意味をもつとは考えにくい．そこで，一般相対性理論が採用する微分幾何学という数学では考察対象の時空より高次元の時空を使わず，以下のように考察対象の時空上での「ベクトル」の「平行移動」を利用して曲率を定義する（ベクトルについては付録 B を参照）．

まず，平坦な 2 次元時空（ミンコフスキー時空）におけるベクトルの平行移動を考える．図 14.3 は平坦な 2 次元時空（通常の平面と思ってよい）で，ベクトル（図 14.3 の矢印）を事象 P から Q へ，異なる経路 C_1 と C_2 に沿って平行移動している．平坦な時空では，経路 C_1 と C_2 のどちらに沿った場合も，平行移動後の事象 Q でのベクトルは同一である．経路 C_1，C_2 に限らず事象 P と Q を結ぶどんな経路に沿っても，平行移動後のベクトルは同一である．

---

*1 重力の定量的な扱いの仮説がアインシュタイン方程式でなくても，とにかく重力は時空が曲がることで生じるという考え方を採用する理論を**計量重力理論**という．数学的には，一般相対論は計量重力理論の一つに過ぎない．しかし，物理学として，これまでの実験や観測と最も整合性があり，重力を正確かつシンプルに記述する理論の最有力候補が一般相対論である．そのため，本書では一般相対論以外の重力理論は扱わない．なお，計量とは，時空の形状や曲がり具合を表す数学的な概念である．計量は，テンソルというベクトルを拡張した枠組みを使って定義されるが，その扱いは本書の範囲を超えるので，本格的に一般相対論や微分幾何学を扱う他書を参照してほしい（一般相対論なら文献[6–13] など）．

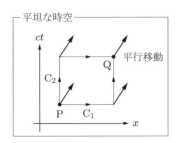

図 14.3 平坦な 2 次元時空上のベクトルの平行移動の特徴. ベクトルをどんな経路に沿って平行移動しても, 移動したあとのベクトルは同一である.

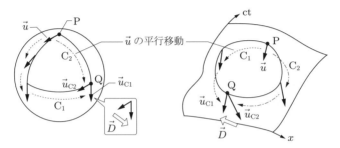

図 14.4 曲がった 2 次元時空（曲面）上のベクトルの平行移動の例. 移動経路が異なると, 一般には平行移動したあとのベクトルも異なる. 3 次元, 4 次元の時空でも同様である.

　つぎに, 曲がった 2 次元時空におけるベクトル $\vec{u}$ の平行移動を考える. 図 14.4（左側）は, 極端な例として球面上（時空でなく通常の球面と考えてよい）のベクトル $\vec{u}$ の平行移動を示す. 球面上の点 P から Q へ, 図 14.4（左側）の経路 C_1 と C_2 に沿った平行移動を考えると, 図から明らかに経路 C_1 に沿って平行移動したベクトル $\vec{u}_{C1}$ と経路 C_2 に沿って平行移動したベクトル $\vec{u}_{C2}$ は異なる. **曲面上のベクトルは, どの経路に沿って平行移動するかによって移動後のベクトルが異なるのである**. また, 図 14.4（右側）は, 曲がった 2 次元時空上のベクトル $\vec{u}$ の平行移動を示す. 事象 P から Q へ, 経路 C_1 に沿った平行移動後のベクトル $\vec{u}_{C1}$ と経路 C_2 に沿った平行移動後のベクトル $\vec{u}_{C2}$ は異なる. そして, **微分幾何学では, このような異なる二つの経路に沿って平行移動したあとのベクトルの差** $\vec{D} = \vec{u}_{C1} - \vec{u}_{C2}$ **を使って曲率を定義する**. その際にベクトルを拡張したテンソルという概念が必要だが, その詳細は本書の範囲を超えるので踏み込まない. 3 次元でも 4 次元でも, 2 次元の場合と同様に, 二つの事象を結ぶ異なる経路に沿ったベクトルの平行移動の差 $\vec{D}$ を使って曲率が定義される. なお, このように $\vec{D}$ を使って定義する曲率の定性的な意味は式 (14.1) である.

14.3 ブラックホール：現代物理学の最前線と限界の例

一般相対論の帰結の代表例の一つ，ブラックホールは，ニュートン重力 (2.7) では決して理解できない．ブラックホールが「重力が極端に強く（そのため重力レンズ効果が極端に強く）光すら脱出できない時空領域」であることを定性的に解説する．

星の重力崩壊によるブラックホールの生成

太陽のように自ら輝く星（恒星）は，「その星を構成する水素ガスの核融合反応で放射される光の圧力」が「星の巨大な質量による重力」を支えて安定している．その核反応に使える水素ガス（星の中心部分の水素ガス）がなくなると，核反応が継続できず，光も放射できなくなる[*1]．そうなると，星の巨大な質量を支える光がなくなるでの，星は潰れていく[*2]．この潰れる星の質量が太陽質量（約 2×10^{30} kg）の数倍程度までであれば，星を構成する物質が凝縮して固まって中心部の質量（による重力）を支える状態になる．この状態は質量によって 2 種類に分かれ，軽いほうは白色矮星，重いほうは中性子星とよばれる[*3]．さらに，潰れる星の中心部の質量が太陽質量の 4，5 倍以上だと，もはやどんな物質状態でも星の巨大な重力を支えられず，どんどん潰れていき（これを**重力崩壊**という），ブラックホールが生成されると考えられている．

図 14.5 は，星の重力崩壊によるブラックホール生成を定性的に説明する図である．この図の横軸は星の中心を通る直径方向だけ取り上げた軸であり，縦軸は時間軸である．星が時間経過と共に潰れていく様子を，図 14.5(a) の網かけ部分で示す．星が潰れていくに従って質量密度 ρ が高くなるので，アインシュタイン方程式 (14.2) によって星の周囲で曲率 R が大きくなっていく（重力が強くなっていく）．また，左から右へ進む曲線 ① から ⑤ は，星を貫く光（ゼロ質量粒子）の世界線である．時間経過と共に曲率が大きくなっていく時空上で，これらの光の挙動はつぎのようになる．

▶ 光 ①，② の挙動：光 ① と ② は星を左から右へ貫いたあと，右側の遠方へ遠ざかっていく．光 ① が星を通過してから ② が通過するまでの間に星の重力崩壊が進行するので，「光 ② が星を通過後に感じる重力（事象 A_2 より右側の時空曲率）」は

---

*1 ここで述べた星の状況は，非常に単純化したものである．実際の恒星の誕生，進化そして死，という一連のサイクルは，非常に多彩な物理現象で織り成されている．原子核反応，星を構成するガスの運動，そのガス中での光の伝播，そしてこれらの現象が星の重力の影響下で発現していることなどが絶妙に絡まり合うことで，恒星が形成される．

*2 実際は，星の外層部分は潰れず宇宙に放出され，中心核が潰れていくことがわかっている．しかし，星の進化の詳細は本書の範囲を超えるので，ここでは単に「星が潰れる」としておく．

*3 白色矮星は，星を構成する物質に含まれる電子の縮退圧（非常に大雑把には「電子の粒子としての硬さ」による圧力のようなイメージ）で星の質量を支える．一方，中性子星は，質量が十分重いことで，星を構成する物質の陽子と電子が反応して中性子になって（「弱い相互作用」という素粒子反応の一つ），星中の物質が中性子だけという状態になり，その中性子の縮退圧で星の質量を支えている．中性子星は半径が数 km の巨大な原子核のようなものである．

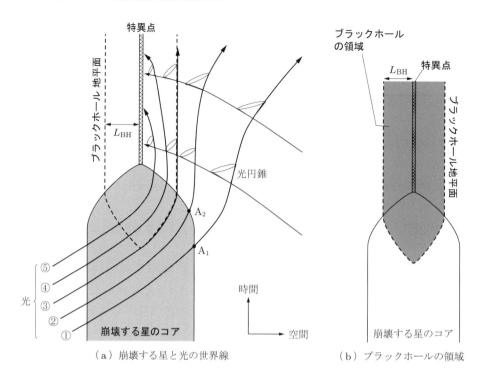

（a）崩壊する星と光の世界線　　　　　（b）ブラックホールの領域

図 14.5　星の重力崩壊によるブラックホール生成の概念図．横軸の空間方向は星の中心を
　　　　通る 1 方向だけを表し，縦軸は時間経過を表す．星の重力崩壊が進むに従って，
　　　　質量密度が高くなり，時空の曲率も大きくなる．そのため，星の周辺では光円錐
　　　　が中心方向に強く引っ張られた向きになる．光円錐が中心から離れる方向を向け
　　　　ない領域がブラックホールである．

「光 ① が星を通過後に感じる重力（事象 A_1 より右側の時空曲率）」より強い．星
を通過後の光 ② は ① より強い重力で引かれるので，光 ① と ② の世界線の間隔
は星を通過すると広がってしまう．

▶ 光 ③ の挙動：光 ③ は ② より遅れて星を通過し，③ が星通過後に感じる重力（時
　空曲率）は ② が星通過後に感じる重力（時空曲率）より強い．そして図 14.5 は，
　光 ③ にはたらく重力（③ の世界線上の時空曲率）がちょうど光 ③ を星中心から
　一定の距離に保つ強さの状況を示す．時空の形状としては，光 ③ 自身は右側に
　進んでいるつもりでも中心から等距離に留まってしまう曲がり方である．

▶ 光 ④，⑤ の挙動：光 ④ と ⑤ は光 ③ より遅れて星を通過する．光 ④ と ⑤ には，
　③ にはたらく重力（時空曲率）より強い重力（時空曲率）がはたらく．このように
　極端に強い重力がはたらくため（時空が極端に強く曲がっているため），光 ④，⑤
　はもはや右に進むことは不可能で，必ず中心に落ちてしまう．

以上の光 ① から ⑤ の挙動から，重力崩壊する星周辺の時空領域における光円錐の状況がわかる．中心に近いほど曲率が大きい（重力が強い）ので，図 14.5 に示すように光円錐は中心向きに引っ張られる．光 ③ の世界線上では，中心から遠ざかろうとする光ですら実際には遠ざかれず，一定の距離に留まってしまう．もっと中心に近い時空領域では，光円錐は中心を向く．すでに特殊相対論で示されている「あらゆる物質の世界線は必ず光円錐の内側を通る（10.2 節）」ことから，光 ③ の世界線より中心に近い時空領域ではどんな物質も必ず中心に落ちることがわかる．

このように，「重力が極端に強いことで時空が強く曲がり，光円錐が中心方向に向く（光すら脱出できない）時空領域」を**ブラックホール**という．そして，ブラックホールという時空領域の境界を**ブラックホール地平面**という（図 14.5 でブラックホール地平面の一部は光 ③ の世界線と重なる）．ブラックホールの中ではあらゆる物質が中心に落ちるので，星などの通常の天体とは異なり物質が詰まっていない空っぽな時空領域になる．ブラックホールは，中心にすべてのものが落ちるほどに極めて強力な重力で支配されている時空領域である．なお，一般相対論を使って正確に計算すると，ある瞬間における3 次元空間での**ブラックホール地平面の形状は球**だとわかり，回転しないブラックホール（重力崩壊する星が回転していない場合）の地平面半径は，つぎの値だとわかる（文献[6, 9–13] など参照）．

$$\begin{array}{c}\text{回転しないブラックホール地平面の半径}\\ \text{（シュワルツシルト半径）}\end{array} : \quad L_{\mathrm{BH}} = \frac{2GM_{\mathrm{BH}}}{c^2} \qquad (14.3)$$

ここで，G はニュートン定数で，M_{BH} はこのブラックホールの質量である．

◎ 重力ドップラー効果

第 11 章の特殊相対論における波動のドップラー効果は，波源の運動によって生じる現象なので，正確には**運動論的ドップラー効果**というべきだろう．一方，重力がある場合に一般相対論に基づいて考えると，たとえ波源が運動していなくてもドップラー効果が生じることがわかる．これを**重力ドップラー効果**という．ブラックホール時空で生じる重力ドップラー効果を定性的に解説する．

波動として光（電磁波）を想定しよう．図 14.6 は，ブラックホール時空での光の重力ドップラー効果を定性的に示す．この図の世界線 ① から ④ は，図 14.5 の光の世界線である．たとえば，1 波長の先頭と尻尾が世界線 ① と ② に乗る場合 W_{12} を考える．図 14.6 から，時間経過（図の下から上へ向かう）と共に波長が伸びていくことがわかる．これが，ブラックホール時空における重力ドップラー効果の定性的な理解である．

さらに，1 波長の先頭と尻尾が世界線 ① と ③ に乗る場合 W_{13} では，1 波長の尻尾

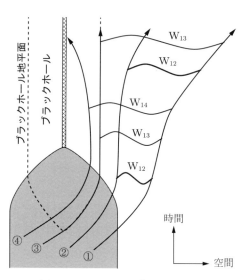

図 14.6 ブラックホール時空における重力ドップラー効果．横軸の空間方向は星の中心を
通る 1 方向だけを表し，縦軸は時間経過を表す．時間経過と共に光の波長が伸び
ていく様子がわかる．世界線 ① と ③ の空間的間隔が 1 波長となる光（電磁波）
W_{13} は，ブラックホールの外の観測者には波長が長すぎて，検出不可能である．

がブラックホール地平面に束縛され続ける．つまり，一波長の先頭と尻尾が世界線 ① と
③ に乗る場合 W_{13} では，一波長の尻尾がブラックホール地平面に束縛され続ける．つ
まり，電磁波 W_{13} の波長は，大雑把にブラックホール地平面と観測者の距離（正確に
は，ブラックホール時空上で測る時空距離）で与えらえる．その距離（波長）は，たとえ
ば我々の銀河系中心の巨大ブラックホールを想定すると約 2 万 4 千光年であり，天文学
的な長さである．そのように極めて長い波長の電磁波あるいは光子 W_{13} は，エネルギー
が極めて低く，とうてい検出など不可能である．また，図 14.6 では一波長の先頭と尻尾
が世界線 ① と ④ に乗る場合 W_{14} も考えられそうだが，これも W_{13} と同様に物理的に
は検出できない[*1]．

　電磁波 W_{12} のような状況の重力ドップラー効果を実際の天文観測で確認できれば，そ
れはブラックホールの直接観測ではないものの[*2]，ブラックホールの存在を示唆する一般

[*1] 図 14.6 で，ブラックホールが生成される前の電磁波 W_{13} の波長が，ブラックホールが生成されることで時間的に
どのように伸びていくかは，一般相対論を数学的に正しく扱うと計算できる．その計算によると，ブラックホール生
成後の電磁波 W_{13} の波長（一波長の尻尾がブラックホール地平面に乗った後）は，大雑把に $\log(ct/L_{BH})$ という
式（t は観測者が計る時間）で伸びていくことがわかる．この W_{13} を光子とみなして，式 (11.42) のエネルギーを
見積もると $\varepsilon = hc/\lambda$ であるが，波長 $\lambda \sim \log(ct/L_{BH})$ より $\varepsilon \sim 1/\log(ct/L_{BH})$ である．これより，光子
W_{13} の尻尾がブラックホール地平面に乗ってから，大雑把に時間間隔 $\Delta t \sim L_{BH}/c$ 程度で，光子のエネルギー
は検出不可能なほどに小さくなると考えられる．質量が太陽程度のブラックホールの場合，$\Delta t \sim 10^{-5}$ [s]（10 万
分の 1 秒）である．

[*2] なぜなら，W_{12} はブラックホールから放射された光ではなく，ブラックホールの近くを通る光に過ぎないから．

相対論的な現象になる．この重力ドップラー効果の測定はさまざまな理由で困難だったが，ようやく 2018 年に，我々の銀河系中心に存在すると考えられる巨大ブラックホール（太陽の約 400 万倍の質量の物体が中心に潰れて生成されたと考えられるブラックホール）候補天体による重力ドップラー効果が検出された[*1]．

◎ 一般相対論の検証とブラックホール：現代物理学の最前線の一つ

図 14.5 で示すように，アインシュタイン方程式 (14.2) という重力（エネルギー密度）と時空曲率の関係によって，ブラックホールという時空領域が理解できる．一方，ニュートンの重力理論は絶対時間と絶対空間が前提であり（第 2 章），重力は式 (2.7) の引力である．ニュートン重力では質量がゼロの光には重力がはたらかず，また時空が曲がることはまったく考えられない．したがって，ニュートン重力が正しいとすると，ブラックホールは存在できない．いい換えれば，もしも現実の宇宙でブラックホールの存在が確認できれば，つぎの二つがわかったことになる．

- ニュートン重力は現実の重力（と時間と空間）を正確には説明できず，あくまでも重力が十分弱い場合の近似法則．
- 一般相対論が現実の重力（と時間と空間）を正確に説明するという「示唆」[*2]．

しかし，ブラックホールという時空領域の光円錐の向きからわかるように，**ブラックホールは自ら光を出さないので，その外にいる観測者がブラックホールそのものを直接観測することは原理的に不可能である**．また，ブラックホールの時空領域に観測者自身が落ちていき，そこが確かにブラックホールだと確かめられたとしても，ブラックホールの外には決して戻れない（中心に落ちて自分の運命が尽きるのを待つしかない）ので，ブラックホールの外にいる観測者には無意味である．

そこで，ブラックホールの外にいる観測者がブラックホールの存在をどうにか判断するには，**ブラックホールがないと説明できない現象を理論的に予測し，それを実際の天文観測で探し出す**，という間接的な方法を考える必要がある．そのような「ブラックホール

[*1]　日米欧のグループがそれぞれの大型望遠鏡を使って，巨大ブラックホールを周回する星から届く光の重力ドップラー効果を測定できた．日本グループはすばる望遠鏡を使っている．筆者も日本グループに加わり，一般相対論を使って重力ドップラー効果の理論予測値を計算している．

[*2]　ここで「示唆」といったことに注意してほしい．p.173 の脚注で述べたように，計量重力理論（重力は時空曲率だと考える理論）の最も単純な理論（エネルギー密度と曲率が等しいとする理論）が一般相対論である．一方，アインシュタイン方程式 (14.2) とは異なる関係式で密度 ρ と曲率 R を関係付ける理論も考えられる．したがって，単にブラックホールの存在を確認しただけでは，ニュートン重力が不正確なことは示せても，ブラックホールの存在を許すような計量重力理論のうちどれが正しいかは必ずしも検証できない．ブラックホールの存在だけでなく，その大きさと質量の関係などさまざまな細かい性質を測定しなければ，多数の計量重力理論のうちどれが現実を説明する理論なのか検証できない．そのため，「示唆」と述べた．一般相対論が現実を正しく説明するかどうかの検証は，現代物理学の課題の一つである．

がないと説明できない現象」を探る手段として，重力ドップラー効果 (→ p.179) や「重力波」が考えられる．次節で簡単に重力波に触れる．

重力波ではないが，さまざまな波長の電磁波による天文観測から，ブラックホール「候補天体」がすでに多く知られている．たとえば，「白鳥座 X-1」という天体は，きっと太陽と同程度の質量の（星や物質が中心部分に潰れて生成された）ブラックホールだと考えられている．他にも，我々の銀河系内には，太陽と同程度の質量のブラックホール候補天体が見つかっている．また，我々の銀河系の中心である「射手座 A スター」とよばれる天体は，きっと太陽の約 400 万倍程度の質量のブラックホールだと考えられている．そして，我々の銀河だけでなく，数多くの銀河の中心には，太陽の数 100 万〜数 10 億倍の質量の巨大なブラックホールが存在すると考えられている[*1]

しかしまだ，ブラックホール候補天体が本当にブラックホールかどうかについて十分な確証は得られておらず，候補天体の周囲を取り巻く星やガスなどの振る舞いから間接的に推測している段階である．ほとんどの観測データは，測定誤差が大きかったり，候補天体を取り巻くガス雲の振る舞いが複雑であったりするため，ニュートン重力に基づく予測で十分に説明できてしまう．ただし，**十分狭い領域に非常に大きな質量が詰まっているということは**（一般相対論でなくニュートン重力を使った計算でも）わかる．そして，「こんな狭い領域にこんな大質量が詰まっている状況は，ブラックホールくらいしかないのでは？」と考えられている．しかし，ニュートン重力では決して理解できないブラックホールを突き止めるためにニュートン重力に基づいた計算を使うというのは，論理的に離齬があり，科学的に十分な根拠ではない．そこで現在，観測技術の向上で測定精度を上げつつ観測方法も工夫しながら，一般相対論に基づいた予測値でないと説明できない観測データを集めて，**一般相対論の予測に基づいて「ブラックホールでないと説明できない現象」を明らかにする研究**が盛んに考案されている[*2]．

◎ ブラックホール中心特異点：現代物理学の限界の一つ

以上，ブラックホールの定性的な解説とブラックホールに関連した研究の現状を（少しだけ）概観した．一方，ブラックホールは，現代物理学では理解不可能なこと（現代物理学の限界）も示している．図 14.5 でのブラックホールの中心に注目しよう．光円錐

[*1] このような超巨大質量のブラックホールが，宇宙が誕生してから現在までの間にどうやって生成されたのかは大きな謎である．数億個の星がつぎつぎと衝突して超巨大ブラックホールになったと考えて，そのために必要な時間を見積もると，現在の宇宙年齢（約 140 億年）では時間が短くて超巨大ブラックホールが作れないという結論になる．しかし，現実には超巨大ブラックホールが存在すると考えられるので，その生成過程を明らかにすることは現代天文学の重要課題の一つである．

[*2] p.179 で述べた 2018 年の重力ドップラー効果測定よりも，2015 年のブラックホールに起因すると考えられる重力波測定が先なので，重力波が人類初の「一般相対論の理論予測と観測データの比較から得たブラックホール存在の強い示唆」である．

の挙動から，いったんブラックホール地平面の内側に入ったらあらゆる物質は，必ずブラックホールの中心に向かって落ちなければならない．よって，ブラックホールの中心点（空間的な体積はゼロと考えられる）にどんどん物質（質量エネルギー）が降り注ぐので，中心点での質量エネルギー密度 ρ は無限大になる．すると，アインシュタイン方程式から中心点での時空曲率も無限大になる．このような無限大が現れてしまうと，中心点における物理的な状況を知る計算が不可能になる．つまり，**ブラックホール中心点の物理的な状況は，現代物理学ではまったく理解できない．**このような時空上の点（場合によっては面，体積などの場合もある）を**時空特異点**という．この時空特異点を**ブラックホール中心特異点**ということも多い．一般相対論の帰結として時空特異点が現れることはわかるのだが，時空特異点そのものを理解することは不可能であり，現代物理学の限界の一つである．なお，第 11 章末コラム（→ **p.142**）で述べた現代物理学の課題（一般相対論と量子論を融合させる物理理論の構築）が解決できれば，きっと中心特異点も理解できるだろうと期待されている．

14.4　その他の例：重力波，膨張宇宙

　最後に，重力波と膨張宇宙について簡潔に触れる．詳しくは，本書よりも専門的に一般相対論や天体物理学，宇宙論を扱う他書を参照してほしい．

重力波：現代物理学の最前線の一つ

　アインシュタイン方程式を数学的に正しく扱うと，物体が運動すると重力の強弱が波動として伝わることがわかる（文献[9–13] など）．これを**重力波**という．アインシュタイン方程式で重力と時空曲率が結び付くので，**重力波とは「時空の伸び縮みが波動として伝わる現象」**でもある．重力波の大雑把なイメージとして，空気中を飛行機が飛ぶ際に発生する音波のようなもので類推ができる．そして，**重力波の位相速度（重力波が伝わる速さ）は光速**であることもわかっている．したがって，重力波の発生源の運動速度（光速未満）は重力波より遅い．また，重力波も波動なので，ドップラー効果やビーミング効果など他の波動と同じ相対論的現象が生じる．

　重力波の発生源として，星の重力崩壊，ブラックホールや中性子星，巨大な星などの衝突・合体などが考えられる．それらの現象を想定して重力波の振幅の大きさを（アインシュタイン方程式を使って）計算すると，現在の人類の技術力では検出が非常に困難な程に小さいことがわかる．しかし，2015 年に，アメリカの LIGO（ライゴ）とヨーロッパの Virgo（ヴァーゴ）という重力波測定装置によって，人類史上はじめて重力波の検出に成功した．その重力波は，1000 万光年ほどの彼方で二つのブラックホールが合体し

て一つのより大きなブラックホールになった現象で放射されたと考えられている．この重力波の振幅（重力波による時空の伸び縮みの大きさ）は，地球の直径（約 12750 km）が原子核 1 個（約 10^{-15} m）ほど伸び縮みする程度であった．このように重力波の振幅は微弱であり，その検出は技術的にまだまだ難しく，最近になってようやく，日米欧の重力波測定装置が重力波の検出を実現できる段階になってきたばかりである（日本の検出装置 KAGRA（カグラ）も本書の執筆時点で近々稼働する段階）．重力波はニュートン重力理論では決して理解できない現象であり，重力波の詳細測定ができれば，一般相対論がどれだけ正しいか検証が進むと期待される（章末コラム）．

　なお，2017 年には，二つの中性子星が合体してより大きな中性子星になった現象で放射されたと考えられる重力波も検出された．このような中性子星合体は，重力だけでなく，素粒子・原子核物理の（地上実験装置では実現困難な設定での）実験・観測データをも提供する．とくに，鉄より重い元素がどのように宇宙の中で生成されたかは謎であり，中性子星合体の際に生成されたのではないかと理論的に考えられてきた．2017 年の中性星合体の重力波検出は，この宇宙に存在する鉄より重い元素の起源の謎に迫ることができる重要な観測データである．今後，飛躍的な発展を期待したい研究テーマの一つである[*1]．

◎ 観測事実と宇宙膨張：現代物理学の最前線の一つ

　この宇宙には何億もの銀河が散らばっている．我々の銀河から見た他の銀河の運動を測定することで，つぎの事実がわかっている．

> **観測事実**
>
> 　どの方向の銀河の運動を測定しても，平均的には遠くの銀河ほど速いスピードで，我々の銀河から遠ざかっている．

この観測事実を理解するうえで，つぎの仮説を採用することが多い．

> **観測事実を理解する作業仮説**
>
> 我々は宇宙の特別な場所に存在するわけでなく，他の銀河からその周囲の銀河を観測しても我々と同じ上記の観測事実を得る．

[*1] この中性子星合体の際に放射される重力波の理論的な予測には，日本の研究グループ（たとえば，京都大学の基礎物理学研究所など）が重要な役割を果たしてきた．さらに，日本のすばる望遠鏡や X 線観測衛星なども駆使した電磁波観測も組み合わせて，鉄より重い元素の起源の解明に向けて，多くの日本の研究者が重要な役割を担っている．重い元素の起源の他にも，さまざまな基礎的な物理学への貢献が期待できるが，その内容は本書よりも専門的な他書に譲る．

　以上の観測事実と仮説を合わせて，「宇宙のどこから周囲を観測しても必ず遠くの銀河ほど速く遠ざかっているように見える」という結論が得られることを理解していこう．その際，一般相対論の枠組みで素直な考え方は，「時空が膨張する」という考え方である．膨張する時空を定性的に示したのが図 14.7 である．この図は 2 次元（時間 1 次元と空間 1 次元）の場合を示しており，(a) は「宇宙が空間方向に無限に広がっている場合（の一部）」，(b) は「宇宙が空間方向に閉じている（x 軸に沿って移動すると元の位置に戻ってしまう）場合」である．いずれの場合も，破線は x 座標が一定値に留まる世界線である．この破線が銀河の世界線だと考えると，以下の 3 段階の考察で上記の観測事実と仮説が示す結論が得られる．

① $x = x_1$ の位置の銀河から x_2 と x_3 の位置の銀河を見る場合を考えて，同時刻な空間（図 14.7 の太い実線）上での空間的な銀河間距離 $L_{21} = |x_2 - x_1|$，$L_{31} = |x_3 - x_1|$ に注目しよう．L_{21} も L_{31} も時間経過（図 14.7 で下から上へ移動する）とともに広がっていく．さらに，$L_{31} > L_{21}$ が成立するが，時間経過とともに，L_{31} と L_{21} の差（$= |L_{31} - L_{21}| = |x_3 - x_2|$）も広がることがわかる．

② したがって，x_1 の位置の銀河から見て，x_2 と x_3 の位置の銀河はどちらも遠ざかっているように見えて，かつ x_2 の銀河よりも x_3 の銀河のほうが遠ざかるスピードが速いことがわかる．

③ 以上 ①，②は，x_1 だけでなくあらゆる位置の銀河について（どの空間的な方向を見ても）成立する．つまり，**宇宙のどこから周囲を観測しても必ず遠くの銀河ほど速く遠ざかるように見える（宇宙が膨張している）**ことが結論される．

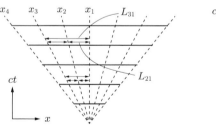
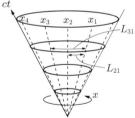

（ａ）空間が無限に広がっている場合　　（ｂ）空間が閉じている場合

> 宇宙の形がいずれの場合も
> 「L_{31} の増加速度」＞「L_{21} の増加速度」
> ⇒ 遠くのものほど速く遠ざかる

図 14.7　膨張宇宙を表す時空のイメージ．(a) は，空間方向に無限に広がっている場合の膨張宇宙（の一部分）．(b) は，空間が閉じている（x 軸に沿って移動すると元の位置に戻ってしまう）場合の膨張宇宙．

　宇宙が膨張しているということは，過去にさかのぼると宇宙は小さかったことになる．そして，十分過去にさかのぼれば宇宙の大きさはゼロ（少なくとも原子サイズ）だったであろう．つまり，この宇宙は永遠の過去から存在しているのではなく，ある有限の過去に誕生し，いまの姿になるまで膨張してきたと考えられる．この点は現代物理学の限界 (→ p.185) にもつながる．

　一方，全宇宙の物質とエネルギーの総量は（エネルギー保存則から）不変だとすると，十分過去の宇宙では空間的に小さな領域に物質とエネルギーが詰め込まれた状況（温度が非常に高い状況）になる．宇宙全体の物質の振る舞いも考慮しつつアインシュタイン方程式に基づいて宇宙の膨張法則を求めると，以下のことがわかる（詳しくは文献[8–13]などを参照）．

　図 14.8 に示すように，銀河 A と B の世界線に注目しよう[*1]．銀河 A の世界線上の観測者が測る時間を ct とし，l_{AB} を時刻 $ct = 1$ での銀河 A と B の間の空間的距離とすれば，時刻 ct での銀河 A と B の間の空間的距離は，

$$L_{\mathrm{AB}}(t) = a(t)\, l_{\mathrm{AB}} \tag{14.4}$$

と表すことができる．この係数 $a(t)$ が時間的にどう変化するかを考える．ここで注意することは，宇宙が十分小さいときは宇宙は高温状態であり，宇宙に存在する物質は溶けてスープのようになって宇宙に広がることである．そして，宇宙がある程度大きくなると宇宙は冷えてきて，電子が陽子のまわりに（電磁気力で）捉えられることで水素原子が形成される．このような宇宙に含まれる物質の振る舞いも考慮しながらアインシュタイン方程式を扱うと，式 (14.4) の係数 $a(t)$ がつぎのように与えられる．

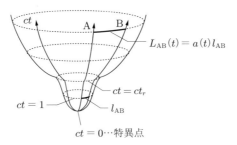

図 14.8　全宇宙の物質やエネルギーの振る舞いも考慮してアインシュタイン方程式から得られる宇宙膨張のイメージ．t_r の前後での膨張の仕方の変化は，式 (14.5) を参照．

[*1]　銀河 A と B はある時点で形成されたはずだが，それらの世界線を過去にもさかのぼって宇宙誕生の瞬間から続く世界線を考えよう．

$$a(t) \propto \begin{cases} t^{1/2} & : t_i < t < t_r \\ (t-t_r)^{2/3} + 定数 & : t_r < t \end{cases} \tag{14.5}$$

ただし，$t_i \sim 10^{-36}$ 秒[*1] はつぎの段落で述べるインフレーションという現象の終了時刻であり，$t_r \sim 10$ 万年は水素原子が形成される時刻である．以上は，この宇宙についてほぼ確かな事実だと考えられていることの一例である．なお，現在の宇宙年齢（宇宙誕生からの経過時間）は約 137 億年と見積もられている．

　以上の膨張宇宙論には謎に包まれている論点も多い．たとえば，宇宙誕生の瞬間から $t_i \sim 10^{-36}$ 秒の極めて短時間に何が起きたかである．現在までに得られている広大な宇宙のさまざまな観測事実から，この最初の極短時間の宇宙の膨張法則は，$a(t) \propto e^{Ht}$（H は [1/時間] という単位をもつ定数）のように指数関数で急激に膨張したと考えられている．この指数関数的な急激膨張を**宇宙のインフレーション**という．しかし，このインフレーション宇宙の膨張法則の定数 H を一体何が決めるのかは不明であり，統一見解はない．この H の起源をうまく説明するために，たとえば，アインシュタイン方程式が式 (14.2)ではない可能性が検討されている．あるいは，アインシュタイン方程式は式 (14.2)だとして，定数 H を決める原因となる未知の物質あるいはエネルギー（暗黒エネルギー）の可能性も検討されている．いずれにせよ，宇宙の初期は謎に包まれており，今後の進展が望まれ続けている研究テーマである．他にも，現在の銀河分布の特徴がどうやって決まったかなど，宇宙に関する研究テーマは多い．

◎ 宇宙の初期特異点：現代物理学の限界の一つ

　以上，重力波と膨張宇宙の大雑把な定性的解説と関連する研究の現状を（少しだけ）概観した．一方，とくに膨張宇宙の議論は，現代物理学では理解不可能なこと（現代物理学の限界）も示している．図 14.8 で宇宙誕生の瞬間に注目しよう．宇宙誕生の瞬間は，宇宙の空間的な体積がゼロと考えられ，質量エネルギー密度 ρ は無限大だと考えられる．すると，アインシュタイン方程式から時空曲率も無限大になる．このような無限大が現れてしまうと，宇宙誕生の瞬間の物理的な状況を知るための計算が不可能になる．つまり，**宇宙誕生の瞬間の物理的な状況は，現代物理学ではまったく理解できない**．宇宙誕生の瞬間は，ブラックホール中心と同様に，**時空特異点**である．とくに，宇宙誕生の瞬間の特異点は，ブラックホール中心特異点と区別して，**宇宙の初期特異点**ということも多い．一般相対論の帰結として時空特異点が現れることはわかるのだが，時空特異点そのものを理解することは不可能であり，現代物理学の限界の一つである．なお，第 11 章

[*1] $t_i \sim 10^{-36}$ の記号 $\sim$ は，左辺 t_i の桁数と右辺 10^{-36} の桁数が同程度，という意味．

末コラム (→ p.142) で述べた現代物理学の課題（一般相対論と量子論を融合させる物理理論の建設）が解決できれば，きっと初期特異点（宇宙誕生の瞬間）も理解できるだろうと期待されている．

> *Column*　　一般相対論の妥当性の検証
>
> 　14.1 節で述べたように，一般相対論はアインシュタイン方程式という仮説を採用した重力理論である．現在，この仮説としての一般相対論がどれだけ正しいかの検証が，現代物理学の重要な一分野である．少なくとも太陽系空間の弱い重力では，さまざまな実験・観測結果が一般相対論で十分精度よく説明されている．また，広大な宇宙全体を平均的に扱った（銀河などの重力を平均した）重力でも，暗黒物質や暗黒エネルギーなど正体不明の重力源の存在を仮定すると，観測結果は一般相対論で説明できる．さらに，2015 年には重力波が人類史上はじめて検出されたが，それは二つのブラックホールが合体して一つのブラックホールになった際に放射された重力波だと考えられている．2018 年には，我々の銀河系中心の巨大ブラックホール候補天体に起因する，光の重力ドップラー効果が測定できる（赤外線の）観測精度が達成できた．2019 年には，M87 銀河中心の巨大ブラックホールの影（ブラックホールの周囲を取り巻くガス雲からの光の一部がブラックホールに吸い込まれることで生じる影）が撮像できる（電波の）観測精度が達成できた[*1]．このように重力に関わる研究が進展しつつある現在，太陽系の範囲を超えて，宇宙全体の構造・進化や，ブラックホールのような極端な強重力の研究を通して，一般相対論の妥当性の研究が深まりを見せつつある．

[*1]　M87 銀河中心の巨大ブラックホールの影の世界初撮像は，アメリカのグループが主導したが，日本の国立天文台，水沢観測所のグループは電波観測データを画像化する研究などで極めて重要な役割を果たした．

付録
A

空間座標の回転を表す行列

◎ A.1　2次元ユークリッド空間（平面）の座標軸の回転変換

　2次元ユークリッド空間（平面）の座標軸の回転を考える．図 A.1 のように，xy 直交座標と，それに対して角 η だけ傾いた $\tilde{x}\tilde{y}$ 直交座標を考える．η の符号は，$\tilde{x}$ 軸が xy 面の第 1 象限を通る場合（図 A.1 に示す状況）を $\eta > 0$ とする．

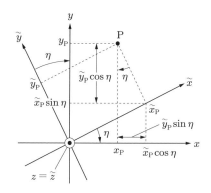

図 A.1　平面上の座標軸の回転．3 次元空間と 4 次元ミンコフスキー時空への拡張を考える際に使う，z 軸と $\tilde{z}$ 軸も描いてある．記号 ⊙ は，z 軸と $\tilde{z}$ 軸が紙面に垂直に手前向きであることを表す．$\tilde{x}\tilde{y}$ 軸は，この図のように $\tilde{z}$ 軸の正方向から見下ろしたとき，原点を中心に角 η だけ時計回りに回転させると xy 軸に重なる．

　平面上の任意の点 P について，$\tilde{x}\tilde{y}$ 座標で測る座標を $(\tilde{x}_P, \tilde{y}_P)$ とし，xy 座標で測る座標を (x_P, y_P) とする．xy 座標と $\tilde{x}\tilde{y}$ 座標はすでに図 A.1 のように決めたので，座標値 $(\tilde{x}_P, \tilde{y}_P)$ と (x_P, y_P) の間には一定の関係が決まるはずである．その関係式が座標変換である．図 A.1 の設定では角 η の回転変換である．

　平面上の回転変換は，図 A.1 から読み取れる．図 A.1 の中でどの間隔とどの間隔が等しいかに注意すれば，任意の点 P の座標につぎの関係があることがわかる．

$$x_P = \tilde{x}_P \cos\eta - \tilde{y}_P \sin\eta, \quad y_P = \tilde{x}_P \sin\eta + \tilde{y}_P \cos\eta \tag{A.1}$$

これを行列を使って書くと，つぎのように表せる．

$$\begin{matrix} \text{平面の座標} \\ \text{の回転変換} \end{matrix} : \begin{pmatrix} x_P \\ y_P \end{pmatrix} = \begin{pmatrix} \cos\eta & -\sin\eta \\ \sin\eta & \cos\eta \end{pmatrix} \begin{pmatrix} \tilde{x}_P \\ \tilde{y}_P \end{pmatrix} \tag{A.2}$$

A.2 3次元ユークリッド空間の座標軸の回転変換

3次元ユークリッド空間の座標軸の回転を考える.

まず，簡単な場合として，3次元空間の $\tilde{z}$ 軸を回転軸とする回転変換を考える．これは，図 A.1 で示される回転が，3次元空間内の $\tilde{x}\tilde{y}$ 面上での回転だと考えればよい．この場合，空間内の任意の点 P について，xyz 座標で測る座標値 $(x_{\mathrm{P}}, y_{\mathrm{P}}, z_{\mathrm{P}})$ と $\tilde{x}\tilde{y}\tilde{z}$ 座標で測る座標値 $(\tilde{x}_{\mathrm{P}}, \tilde{y}_{\mathrm{P}}, \tilde{z}_{\mathrm{P}})$ の間には，式 (A.2)に加えて $z_{\mathrm{P}} = \tilde{z}_{\mathrm{P}}$ （z 軸と $\tilde{z}$ 軸が一致）という関係が加わる.

$$x_{\mathrm{P}} = \tilde{x}_{\mathrm{P}} \cos\eta - \tilde{y}_{\mathrm{P}} \sin\eta, \quad y_{\mathrm{P}} = \tilde{x}_{\mathrm{P}} \sin\eta + \tilde{y}_{\mathrm{P}} \cos\eta, \quad z_{\mathrm{P}} = \tilde{z}_{\mathrm{P}} \tag{A.3}$$

これを行列を使って書くと，つぎのように表せる.

空間の $\tilde{z}$ 軸を回転軸
とする回転変換 :
$$\begin{pmatrix} x_{\mathrm{P}} \\ y_{\mathrm{P}} \\ z_{\mathrm{P}} \end{pmatrix} = \begin{pmatrix} \cos\eta & -\sin\eta & 0 \\ \sin\eta & \cos\eta & 0 \\ 0 & 0 & 1 \end{pmatrix} \begin{pmatrix} \tilde{x}_{\mathrm{P}} \\ \tilde{y}_{\mathrm{P}} \\ \tilde{z}_{\mathrm{P}} \end{pmatrix} \tag{A.4}$$

この右辺は $\tilde{x}\tilde{y}\tilde{z}$ 座標で測った座標値の関係式なので，この式 (A.4)は（z 軸でなく）$\tilde{z}$ 軸を回転軸とする回転変換である．**この回転変換は，$\tilde{z}$ 軸の正方向から $\tilde{x}\tilde{y}$ 面を見下ろして，$\tilde{x}\tilde{y}$ 軸を角 η だけ時計回りに回転させる.**

つぎに，3次元ユークリッド空間の $\tilde{y}$ 軸を回転軸とする回転変換は，式 (A.4)で座標値 $(x_{\mathrm{P}}, y_{\mathrm{P}}, z_{\mathrm{P}})$, $(\tilde{x}_{\mathrm{P}}, \tilde{y}_{\mathrm{P}}, \tilde{z}_{\mathrm{P}})$ をつぎのように巡回的に置き換えれば得られる.

$$\begin{aligned} x_{\mathrm{P}} \to z_{\mathrm{P}}, \quad y_{\mathrm{P}} \to x_{\mathrm{P}}, \quad z_{\mathrm{P}} \to y_{\mathrm{P}} \\ \tilde{x}_{\mathrm{P}} \to \tilde{z}_{\mathrm{P}}, \quad \tilde{y}_{\mathrm{P}} \to \tilde{x}_{\mathrm{P}}, \quad \tilde{z}_{\mathrm{P}} \to \tilde{y}_{\mathrm{P}} \end{aligned} \tag{A.5}$$

この巡回置換より，$\tilde{y}$ 軸を回転軸とする回転変換はつぎのように表せる.

空間の $\tilde{y}$ 軸を回転軸
とする回転変換 :
$$\begin{pmatrix} x_{\mathrm{P}} \\ y_{\mathrm{P}} \\ z_{\mathrm{P}} \end{pmatrix} = \begin{pmatrix} \cos\eta & 0 & \sin\eta \\ 0 & 1 & 0 \\ -\sin\eta & 0 & \cos\eta \end{pmatrix} \begin{pmatrix} \tilde{x}_{\mathrm{P}} \\ \tilde{y}_{\mathrm{P}} \\ \tilde{z}_{\mathrm{P}} \end{pmatrix} \tag{A.6}$$

この η の符号は，$\tilde{z}$ 軸が zx 面の第1象限を通る場合を $\eta > 0$ とする．**この回転変換は，$\tilde{y}$ 軸の正方向から $\tilde{z}\tilde{x}$ 面を見下ろして，$\tilde{z}\tilde{x}$ 軸を角 η だけ時計回りに回転させる.**

同様に，3次元ユークリッド空間の $\tilde{x}$ 軸を回転軸とする回転変換は，式 (A.4)で座標値 $(x_{\mathrm{P}}, y_{\mathrm{P}}, z_{\mathrm{P}})$, $(\tilde{x}_{\mathrm{P}}, \tilde{y}_{\mathrm{P}}, \tilde{z}_{\mathrm{P}})$ につぎの巡回置換を施せば得られる.

$$\begin{aligned} x_{\mathrm{P}} \to y_{\mathrm{P}}, \quad y_{\mathrm{P}} \to z_{\mathrm{P}}, \quad z_{\mathrm{P}} \to x_{\mathrm{P}} \\ \tilde{x}_{\mathrm{P}} \to \tilde{y}_{\mathrm{P}}, \quad \tilde{y}_{\mathrm{P}} \to \tilde{z}_{\mathrm{P}}, \quad \tilde{z}_{\mathrm{P}} \to \tilde{x}_{\mathrm{P}} \end{aligned} \tag{A.7}$$

この巡回置換より，$\tilde{x}$ 軸を回転軸とする回転変換はつぎのように表せる．

$$\begin{matrix}\text{空間の } \tilde{x} \text{ 軸を回転軸}\\ \text{とする回転変換}\end{matrix} : \begin{pmatrix} x_{\mathrm{P}} \\ y_{\mathrm{P}} \\ z_{\mathrm{P}} \end{pmatrix} = \begin{pmatrix} 1 & 0 & 0 \\ 0 & \cos\eta & -\sin\eta \\ 0 & \sin\eta & \cos\eta \end{pmatrix} \begin{pmatrix} \tilde{x}_{\mathrm{P}} \\ \tilde{y}_{\mathrm{P}} \\ \tilde{z}_{\mathrm{P}} \end{pmatrix} \quad (A.8)$$

この η の符号は，$\tilde{y}$ 軸が yz 面の第1象限を通る場合を $\eta > 0$ とする．この回転変換は，$\tilde{x}$ 軸の正方向から $\tilde{y}\tilde{z}$ 面を見下ろして，$\tilde{y}\tilde{z}$ 軸を角 η だけ時計回りに回転させる．

以上の基本的な回転変換から任意の回転変換が得られる．たとえば，xyz 座標と $\tilde{x}\tilde{y}\tilde{z}$ 座標の関係が「つぎの2段階の回転変換を $\tilde{x}\tilde{y}\tilde{z}$ 座標に施すことで xyz 座標に重なる」という場合を考える（7.3節も参照）．

▶ 回転1：$\tilde{x}\tilde{y}\tilde{z}$ 座標を，$\tilde{y}$ 軸を回転軸として角 η_1 だけ時計回りに回転させる．
▶ 回転2：続けて，回転1で向きを変えられた $\tilde{x}\tilde{y}\tilde{z}$ 座標を，その $\tilde{z}$ 軸に関して角 η_2 だけ時計回りに回転させる．

この場合，空間内の任意の点 P の座標値の関係は，つぎのようになる．

$$\begin{pmatrix} x_{\mathrm{P}} \\ y_{\mathrm{P}} \\ z_{\mathrm{P}} \end{pmatrix} = \begin{pmatrix} \cos\eta_2 & -\sin\eta_2 & 0 \\ \sin\eta_2 & \cos\eta_2 & 0 \\ 0 & 0 & 1 \end{pmatrix} \begin{pmatrix} \cos\eta_1 & 0 & \sin\eta_1 \\ 0 & 1 & 0 \\ -\sin\eta_1 & 0 & \cos\eta_1 \end{pmatrix} \begin{pmatrix} \tilde{x}_{\mathrm{P}} \\ \tilde{y}_{\mathrm{P}} \\ \tilde{z}_{\mathrm{P}} \end{pmatrix}$$

$$= \begin{pmatrix} \cos\eta_1\cos\eta_2 & -\sin\eta_2 & \sin\eta_1\cos\eta_2 \\ \cos\eta_1\sin\eta_2 & \cos\eta_2 & \sin\eta_1\sin\eta_2 \\ -\sin\eta_1 & 0 & \cos\eta_1 \end{pmatrix} \begin{pmatrix} \tilde{x}_{\mathrm{P}} \\ \tilde{y}_{\mathrm{P}} \\ \tilde{z}_{\mathrm{P}} \end{pmatrix} \quad (A.9)$$

この例は，7.3節で任意の相対速度によるローレンツ変換を導出する際に考える空間座標の回転に適用できる．

特殊相対論のベクトル 発展

B.1 節で，ベクトルの基礎事項（ベクトルの成分，合成と分解，内積）をニュートン力学と関連付けてまとめ，B.2 節以降で，特殊相対論のベクトルの基礎事項をまとめる．この付録 B の内容は，**一般相対論に進む場合には基礎中の基礎事項であり，身に着けておくことが望まれる**．なお，ニュートン力学で考える空間はユークリッド空間なので（4.1節），B.1 節のニュートン力学におけるベクトルはユークリッド空間のベクトルの性質である．一方，特殊相対論ではミンコフスキー時空を考えるので（5.1節），B.2 節以降はミンコフスキー時空のベクトルのまとめである．

◎ B.1　ニュートン力学におけるベクトル

ベクトルは，「向き」と「大きさ（数値）」を兼ね備えた量を表す概念である．ベクトルは矢印で図示でき，その作図の基礎は，

① そのベクトルが存在する位置に矢印の尻尾（あるいは頭）を置く
② ベクトルの向きに矢印を描く
③ ベクトルの大きさは矢印の長さで表す

の三つである．ベクトル $\vec{v}$ の成分 $\vec{v} = (v_x, v_y, v_z)$ は，ベクトルの矢印の尻尾を原点とした場合の頭の位置が示す座標である．また，ベクトル $\vec{v} = (v_x, v_y, v_z)$ と $\vec{w} = (w_x, w_y, w_z)$ の和 $\vec{v} + \vec{w} = (v_x + w_x, v_y + w_y, v_z + w_z)$ を表す矢印は，いわゆる「平行四辺形の合成法則」で作図する．ベクトル $\vec{v}$ の k 倍 $k\vec{v} = (kv_x, kv_y, kv_z)$ を表す矢印は，ベクトル $\vec{v}$ の矢印の長さを k 倍した矢印で表す．以上は前提にして，ニュートン力学におけるベクトルをまとめていく．

◎ ニュートン力学におけるベクトルの例

ニュートン力学（2.1 節）のベクトルの典型例として，物体の位置 $\vec{r}(t) = (x(t), y(t), z(t))$，速度 $\vec{v}(t) := \mathrm{d}r(t)/\mathrm{d}t$，加速度 $\vec{a}(t) := \mathrm{d}v(t)/\mathrm{d}t$ がある．この三つの間の関係は，定義から微積分で与えられる（式 (2.2) 参照）．また，物体の質量を m として運動量は $\vec{p}(t) := m\vec{v}(t)$ で定義され，その物理的な意味は「運動の勢い」である（➜ p.102 の脚注）．さらに，物体にはたらく力もベクトル $\vec{F}(t) = (F_x(t), F_y(t), F_z(t))$

であり，運動方程式 (2.1) を満たすことが実験事実である．

　以上に加えて，速度 $\vec{v}(t)$ と運動量 $\vec{p}(t)$ の幾何学的な描像をまとめておく．そのために，速度の定義 (2.2a)，$\vec{v}(t) := dr(t)/dt$ に注目する．微分の定義から，速度と位置ベクトルの関係は，つぎのようになる[*1]．

$$\vec{v}(t) = \lim_{\delta t \to 0} \frac{1}{\delta t}\Big[\vec{r}(t+\delta t) - \vec{r}(t)\Big] \tag{B.1}$$

この定義より，速度 $\vec{v}(t)$ の向きは「二つの時刻の位置 $\vec{r}(t)$ と $\vec{r}(t+\delta t)$ を結ぶ方向の極限 $\delta t \to 0$」である．図 B.1 からわかるように，速度 $\vec{v}(t)$ の向きは，xyz 空間内に描く軌道曲線の，時刻 t における位置での接線方向である．当然，運動量 $\vec{p}(t)$ も，速度 $\vec{v}(t)$ の矢印の長さを m 倍しただけなので，軌道曲線の接線方向を向く．

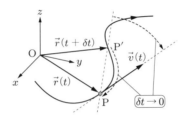

図 B.1　速度ベクトル $\vec{v}(t)$ の幾何学的な描像．極限 $\delta t \to 0$ の幾何学的な意味は，位置 $\vec{r}(t+\delta t)$ を軌道曲線に沿って位置 $\vec{r}(t)$ まで「引き戻す」ことである．この引き戻しによって，定義 (B.1) で与えられる速度 $\vec{v}(t)$ は位置 $\vec{r}(t)$ における軌道曲線の接線方向を向くベクトルだという描像が得られる．

◎ ニュートン力学におけるベクトルの内積

　ベクトルは向きと大きさを兼ね備えた量であるが，二つのベクトルから一つの値を得る数学的な規則に，**内積**がある．ニュートン力学におけるベクトル $\vec{A} = (A_x, A_y, A_z)$ と $\vec{B} = (B_x, B_y, B_z)$ の内積とは，xyz 直交座標成分を使うと，つぎのように定義される値（その値を代入する記号を $\vec{A} \cdot \vec{B}$ とする）のことである．

　　ニュートン力学における内積：　$\vec{A} \cdot \vec{B} = A_x B_x + A_y B_y + A_z B_z$ 　　(B.2)

この内積 (B.2) は，$\vec{A}$ と $\vec{B}$ の間の角を θ（図 B.2 参照）として，つぎの形に式変形できることが知られている[*2]．

[*1]　これは，高校数学で扱う関数の微分の定義をベクトルに適用したものである．なお，一般相対論で曲がった時空を考えると，時空の各事象における「接空間」という概念を基にベクトルを構成するだろう．その接空間とは，時空上のさまざまな曲線に沿った微分の集合が各事象ごとにベクトル空間となることを意味する．「···　はっ！？　何いってんの？」と思う読者もいると思うが，それを明らかにすることを楽しみにしながら一般相対論へ進んでもらいたい．

[*2]　式 (B.2) と式 (B.3) の同値性（$A_x B_x + A_y B_y + A_z B_z = AB\cos\theta$）の証明は 2 段階である．まず，図 B.2 に考えやすい向きの xyz 座標軸を入れて同値性を示す．つぎに，付録 A の空間回転を施せば，任意の xyz 座標における同値性が証明できる．

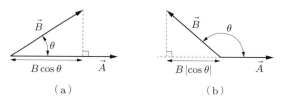

図 B.2 ニュートン力学におけるベクトルの内積 $\vec{A} \cdot \vec{B}$ の幾何学的な意味. (a) は $0 \leq \theta \leq \pi/2$ $(\cos \theta \geq 0)$ の場合, (b) は $\pi/2 < \theta \leq \pi$ $(\cos \theta < 0)$ の場合. 式 (B.3) において, $B|\cos \theta|$ は「$\vec{A}$ の軸上に写った $\vec{B}$ の影の長さ」であることがこの図から読み取れる.

$$\vec{A} \cdot \vec{B} = A\,B\,\cos \theta \tag{B.3}$$

ただし, $A = |\vec{A}| = \sqrt{A_x{}^2 + A_y{}^2 + A_z{}^2}$ はベクトル $\vec{A}$ の大きさである[*1]. この式 (B.3) と図 B.2 からわかることをいくつかまとめる:

- 式 (B.3) から, ニュートン力学の内積の符号について, つぎのことがわかる.

$$\begin{aligned} \vec{A} \cdot \vec{B} > 0 \quad &: 0 \leq \theta < \pi/2 \ (\cos \theta > 0) \ \text{の場合} \\ \vec{A} \cdot \vec{B} = 0 \quad &: \theta = \pi/2 \ (\cos \theta = 0) \ \text{の場合} \\ \vec{A} \cdot \vec{B} < 0 \quad &: \pi/2 < \theta \leq \pi \ (\cos \theta < 0) \ \text{の場合} \end{aligned} \tag{B.4a}$$

- 図 B.2 から, $B|\cos \theta|$ は「$\vec{A}$ の軸上に写った $\vec{B}$ の影の長さ」だとわかる. したがって, ニュートン力学の内積の絶対値 $|\vec{A} \cdot \vec{B}|$ はつぎのようにいえる.

$$\begin{aligned} |\vec{A} \cdot \vec{B}| &= \text{「}\vec{A}\text{ の長さ」} \times \text{「}\vec{A}\text{ の軸上に写った }\vec{B}\text{ の影の長さ」} \\ &= \text{「}\vec{B}\text{ の長さ」} \times \text{「}\vec{B}\text{ の軸上に写った }\vec{A}\text{ の影の長さ」} \end{aligned} \tag{B.4b}$$

- ベクトル $\vec{A}$ と $\vec{B}$ の向きが直交 $(\theta = \pi/2)$ するとき, $\cos \pi/2 = 0$ なのでニュートン力学の内積はゼロである.

$$\text{「}\vec{A}\text{ と }\vec{B}\text{ は直交」} \iff \vec{A} \cdot \vec{B} = 0 \tag{B.4c}$$

二つのベクトルが直交するかどうかは, 内積を計算して判断できる.

- ベクトル $\vec{A}$ と $\vec{B}$ の向きが平行 $(\theta = 0$ あるいは $\pi)$ なとき, $\cos 0 = 1, \cos \pi = -1$ から, ニュートン力学の内積は大きさの積になる.

[*1] ベクトルの大きさ A という記号が, もし他のベクトルでない量 (たとえば, 温度や質量など向きをもたずに値だけで決まる量) と混同しそうな場合, 大きさの値を代入する記号として $|\vec{A}|$ $(= A)$ を使う. 式 (2.3) では, 「位置ベクトル $\vec{r}(t)$ がもつ向きと大きさという情報から, 大きさという値だけを考えている」ということを明示するために記号 $|\vec{r}(t)|$ を使った.

$$「\vec{A} \ \text{と} \ \vec{B} \ \text{は平行}」 \iff \vec{A} \cdot \vec{B} = \begin{cases} AB & : 同じ向き \\ -AB & : 逆向き \end{cases} \tag{B.4d}$$

とくに，任意のベクトル $\vec{A}$ の大きさは自分自身との内積で与えられる．

$$|\vec{A}| = \sqrt{\vec{A} \cdot \vec{A}} \tag{B.4e}$$

- 位置ベクトル $\vec{r}$ の大きさが原点からの距離を表すことを式 (2.3) で述べた．したがって，式 (B.4e) より，ニュートン力学における（ユークリッド空間における）原点からの距離は内積を使って，つぎのように表せる．

$$\begin{matrix} \text{ユークリッド空間} \\ \text{の原点からの距離} \end{matrix} : \quad |\vec{r}| = \sqrt{\vec{r} \cdot \vec{r}} \tag{B.4f}$$

これは，B.3 節で特殊相対論におけるベクトルの内積を定義する際に，重要な参考事実となる．

◎ ニュートン力学における波動の波数ベクトル

波動は，媒質（の何らかの物理量，たとえば，位置や密度，圧力など）の変位が伝わっていく現象である．その媒質の変位が同じ値をとる位置を集めると，一般に曲面になる．そのように「波動の変位の値が同じになるような点の集まりとして得られる曲面」を**波面**という．たとえば，音波は空気密度の濃淡（平均密度からのずれ）という変位が伝わる波動であり，空気密度が同じ値の位置を集めると曲面になる．最も空気密度が濃い位置，最も濃い値の 73% の濃さの位置，最も薄い位置などなど，空気密度のさまざまな値に応じて波面が考えられる[*1]．

そして，図 B.3(a) に示すように，波面上の各点ごとに，波面に直交する向きで大きさ $2\pi/\lambda$（λ は波長）のベクトル $\vec{k}$ を考えよう．この $\vec{k}(t,x,y,z)$ を**波数ベクトル**という．

$$\vec{k}(t,x,y,z) = \frac{2\pi}{\lambda} \vec{n}(t,x,y,z) \tag{B.5}$$

ただし，$\vec{n}(t,x,y,z) = \big(n_x(t,x,y,z), \, n_y(t,x,y,z), \, n_z(t,x,y,z) \big)$ は，時刻 t で位置 (x,y,z) における波面（に接する平面）に直交する大きさ 1 のベクトルである．なお，波動は波面に垂直な方向に伝わることがわかっているので，波動が伝わる方向は $\vec{k}$（あるいは $\vec{n}$）の方向である．

また，波数ベクトルとの内積が一定になるような位置ベクトル $\vec{r}$ を集めると，一つの

[*1] 波面の形状が平面になる波動を平面波，波面の形状が球面になる波動を球面波という．

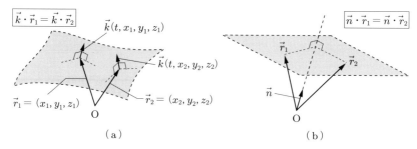

図 B.3 ニュートン力学における波面と波数ベクトル. (a) は, 波面が適当な曲面の場合. 任意の時刻 t において波面上の各点 (x, y, z) に, その点での波面（に接する平面）に直交する方向に波数ベクトル $\vec{k}(t, x, y, z)$ が考えられる. (b) は, 平面波（$\vec{k} =$ 一定ベクトル）の場合で, 波数ベクトルの向きに大きさ 1 のベクトル $\vec{n}$ を, 原点 O に尻尾を置いて図示する. この場合, 内積 $\vec{n} \cdot \vec{r}$ の値が等しくなる位置 $\vec{r}$ を集めると, $\vec{n}$ に直交する平面になる.

波面になる.

$$\text{波面を表す式:} \quad \vec{k} \cdot \vec{r} = C \quad (C \text{ は任意定数}) \tag{B.6}$$

この関係式を満たす位置 $\vec{r} = (x, y, z)$ を集めると時刻 t における一つの波面になる様子を, 図 B.3(a) に示した. 異なる C の値は異なる波面を表す.

　波数ベクトルと波面の関係を見るための最も単純な例として, 平面波（波面の形状が平面の波動）を考えよう. 平面波は, 波数ベクトル $\vec{k}$ を一定ベクトル（x, y, z 成分がすべて定数）として, 以下の変位 X（音波なら空気密度 $\sigma(t, x, y, z)$ の平均値 $\bar{\sigma}$ からのずれ $X(t, x, y, z) = \sigma(t, x, y, z) - \bar{\sigma}$）で表せる.

$$X(t, x, y, z) = A \sin\left(-\frac{2\pi}{T}t + \frac{2\pi}{\lambda}\vec{n} \cdot \vec{r} \right) \tag{B.7a}$$

ただし, T は周期, $\vec{r} = (x, y, z)$ は位置ベクトル, $\vec{n}$ は式 (B.5) で与えたベクトル, $\vec{n} \cdot \vec{r}$ はニュートン力学における内積 (B.2), A は振幅である. ところで, 内積の意味 (B.4) から, 任意の時刻 t の瞬間において式 (B.6) の定数 C を $C = (2\pi/T)t + \widetilde{C}$（$\widetilde{C}$ は任意定数）とすると, 式 (B.6) からつぎの関係を得る.

$$\text{式 (B.6)} \quad \Longleftrightarrow \quad \vec{n} \cdot \vec{r} = \frac{\lambda C}{2\pi} \quad \Longleftrightarrow \quad -\frac{2\pi}{T}t + \frac{2\pi}{\lambda}\vec{n} \cdot \vec{r} = \widetilde{C} \tag{B.7b}$$

この関係を満たす位置 $\vec{r}$ を集めると, 図 B.3(b) に示すような「$\vec{n}$ に直交する平面」になる. 式 (B.7a) より, この平面 (B.7b) 上で, 時刻 t における波動の変位 $X(t, x, y, z)$ の値は一定値になるので,「$\vec{n}$ に直交する平面」が平面波 (B.7a) の波面であることがわかる.

　同様に, たとえば, 波動の式 (B.7a) の角度部分 $-2\pi t/T + \vec{k}(t, x, y, z) \cdot \vec{r}$ が球面上で一定だとする. この場合, $X(t, x, y, z)$ は球面波を表す. 他にも, 波数ベクトル $\vec{k}(t, x, y, z)$

の x, y, z 成分を時刻 t と座標 (x, y, z) の関数としてうまく調整すれば，$X(t, x, y, z)$ がさまざまな形状の波面をもつ波動を表すことができる．

◎ ニュートン力学における座標回転とベクトル

位置ベクトル $\vec{r}$ はニュートン力学におけるベクトルの典型例の一つである．付録 A で導いたように，たとえば，式 (A.9) の回転変換によって xyz 座標軸の向きを回転させて $\tilde{x}\tilde{y}\tilde{z}$ 座標軸に変換したとしよう．位置ベクトル $\vec{r}$ の成分を，xyz 座標で測った場合の値を $\vec{r} = (x, y, z)$ とし，$\tilde{x}\tilde{y}\tilde{z}$ 座標で測った場合の値を $\vec{r} = (\tilde{x}, \tilde{y}, \tilde{z})$ とすると，これらの成分の間の関係が式 (A.9) で求められる．

以上のような xyz 座標軸の回転による成分の変換は，位置ベクトルに限らずあらゆるベクトルについて成立する．ニュートン力学における任意のベクトル $\vec{A}$ について，

$$\vec{A} = \begin{cases} (A_x, A_y, A_z) & : xyz \text{ 座標で測った成分} \\ (\tilde{A}_{\tilde{x}}, \tilde{A}_{\tilde{y}}, \tilde{A}_{\tilde{z}}) & : \tilde{x}\tilde{y}\tilde{z} \text{ 座標で測った成分} \end{cases} \tag{B.8a}$$

とすると，これらの成分の間の関係が式 (A.9) で求められて，次式になる．

$$\begin{pmatrix} A_x \\ A_y \\ A_z \end{pmatrix} = \begin{pmatrix} \cos\eta_1 \cos\eta_2 & -\sin\eta_2 & \sin\eta_1 \cos\eta_2 \\ \cos\eta_1 \sin\eta_2 & \cos\eta_2 & \sin\eta_1 \sin\eta_2 \\ -\sin\eta_1 & 0 & \cos\eta_1 \end{pmatrix} \begin{pmatrix} \tilde{A}_{\tilde{x}} \\ \tilde{A}_{\tilde{y}} \\ \tilde{A}_{\tilde{z}} \end{pmatrix} \tag{B.8b}$$

◎ B.2 特殊相対論のベクトルの例 ─────────

本書におけるベクトルの表記法 (→ p.102) について確認しておく．ニュートン力学におけるベクトル（空間成分しかないベクトル，つまりユークリッド空間のベクトル）は，$\vec{A}$ のように文字記号の頭に矢印を書いて表す．そして，ニュートン力学のベクトルの成分を xyz 座標で測った値は $\vec{A} = (A_x, A_y, A_z)$ と表し，各成分の記号は右下に添え字 x, y, z を付ける．

一方，特殊相対論におけるベクトル（時間成分もあるベクトル，つまりミンコフスキー時空のベクトル）は，$\boldsymbol{A}$ のように太字記号で表す．そして，特殊相対論のベクトルの成分を慣性系 K:(ct, x, y, z) で測った値は，式 (9.3c) のように表す．

$$\boldsymbol{A} = (A^{ct}, A^x, A^y, A^z) \tag{B.9}$$

各成分の記号は右上に添え字 ct（時間成分），x, y, z（空間成分）を付ける．

◎ 特殊相対論における事象ベクトル，速度，加速度，運動量

ニュートン力学の位置ベクトル $\vec{r}$ に対応する特殊相対論のベクトルは，事象の座標が成分の**事象ベクトル $\boldsymbol{r}$** である．慣性系 K:(ct, x, y, z) で成分を測れば，

$$\text{事象ベクトル：} \quad \boldsymbol{r} = (ct, x, y, z) \tag{B.10}$$

である[*1]．慣性系 K:(ct, x, y, z) で測る物体の位置，つまりミンコフスキー時空上で物体を表す世界線 $\boldsymbol{r}(\tau)$ は，その物体の固有時間 τ（9.1 節参照）の関数である．

$$\text{物体の世界線：} \quad \boldsymbol{r}(\tau) = \big(ct(\tau), x(\tau), y(\tau), z(\tau) \big) \tag{B.11}$$

この 4 成分すべてが τ の 1 次関数（たとえば $ct(\tau) = 3\tau - 7$）の場合，$\boldsymbol{r}(\tau)$ は何の力もはたらかない運動（慣性観測者から見て等速直線運動）をする物体を表す．第 9 章の 4 元速度 (9.3)は，何の力もはたらかない運動（慣性観測者から見て等速直線運動）をする物体の 4 元速度であった．しかし，この付録 B では任意の運動をする物体を考えて，**物体の世界線 (B.11)の各成分は必ずしも τ の 1 次関数とは限らない**とする．この物体の 4 元速度 $\boldsymbol{u}(\tau)$ は，ニュートン力学の速度 (2.2)と同様に微分で定義する．

$$\text{4 元速度：} \quad \boldsymbol{u}(\tau) := \frac{\mathrm{d}\boldsymbol{r}(\tau)}{\mathrm{d}\tau} = \big(u^{ct}(\tau), u^x(\tau), u^y(\tau), u^z(\tau) \big)$$
$$= \left(\frac{\mathrm{d}(ct(\tau))}{\mathrm{d}\tau}, \frac{\mathrm{d}x(\tau)}{\mathrm{d}\tau}, \frac{\mathrm{d}y(\tau)}{\mathrm{d}\tau}, \frac{\mathrm{d}z(\tau)}{\mathrm{d}\tau} \right) \tag{B.12a}$$

ここで，たとえば，世界線の x 成分 $x(\tau)$ を（時間成分 $ct(\tau)$ と連立させて）時間 ct の関数とみなせば，x 成分の微分はつぎのように計算できる．

$$u^x = \frac{\mathrm{d}x(\tau)}{\mathrm{d}\tau} = \frac{\mathrm{d}t(\tau)}{\mathrm{d}\tau} \frac{\mathrm{d}x(t)}{\mathrm{d}t}\bigg|_{t=t(\tau)} = \frac{v_x(\tau)}{\sqrt{1 - (v(\tau)/c)^2}} \tag{B.12b}$$

ただし，最後の等号で式 (12.1)と観測者 K が測る速度の定義 (9.1)（をそれぞれ微分で表したもの）を使った．同様の計算を ct, y, z 成分でも行うと，4 元速度 (B.12a)はつぎのように表せる．

$$\boldsymbol{u}(\tau) = \frac{1}{\sqrt{1 - (v(\tau)/c)^2}} \big(c, v_x(\tau), v_y(\tau), v_z(\tau) \big) \tag{B.12c}$$

ここで，$v(\tau)^2 = \big(v_x(\tau)\big)^2 + \big(v_z(\tau)\big)^2 + \big(v_z(\tau)\big)^2$ である．また，つぎの関係も得る．

[*1] 本書よりも数学的に正確に相対論を扱う教科書では，事象をベクトルとはみなさない場合が多いだろう．その理由は，事象そのものを「接空間」の要素とみなしにくいからである．しかし，特殊相対論のミンコフスキー時空には「並進対称性」と「ローレンツ対称性」（これらを合わせて「ポアンカレ対称性」）という性質があることから，事象ベクトル (B.10)をベクトルの一種と考えても数学的な不整合性は現れにくい．本書では，ニュートン力学のベクトルとの対応を重視して，事象ベクトル (B.10)に言及した．

$$\frac{v_x(\tau)}{c} = \frac{u^x(\tau)}{u^{ct}(\tau)}, \quad \frac{v_y(\tau)}{c} = \frac{u^y(\tau)}{u^{ct}(\tau)}, \quad \frac{v_z(\tau)}{c} = \frac{u^z(\tau)}{u^{ct}(\tau)} \tag{B.12d}$$

これは 4 元速度 $\boldsymbol{u}(\tau)$ と観測者 K が測る速度 $\vec{v} = (v_x, v_y, v_z)$ の関係式である．物体が慣性運動する場合の関係式 (9.4) が再現できることもわかる．

そして，4 元運動量は式 (9.5) と同様に定義される．

$$\text{4 元運動量：} \quad \boldsymbol{p} := m\boldsymbol{u} = \big(mu^{ct}(\tau), \, mu^x(\tau), \, mu^y(\tau), \, mu^z(\tau) \big)$$
$$= \big(p^{ct}(\tau), \, p^x(\tau), \, p^y(\tau), \, p^z(\tau) \big) \tag{B.13}$$

ここで，m は物体の固有質量 (→ p.99) である．また，慣性系 K が測る物体の相対論的エネルギー $E(\tau)$ は，式 (9.11) と同様に与えられる．

$$\text{相対論的エネルギー：} \quad E(\tau) = cp^{ct}(\tau) = \frac{mc^2}{\sqrt{1 - (v(\tau)/c)^2}} \tag{B.14}$$

物体が加速運動する場合の相対論的エネルギーは，固有時間 τ の関数であり，一定値とは限らない．相対論では，**4 元運動量という一つのベクトル物理量に**（ニュートン力学ではまったく別物であった）**エネルギーと運動量という考え方が統一される**．

さらに，ニュートン力学と同様に，4 元加速度はつぎの微分で定義する．

$$\text{4 元加速度：} \quad \boldsymbol{a}(\tau) := \frac{\mathrm{d}\boldsymbol{u}(\tau)}{\mathrm{d}\tau} = \big(a^{ct}(\tau), \, a^x(\tau), \, a^y(\tau), \, a^z(\tau) \big)$$
$$= \Big(\frac{\mathrm{d}u^{ct}(\tau)}{\mathrm{d}\tau}, \, \frac{\mathrm{d}u^x(\tau)}{\mathrm{d}\tau}, \, \frac{\mathrm{d}u^y(\tau)}{\mathrm{d}\tau}, \, \frac{\mathrm{d}u^z(\tau)}{\mathrm{d}\tau} \Big) \tag{B.15}$$

加速度の時間成分 a^{ct} は，4 元速度 (B.12c) の時間成分と相対論的エネルギー (B.14) から，つぎのようになる．

$$a^{ct}(\tau) = \frac{1}{mc}\frac{\mathrm{d}E(\tau)}{\mathrm{d}\tau} = \frac{1}{mc^2}\frac{\mathrm{d}[\,ct(\tau)\,]}{\mathrm{d}\tau}\frac{\mathrm{d}E(t)}{\mathrm{d}t}\Big|_{t=t(\tau)}$$
$$= \frac{u^{ct}}{mc^2}\frac{\mathrm{d}E(t)}{\mathrm{d}t}\Big|_{t=t(\tau)} = \frac{u^{ct}}{mc^2}P(\tau) \tag{B.16}$$

ただし，$P(\tau)$ は，物体の固有時刻 τ において，**観測者 K が測る仕事率**（観測者 K が測る単位時間あたりに物体に供給されるエネルギー）である．常に $u^{ct}/mc^2 > 0$ が成立するので，つぎのことがわかる．

- 観測者 K が測る物体の速度 $\vec{v}$ が速くなる場合は，エネルギーが与えられて $P > 0$ なので，$a^{ct} > 0$ である．
- 観測者 K が測る物体の速度 $\vec{v}$ が遅くなる場合は，エネルギーが奪われて $P < 0$ なので，$a^{ct} < 0$ である．

以上のベクトル $\boldsymbol{r}$, $\boldsymbol{u}$, $\boldsymbol{p}$, $\boldsymbol{a}$ の成分はすべて，同一の慣性系 K:(ct, x, y, z) で測ったものである．

4 元速度 (B.12) と 4 元運動量 (B.13) の幾何学的な描像も，ニュートン力学の場合の図 B.1 と同様に理解できる．微分の定義から，式 (B.1) と同様に

$$\boldsymbol{u} = \lim_{\delta\tau \to 0} \frac{1}{\delta\tau} \big[\, \boldsymbol{r}(\tau + \delta\tau) - \boldsymbol{r}(\tau) \,\big] \tag{B.17}$$

となるので，図 B.4 のように，4 元速度 $\boldsymbol{u}(\tau)$ は物体の世界線 $\boldsymbol{r}(\tau)$ の接線方向を向く矢印で図示できる．当然，4 元運動量 $\boldsymbol{p}(\tau)$ も，速度 $\boldsymbol{u}(\tau)$ の大きさ（矢印の長さ）を m 倍しただけなので，世界線の接線方向を向く．なお，4 元速度と 4 元加速度の性質のいくつかを，B.3 節で 4 元ベクトルの内積に基づいて解説する．

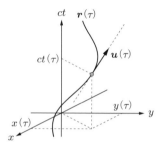

図 B.4 4 元速度 $\boldsymbol{u}(\tau)$ は，固有時間 τ において物体の世界線 $\boldsymbol{r}(\tau)$ の接線方向を向く矢印で表されるベクトルである．この図は ct 座標，x 座標，y 座標の 3 次元時空図で示しているが，2 次元時空図でも 4 次元時空図でも同様である．

◎ 特殊相対論における波動の波数ベクトル

特殊相対論で波動として最も単純な平面波を考えると，その変位 $S(ct, x, y, z)$ はニュートン力学の場合の式 (B.7) と同様に表せる．

$$S(ct, x, y, z) = A\sin\Big(-\frac{2\pi}{cT}ct + \frac{2\pi}{\lambda}\big(n^x x + n^y y + n^z z\big) \Big) \tag{B.18a}$$

ここで，T は慣性系 K:(ct, x, y, z) で測る波動の周期，λ は慣性系 K で測る波長，A は慣性系 K で測る振幅である．また，(n^x, n^y, n^z) はつぎの関係を満たす定数である．

$$(n^x)^2 + (n^y)^2 + (n^z)^2 = 1 \tag{B.18b}$$

これは，以下に説明するように，4 元波数ベクトルの空間成分を与える[*1]．

[*1] (n^x, n^y, n^z) を事象 (ct, x, y, z) の関数とすれば，$S(ct, x, y, z)$ は平面波だけでなく，さまざまな形状の波面をもつ波動を表せる．平面波は波動の最も単純な例である．

　ニュートン力学の波動では，式 (B.7a)で示したように，三角関数（の角度部分）における「空間座標の係数」が波数ベクトルの成分である．そこで，特殊相対論における波数ベクトル $\boldsymbol{k}$ の成分を慣性系 K で測った場合の値を，つぎのように定義する．

$$\text{4元波数ベクトル：} \quad \boldsymbol{k} = \left(\frac{2\pi}{cT}, \frac{2\pi}{\lambda}n^x, \frac{2\pi}{\lambda}n^y, \frac{2\pi}{\lambda}n^z \right) \tag{B.19}$$
$$= (k^{ct}, k^x, k^y, k^z)$$

この時間成分は，慣性系 K で計る周期 $T = 2\pi/(ck^{ct})$ を与える．

　波動として光（電磁波）を考え，そのエネルギーとして 11.6 節の光子エネルギー ε の式 (11.42)を採用しよう．この場合，$T = h/\varepsilon$（h はプランク定数）となるので，$k^{ct} = 2\pi\varepsilon/(ch)$ となる．電磁波に限らず任意の波動で，波動が運ぶエネルギーは 4 元波数ベクトルの時間成分で与えられることが知られている．したがって，時間成分がエネルギーを与えることから，**波動の 4 元波数ベクトルは，物体の運動量に対応するベクトル**であることがわかる．なお，4 元波数ベクトルと相対論的な波面の関係を，次節で 4 元ベクトルの内積に基づいて解説する．

◎ B.3　特殊相対論のベクトルの内積 ━━━━━━━━━━━

◎ 特殊相対論における内積の定義

　ベクトルの内積は二つのベクトルから一つの値を得る規則である．本書では，特殊相対論におけるベクトル $\boldsymbol{A}$ と $\boldsymbol{B}$ の内積（の値を代入する記号）を $\langle \boldsymbol{A}\cdot\boldsymbol{B} \rangle$ としよう．この内積 $\langle \boldsymbol{A}\cdot\boldsymbol{B} \rangle$ の値を，慣性系 K:(ct, x, y, z) で測ったベクトル成分 $\boldsymbol{A} = (A^{ct}, A^x, A^y, A^z)$，$\boldsymbol{B} = (B^{ct}, B^x, B^y, B^z)$ を使って，ニュートン力学の内積 (B.2)の適切な拡張になるように定義しよう．

　B.1 節の式 (B.4f)は，ニュートン力学における位置ベクトルの内積とニュートン力学における空間距離（原点からの距離）の間の関係である．この関係を，特殊相対論の事象ベクトル (B.10)と時空距離 (5.3)に拡張しよう．つまり，事象ベクトル $\boldsymbol{r}$ の自分自身との内積が原点からの時空距離を与えると要請する．

$$\text{特殊相対論の内積への要請：} \quad \langle \boldsymbol{r}\cdot\boldsymbol{r} \rangle = -(ct)^2 + x^2 + y^2 + z^2 \tag{B.20}$$

この要請から，特殊相対論におけるベクトルの内積は，つぎのように定義する．

$$\begin{matrix}\text{特殊相対論での} \\ \text{ベクトルの内積}\end{matrix} : \quad \langle \boldsymbol{A}\cdot\boldsymbol{B} \rangle = -A^{ct}B^{ct} + A^xB^x + A^yB^y + A^zB^z \tag{B.21}$$

この特殊相対論の内積を使って，4 元ベクトルを以下のように分類する（p.47 のさまざ

まな事象の位置関係の分類を参照）：

▸ **時間的ベクトル**：ベクトル $\boldsymbol{A}$ の大きさ（の 2 乗）が負 $|\boldsymbol{A}|^2 = \langle \boldsymbol{A} \cdot \boldsymbol{A} \rangle < 0$ のとき，$\boldsymbol{A}$ を時間的ベクトルという．

▸ **空間的ベクトル**：ベクトル $\boldsymbol{A}$ の大きさ（の 2 乗）が正 $|\boldsymbol{A}|^2 = \langle \boldsymbol{A} \cdot \boldsymbol{A} \rangle > 0$ のとき，$\boldsymbol{A}$ を空間的ベクトルという．

▸ **光的ベクトル**：ベクトル $\boldsymbol{A}$ の大きさ（の 2 乗）がゼロ $|\boldsymbol{A}|^2 = \langle \boldsymbol{A} \cdot \boldsymbol{A} \rangle = 0$ のとき，$\boldsymbol{A}$ を光的ベクトル（あるいはヌル・ベクトル）という[*1]．

この分類から，任意の時間的ベクトル（空間的ベクトル）の向きは，任意の光的ベクトルよりも時間軸側（空間軸側）に傾いた方向だといえる．

◎ 4 元速度の特徴

式 (B.12c) は慣性系 K:(ct, x, y, z) で測る 4 元速度 $\boldsymbol{u}$ の成分である．これより，速度の 2 乗を内積 (B.21) を使って計算すると，次式を得る．

$$|\boldsymbol{u}(\tau)|^2 = \langle \boldsymbol{u}(\tau) \cdot \boldsymbol{u}(\tau) \rangle = -c^2 \tag{B.22}$$

あらゆる物体の 4 元速度の大きさの 2 乗は，物体の運動状態によらず必ず定数 $-c^2$ である．また，$\langle \boldsymbol{u}(\tau) \cdot \boldsymbol{u}(\tau) \rangle = -c^2 < 0$ なので，4 元速度は必ず時間的ベクトルであり，あらゆる物体の 4 元速度 $\boldsymbol{u}$ は光的ベクトルよりも時間的な方向を向く．つまり，観測者 K から見て，（固有質量がゼロでない）あらゆる物体は光速よりも遅い速度（$|\vec{v}| < c$）で運動するように見えること（10.1 節の定理）に対応する．

◎ 4 元加速度の特徴

4 元速度の大きさの式 (B.22) の両辺を，固有時間 τ で微分しよう．

$$\frac{\mathrm{d}\langle \boldsymbol{u}(\tau) \cdot \boldsymbol{u}(\tau) \rangle}{\mathrm{d}\tau} = 0$$
$$\implies \quad -2u^{ct}\frac{\mathrm{d}u^{ct}}{\mathrm{d}\tau} + 2u^x\frac{\mathrm{d}u^x}{\mathrm{d}\tau} + 2u^y\frac{\mathrm{d}u^y}{\mathrm{d}\tau} + 2u^z\frac{\mathrm{d}u^z}{\mathrm{d}\tau} = 0$$
$$\implies \quad -u^{ct}a^{ct} + u^x a^x + u^y a^y + u^z a^z = 0$$
$$\implies \quad \langle \boldsymbol{u}(\tau) \cdot \boldsymbol{a}(\tau) \rangle = 0 \tag{B.23}$$

このように，あらゆる物体の 4 元速度 $\boldsymbol{u}(\tau)$ と 4 元加速度 $\boldsymbol{a}(\tau)$ の内積は，物体の運動状態によらず常にゼロである．これは，物体が x 軸上を運動する場合（世界線が ct 座標

---

*1　ヌル (null) はドイツ語で零 (zero) という意味.

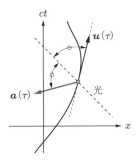
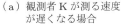
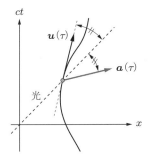

（a）観測者 K が測る速度
　　が遅くなる場合

（b）観測者 K が測る速度
　　が速くなる場合

図 B.5 4 元加速度 $\boldsymbol{a}(\tau)$ は，光的ベクトルに関して速度 $\boldsymbol{u}(\tau)$ と対称である．(a) では $a^{ct} < 0$ なので，加速度 $\boldsymbol{a}$ は観測者 K から見て過去向きの空間的ベクトルになる．(b) では $a^{ct} > 0$ なので，加速度 $\boldsymbol{a}$ は観測者 K から見て未来向きの空間的ベクトルになる．

と x 座標の 2 次元時空図上に描ける場合）には，4 元速度 $\boldsymbol{u}$ を表す矢印と 4 元加速度 $\boldsymbol{a}$ を表す矢印が光的ベクトルに関して対称なことを意味する．したがって，4 元加速度の時間成分 a^{ct} の符号に関する事実 (➔ p.197) と合わせて，速度 $\boldsymbol{u}$ と加速度 $\boldsymbol{a}$ を表す矢印は図 B.5 のようになる．

◎ 4 元波数ベクトルの特徴

特殊相対論の内積 (B.21) を使えば，平面波 (B.18) の三角関数の角度部分は，波数ベクトル (B.19) と事象ベクトル (B.10) の内積になることがわかる．

$$S(ct,x,y,z) \,=\, A\sin\langle\boldsymbol{k}\cdot\boldsymbol{r}\rangle \tag{B.24}$$

ミンコフスキー時空上での平面波の波面を把握するため，単純な例として直線（x 軸）上を伝わる波動（たとえば，x 軸に沿って張った弦の波動）を考えよう．この波動が伝わる様子は 11.2 節の図 11.2 と同様に，ct 座標と x 座標の 2 次元時空図に示すことができる．そして，時空図 11.2 に示されている 1 波長の先頭の世界線（あるいは尻尾の世界線）上のあらゆる事象において，式 (B.24) の変位 $S(ct,x)$ は同一の値である（あとで式 (B.25d) で確かめる）．つまり，**1 波長の先頭あるいは尻尾の世界線は，時空図上に描かれる波面の典型例である**．この世界線と同じ方向を向く 4 元ベクトル $\boldsymbol{l}$ は，慣性系 K で時間成分と x 成分を測ると，

$$\boldsymbol{l} \,=\, (\,l^{ct},\,l^{x}\,) \,=\, (\,c,\,V_{\mathrm{K}}\,) \tag{B.25a}$$

となる．ただし，V_{K} は慣性系 K で測る位相速度（波動が伝わる速度）である．一方，い

まの設定では $(n^x, n^y, n^z) = (1,0,0)$ なので，観測者 K が測る波数ベクトル (B.19) の時間成分と x 成分は，

$$\boldsymbol{k} = \left(\frac{2\pi}{cT}, \frac{2\pi}{\lambda} \right) \tag{B.25b}$$

である．したがって，波動の基本関係式 (11.1) も使って内積を計算すると，

$$\langle \boldsymbol{k} \cdot \boldsymbol{l} \rangle = -\frac{2\pi}{T} + \frac{2\pi V_{\mathrm{K}}}{\lambda} = 0 \tag{B.25c}$$

となる．なお，1 波長の先頭（あるは尻尾）の世界線上の任意の事象ベクトル $\boldsymbol{r}$ は，波面と ct 軸が交わる位置の事象ベクトル $\boldsymbol{r}_0$ と任意定数 b を使って，$\boldsymbol{r} = b\boldsymbol{l} + \boldsymbol{r}_0$ と表せるので（図 B.6），変位 (B.24) の角度部分は

$$\langle \boldsymbol{k} \cdot \boldsymbol{r} \rangle = b\langle \boldsymbol{k} \cdot \boldsymbol{l} \rangle + \langle \boldsymbol{k} \cdot \boldsymbol{r}_0 \rangle = \langle \boldsymbol{k} \cdot \boldsymbol{r}_0 \rangle = 一定値 \tag{B.25d}$$

となり，確かに 1 波長の先頭（あるいは尻尾）の世界線上で変位 (B.24) が一定値であること，つまり波面となることが確かめられる．

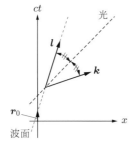

（a）位相速度が光速未満の場合　　（b）位相速度が光速の場合

図 B.6　4 元波数ベクトル $\boldsymbol{k}$ は，光的ベクトルに関して波面に沿ったベクトル $\boldsymbol{l}$ と対称である．(a) は，位相速度 V_{K} が光速未満（$V_{\mathrm{K}} < c$）の場合で，波数ベクトル $\boldsymbol{k}$ は観測者 K から見て未来向きの空間的ベクトルになる．(b) は，位相速度が光速（$V_{\mathrm{K}} = c$）の場合で，波数ベクトル $\boldsymbol{k}$ は光的ベクトルになる．

　特殊相対論的な内積 $\langle \boldsymbol{k} \cdot \boldsymbol{r} \rangle = 0$ なので，$\boldsymbol{l}$ と $\boldsymbol{k}$ に対して 4 元速度 $\boldsymbol{u}$ と 4 元加速度 $\boldsymbol{a}$ の時空図 B.5 と同様な図を描くことができる．$\boldsymbol{l}$ と $\boldsymbol{k}$ を示す時空図は，$k^{ct} > 0$ であることを踏まえて，図 B.6 のようになる．位相速度が光速より遅い場合 $V_{\mathrm{K}} < c$ は，波面に沿ったベクトル $\boldsymbol{l}$ は時間的ベクトルだが，波数ベクトル $\boldsymbol{k}$ は観測者 K から見て未来向きの空間的ベクトルになる．光速で伝わる波動の場合 $V_{\mathrm{K}} = c$ は，波面に沿ったベクトル $\boldsymbol{l}$ も波数ベクトル $\boldsymbol{k}$ も共に光的ベクトルになる．

B.4 特殊相対論の運動方程式と力

2.2 節で述べたように，相対論でもニュートンの運動方程式の考え方は継承する．特殊相対論において，任意の物体の運動を支配する運動方程式は，4 元加速度 $\boldsymbol{a}$ と固有質量 m を使って，つぎのように与えられる．

$$\boldsymbol{F}(\tau) = m\boldsymbol{a}(\tau) = \frac{\mathrm{d}\boldsymbol{p}(\tau)}{\mathrm{d}\tau} \tag{B.26}$$

ここで，$\boldsymbol{F}(\tau)$ は物体にはたらく力の 4 元ベクトルである．力の 4 元ベクトルの成分を慣性系 K:(ct, x, y, z) で測って，

$$\boldsymbol{F} = \left(F^{ct}, F^x, F^y, F^z \right) \tag{B.27}$$

とすると，式 (B.16)から，時間成分はつぎのように仕事率 $P(\tau)$ で与えられる．

$$F^{ct} = ma^{ct} = \frac{u^{ct}}{c^2}P(\tau) = \frac{P(\tau)}{\sqrt{c^2 - v(\tau)^2}} \tag{B.28}$$

運動方程式 (B.26)によって，相対論的な力という 4 元ベクトル物理量に（ニュートン力学ではまったく別物であった）仕事率と力という考え方が統一されることがわかる．

B.5 ローレンツ変換によるベクトル成分の変換

ニュートン力学で座標軸の回転変換 (B.8)を導入した際と同様の議論を，特殊相対論で行おう．事象ベクトル $\boldsymbol{r}$ は特殊相対論のベクトルの一例である．事象ベクトル $\boldsymbol{r}$ の座標成分について，慣性系 K:(ct, x, y, z) で測った場合の値を $\boldsymbol{r} = (ct, x, y, z)$，別の慣性系 K′:$(ct', x', y', z')$ で測った場合の値を $\boldsymbol{r} = (ct', x', y', z')$ とする．ただし，慣性系 K と K′ の関係は 7.3 節と同じ設定で，K が測る K′ の速度は $\vec{v} = (v_x, v_y, v_z)$，$xyz$ 座標軸と $x'y'z'$ 座標軸は K あるいは K′ どちらの同時刻な空間で見ても平行（空間座標の回転は施されていない）とする[*1]．この設定における，事象ベクトルの成分 (ct, x, y, z) と (ct', x', y', z') の間の関係がローレンツ変換 (7.23)である．

以上のようなローレンツ変換（慣性系の変換）による成分の変換は，事象ベクトルに限らずあらゆる 4 元ベクトルについて成立する．特殊相対論における任意の 4 元ベクトル $\boldsymbol{A}$ について，

$$\boldsymbol{A} = \begin{cases} (A^{ct}, A^x, A^y, A^z) & : \text{慣性系 K:}(ct, x, y, z) \text{ で測った成分} \\ (A'^{ct}, A'^x, A'^y, A'^z) & : \text{慣性系 K′:}(ct', x', y', z') \text{ で測った成分} \end{cases} \tag{B.29a}$$

[*1] この $\vec{v}$ は式 (B.12d)で与えられるが，K も K′ も慣性系なので $\vec{v}$ は一定ベクトルである．

とすると，これらの成分の間の関係がローレンツ変換 (7.23)で求められて，

$$
\begin{pmatrix} A'^{ct} \\ A'^{x} \\ A'^{y} \\ A'^{z} \end{pmatrix} = \begin{pmatrix} \gamma\left[A^{ct} - \dfrac{\vec{v}\cdot\vec{A}}{c}\right] \\ A^{x} - \left[\gamma A^{ct} - c(\gamma-1)\dfrac{\vec{v}\cdot\vec{A}}{v^2}\right]\dfrac{v_x}{c} \\ A^{y} - \left[\gamma A^{ct} - c(\gamma-1)\dfrac{\vec{v}\cdot\vec{A}}{v^2}\right]\dfrac{v_y}{c} \\ A^{z} - \left[\gamma A^{ct} - c(\gamma-1)\dfrac{\vec{v}\cdot\vec{A}}{v^2}\right]\dfrac{v_z}{c} \end{pmatrix}
\tag{B.29b}
$$

となる．ただし，$\vec{A} = (A^x, A^y, A^z)$ は $\boldsymbol{A}$ の「慣性系 K で測った空間成分」であり，$\vec{v}\cdot\vec{A} = v_x A^x + v_y A^y + v_z A^z$ はユークリッド空間の内積 (B.2)と同じ定義である．また，$|\vec{v}| = \sqrt{\vec{v}\cdot\vec{v}}$ として，$\gamma = 1/\sqrt{1 - (|\vec{v}|/c)^2}$ である．

なお，慣性系 K が測る K' の速度が x 軸方向の場合，$\vec{v} = (v, 0, 0)$ となるから，上記のローレンツ変換 (B.29b)は，

$$
A'^{ct} = \gamma\left(A^{ct} - \frac{v}{c}A^x\right), \quad A'^{x} = \gamma\left(-\frac{v}{c}A^{ct} + A^x\right)
\tag{B.30}
$$

かつ $A'^{y} = A^y$，$A'^{z} = A^z$ と単純な形になる．

B.6　速度合成則とドップラー効果の数学的にスマートな再導出

速度合成則とドップラー効果を，4 元ベクトルのローレンツ変換を使って再導出する．4 元ベクトルを考えることで数学的に単純化できることがわかる．

速度合成則

速度合成則を，8.5 節の図 8.4 と同じ設定で考える．この設定で慣性系 K:(ct, x, y, z) が測る慣性系 K':(ct', x', y', z') の速度 $\vec{v}$ と，慣性系 K' が測る物体 A の速度 $\vec{w}'$ の成分（式 (B.12d)のように観測者が測る速度成分）は，つぎのものである．

$$
\begin{aligned}
\vec{v} &= (v, 0, 0) &&\text{：慣性系 K で測る速度の成分} \\
\vec{w}' &= (w'_x, w'_y, w'_z) &&\text{：慣性系 K' で測る速度の成分}
\end{aligned}
\tag{B.31a}
$$

このベクトル成分は各々の観測者の測定量である．そして，物体 A の速度 $\vec{w}'$ に対応する 4 元速度を $\boldsymbol{u}$ とすると，その成分を各々の慣性系で測った値はつぎのものである．

$$
\boldsymbol{u} = \begin{cases} (u^{ct}, u^x, u^y, u^z) &\text{：慣性系 K で測る成分} \\ \gamma'\,(c, w'_x, w'_y, w'_z) &\text{：慣性系 K' で測る成分} \end{cases}
\tag{B.31b}
$$

ただし，慣性系 K′ で測る成分は式 (B.12c)を参考にして求めたもので，つぎを満たす．

$$\gamma' = \frac{1}{\sqrt{1 - (w'/c)^2}}, \quad w'^2 = (w'_x)^2 + (w'_y)^2 + (w'_z)^2 \tag{B.31c}$$

物体 A の 4 元速度 $\boldsymbol{u}$ の慣性系 K で測る成分を，慣性系 K′ で測る成分から求めれば，8.5 節の速度合成則が再導出できる．その計算は 4 元ベクトルのローレンツ変換 (B.29)である．さらに，慣性系 K′ が測る K の速度は $-\vec{v} = (-v, 0, 0)$ であることに注意すると，式 (B.30)が使えるので，つぎのようになる．

$$\begin{pmatrix} u^{ct} \\ u^x \\ u^y \\ u^z \end{pmatrix} = \gamma' \begin{pmatrix} \gamma\left(c + \dfrac{vw'_x}{c}\right) \\ \gamma\left(v + w'_x\right) \\ w'_y \\ w'_z \end{pmatrix} \tag{B.32}$$

ただし，$\gamma = 1/\sqrt{1 - (v/c)^2}$ である．したがって，慣性系 K が測る物体 A の速度を $\vec{w} = (w_x, w_y, w_z)$ とすると，式 (B.32)と (B.12c)を比べて，

$$w_x = c\frac{u^x}{u^{ct}} = \frac{v + w'_x}{1 + vw'_x/c^2}$$
$$w_y = c\frac{u^y}{u^{ct}} = \frac{w'_y}{\gamma\left(1 + vw'_x/c^2\right)} \tag{B.33}$$
$$w_z = c\frac{u^z}{u^{ct}} = \frac{w'_z}{\gamma\left(1 + vw'_x/c^2\right)}$$

となる．これは第 8 章で導いた速度合成則 (8.19)と同じである．

◎ ドップラー効果

11.3 節の短波長近似におけるドップラー効果を再導出する．設定は図 11.3（下側）と同じであり，慣性系 K:(ct, x, y, z) が測る波源 S の速度（式 (B.12d)のように観測者が測る速度）$\vec{v}$ は任意の向きだとして，

$$\vec{v} = (v_x, v_y, v_z) \tag{B.34a}$$

とする．また，慣性系 K で測る波動の波長 λ_{K}，周期 T_{K}，周波数 f_{K}，位相速度 V_{K} と，波源 S で測る波動の周期 T_{S}，周波数 f_{S} は，式 (11.1)と同様に，

$$\lambda_{\mathrm{K}} = V_{\mathrm{K}} T_{\mathrm{K}}, \quad f_{\mathrm{K}} = \frac{1}{T_{\mathrm{K}}}, \quad f_{\mathrm{S}} = \frac{1}{T_{\mathrm{S}}} \tag{B.34b}$$

を満たす（ここでは以下の議論に必要な関係式だけ示した）．

　以上の設定で，慣性系 K で測って x 軸に沿って伝わる（波源 S が放射した）波動の
ドップラー効果を短波長近似で求める．短波長近似では，x 軸に沿って伝わる波動の 4
元波数ベクトル $\boldsymbol{k}$ の成分は，つぎのようになる．

$$
\boldsymbol{k} = \begin{cases} \left(\dfrac{2\pi}{cT_{\mathrm{K}}} , k_{\mathrm{K}} , 0 , 0 \right) & \text{：慣性系 K で測る成分} \\[3mm] \left(\dfrac{2\pi}{cT_{\mathrm{S}}} , k_{\mathrm{S}}^x , k_{\mathrm{S}}^y , k_{\mathrm{S}}^z \right) & \text{：波源 S で測る成分} \end{cases} \tag{B.35}
$$

ただし，$k_{\mathrm{K}} = 2\pi/\lambda_{\mathrm{K}}$ である．この波数ベクトルの成分の間の関係，つまり 4 元ベクト
ルのローレンツ変換 (B.29) を考えれば，11.3 節のドップラー効果が再導出できる．と
くに，ローレンツ変換 (B.29) によって得られる時間成分の関係は，

$$
\frac{2\pi}{cT_{\mathrm{S}}} = \gamma \left(\frac{2\pi}{cT_{\mathrm{K}}} - \frac{2\pi v_x}{c\lambda_{\mathrm{K}}} \right) = \gamma \frac{V_{\mathrm{K}} - v_x}{V_{\mathrm{K}}} \frac{2\pi}{cT_{\mathrm{K}}} \tag{B.36}
$$

である．よって，この式と式 (B.34b) と式 (11.16a) を使うと，つぎの三つが得られる．

$$
T_{\mathrm{K}} = \gamma \frac{V_{\mathrm{K}} - v_x}{V_{\mathrm{K}}} T_{\mathrm{S}}, \quad f_{\mathrm{K}} = \frac{1}{\gamma} \frac{V_{\mathrm{K}}}{V_{\mathrm{K}} - v_x} f_{\mathrm{S}}, \quad \lambda_{\mathrm{K}} \cdot = \gamma \left(V_{\mathrm{K}} - v_x \right) T_{\mathrm{S}} \tag{B.37}
$$

周期と周波数の関係は，11.3 節で導いた短波長近似のドップラー効果 (11.22b), (11.22c) と
同じである．また，波長の関係も，式 (11.21) によって短波長近似のドップラー効果
(11.22a) と同じである．

参考文献

[1] 喜多秀次，宮武義郎，徳岡善助，山崎和夫，幡野茂明，『基礎物理コース：力学』，学術図書出版，1974 年.

[2] 後藤憲一，『力学要説—現代科学とのかかわりも含めて—』，共立出版，1992 年.

[3] 藤原正彦，『天才の栄光と挫折—数学者列伝』，新潮社，2002 年.

[4] 著：Manjit Kumar，訳：青木薫，『量子革命：アインシュタインとボーア，偉大なる頭脳の激突』，新潮社，2013 年.

[5] 根上生也，『四次元がみえるようになる本』，日本評論社，2012 年.

[6] 小林晋平，『ブラックホールと時空の方程式：15 歳からの一般相対論』，森北出版，2018 年.

[7] 矢野健太郎，『現代数学の系譜 10：リーマン幾何学とその応用』，共立出版，1971 年.

[8] Richard C. Tolman, "Relativity Thermodynamics and Cosmology", Dover Publ, 1978 年.

[9] 著：L. D. Landau，E. M. Lifshitz，訳：恒藤敏彦，広重徹，『場の古典論』，東京図書，1978 年.

[10] 著：B. F. Schutz，訳：江里口良治，二間瀬敏史，『シュッツ相対論入門（上・下）』，丸善，1988 年.

[11] 佐々木節，『一般相対論（物理学教科書シリーズ）』，産業図書，1996 年.

[12] 佐藤文隆，小玉英雄，『一般相対性理論（現代物理学叢書）』，岩波書店，2000 年.

[13] 著：Alan P. Lightman，William H. Press，Richard H. Price，Saul A. Teukolsky，訳：真貝寿明，鳥居隆，『演習 相対性理論・重力理論』，森北出版，2019 年.

[14] 著：B. F. Schutz，訳：家正則，二間瀬敏史，観山正見，『物理学における幾何学的方法』，吉岡書店，1987 年.

[15] 和達三樹，『微分・位相幾何』，岩波書店，1996 年.

索 引

著 者 略 歴

齋田　浩見（さいだ・ひろみ）
　　1997 年　京都大学理学部 卒業（主として物理学を修める）
　　2002 年　京都大学人間・環境学研究科 博士課程修了
　　　　　　（膨張宇宙内でのブラックホール蒸発の理論研究で博士号を取得）
　　2002 年　大阪市立大学理学研究科にて日本学術振興会 特別研究員 PD
　　2003 年　大同工業大学教養部 講師
　　2008 年　大同工業大学教養部 准教授
　　2009 年　大同大学教養部 准教授
　　2019 年　大同大学教養部 教授
　　　　　　現在に至る．博士（人間・環境学）

編集担当　村瀬健太（森北出版）
編集責任　上村紗帆（森北出版）
組　　版　藤原印刷
印　　刷　　同
製　　本　　同

時空図による特殊相対性理論　　　　　　　　　ⓒ 齋田浩見　2020

2020 年 9 月 18 日　第 1 版第 1 刷発行　【本書の無断転載を禁ず】

著　　　者　齋田浩見
発 行 者　森北博巳
発 行 所　森北出版株式会社
　　　　　　東京都千代田区富士見 1-4-11（〒 102-0071）
　　　　　　電話 03-3265-8341 ／ FAX 03-3264-8709
　　　　　　https://www.morikita.co.jp/
　　　　　　日本書籍出版協会・自然科学書協会　会員
　　　　　　JCOPY ＜（一社）出版者著作権管理機構 委託出版物＞

Printed in Japan ／ ISBN978-4-627-15711-8